普通高等教育"十二五"规划教材

U0383060

化工设备设计基础

刘仁桓　徐书根　蒋文春　主编

刘国荣　主审

中国石化出版社

内 容 提 要

《化工设备设计基础》主要介绍化工设备设计中有关的机械基础知识。全书分为3篇,共13章。第1篇为工程力学基础,主要讨论构件的受力分析,构件的变形与破坏规律及其强度、刚度和稳定性条件。第2篇为化工容器设计,主要介绍化工设备常用材料,容器筒体和封头的类型、特点及设计计算方法,容器主要零部件的种类和选用方法。第3篇为典型化工设备设计,主要介绍化工生产中常用的管壳式热交换器和塔设备的结构形式与设计方法。

本书内容丰富,涉及学科面广,紧密结合工程实际,可作为高等院校化学工程与工艺专业以及其他有关专业教材,也可供相关工程技术人员学习与参考。

图书在版编目(CIP)数据

化工设备设计基础 / 刘仁桓,徐书根,蒋文春主编.
—北京:中国石化出版社,2015.8(2022.11重印)
普通高等教育"十二五"规划教材
ISBN 978-7-5114-3475-3

Ⅰ.①化… Ⅱ.①刘… ②徐… ③蒋… Ⅲ.①化工设备-
设计-高等学校-教材 Ⅳ.①TQ051

中国版本图书馆 CIP 数据核字(2015)第 165589 号

中国石化出版社出版发行

地址:北京市东城区安定门外大街 58 号
邮编:100011 电话:(010)57512500
发行部电话:(010)57512575
http://www.sinopec-press.com
E-mail:press@sinopec.com
北京柏力行彩印有限公司印刷
全国各地新华书店经销
787×1092 毫米 16 开本 19.25 印张 411 千字
2015 年 8 月第 1 版 2022 年 11 月第 2 次印刷
定价:36.00 元

前　言

　　《化工设备设计基础》是按化工工艺类专业对化工设备的机械知识和设计能力的要求而编写的，其目的是使学生获得必要的机械基础知识，初步具有压力容器和化工设备的设计能力，培养学生的工程意识和工程能力。

　　本书内容丰富，涉及学科面广，选编了工程力学基础、工程材料基础、压力容器设计和化工设备设计 4 方面内容。全书分 3 篇，共 13 章。第 1 篇为工程力学基础，包括构件的受力分析、拉伸与压缩、剪切及扭转、弯曲、复杂应力状态及强度理论；第 2 篇为化工容器设计，包括化工设备常用材料、容器设计基础、内压容器设计、外压容器设计、容器零部件；第 3 篇为典型化工设备设计，包括管壳式热交换器和塔设备的机械设计。本书重点突出，概念准确，在讲述基本理论的基础上，精减繁杂的理论分析及公式推导过程，强化所学知识的综合应用。

　　书中理论联系实际，实用性强，注意结合工程实际提出问题、分析问题和解决问题，以工程案例为纽带，将工程力学、工程材料、化工容器及设备等知识结合在一起，起到学以致用的效果。同时，在本书的每一章节理论叙述之后，都有较多的例题和习题以帮助学生理解基本概念与基本理论，培养学生分析问题和解决问题的能力。

　　在内容和表达方面，本书尽可能反映学科的最新发展趋势，所涉及的材料、计算方法及结构设计尽量与现行国家标准和部委标准一致，所引用的标准和规范均采用最新颁布的国家标准、行业标准和部颁标准。

　　本书内容简明扼要，深入浅出，便于自学。考虑到不同层次的教学需要，各章节既具有一定的相关性，又具有一定的独立性，可以根据不同的专业要求和学习要求，选学和自学部分内容。

本书由中国石油大学(华东)化工装备与控制工程系组织编写，第1~6章由刘仁桓编写，第7~11章由徐书根编写，第12~13章由蒋文春编写。全书由刘国荣统一审订成稿。

在编写过程中，得到金有海、李国成和赵延灵等老师以及化工装备与控制工程系全体教师的帮助指导，在此一并表示衷心的感谢！

由于编者水平有限，书中如有错误和不妥之处，恳请读者予以指正。

编者

目　　录

第1篇　工程力学基础

第 3 篇　典型化工设备设计

第1篇 工程力学基础

化工设备及其零部件工作时，都要受到各种外力作用，如果构件的尺寸过小、形状不合理，或选材不当，就可能发生破坏。为了保证设备安全可靠地工作，设计时构件必须满足三方面要求：①**足够的强度**，保证构件在外力作用下不致破坏；②**一定的刚度**，保证构件在外力作用下不发生过大的变形；③**充分的稳定性**，保持构件在外力作用下不失去原有形状。

工程力学的任务就是研究构件在外力作用下的变形和破坏规律，在构件设计时适当地选择材料和尺寸，以达到强度、刚度和稳定性要求。本篇包含工程力学两个基础部分的内容：静力学和材料力学，主要内容可以概括为两部分：①研究构件的受力情况及平衡条件，进行受力大小的计算；②研究构件的受力变形与破坏的规律，进行构件的强度、刚度和稳定性计算。

第1章 构件的受力分析

1.1 静力学基本概念与公理

1.1.1 力的概念

力是物体之间的相互机械作用。力可以产生两种效应：①外效应，使物体的运动状态发生改变；②内效应，使物体产生变形。力的外效应和内效应总是同时产生的。

在正常情况下，工程用的构件在力的作用下变形都很小。这种微小的变形对力的外效应影响也很小，可以忽略不计。因此，在研究力的外效应时，可以把构件看作不变形的物体。这种在外力作用下不变形的物体称为刚体。刚体是实际物体的一种抽象化模型，是静力学的研究对象，它表示在外力作用下，物体保持原有形状和尺寸不变的性质。但不能把刚体绝对化，如果在所研究的问题中，物体的变形成为主要因素时（即使变形很微小），就不能把物体看成刚体而应看成变形体。

力对物体的作用效果取决于力的大小、方向和作用点三个要素。力的三要素表明力是一个矢量，改变其中任何一个要素，力的作用效果就随之改变。

力的度量单位，在国际单位制中用牛顿(N)，在工程单位制中用公斤力(kgf)。

1.1.2 力系

如果一个物体上作用几个力，则将这一群力称为力系。如果物体在某力系作用下处于平衡状态，则称该力系为平衡力系。如果两个力系分别作用于同一物体，所产生的外效应相

1

同，则称这两个力系等效。显然，平衡力系中的各力对物体的外效应彼此互相抵消。因此，平衡力系是对物体的外效应等于零的力系。

如果一个力与一个力系等效，则称这个力为该力系的合力，而该力系中的各个力称为该合力的分力。力系求合力的过程称为力的合成，将一个力转化成几个分力的过程称为力的分解。

力系按其作用线的分布，可分为平面力系和空间力系。平面力系中各力系的作用线分布在同一个平面，而空间力系中各力的作用线在空间分布。本篇只研究平面力系。

1.1.3 力矩与力偶

1) 力矩

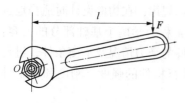

图 1-1　力对点之矩

如图 1-1 所示，用扳手拧紧螺母时，作用于扳手一端的力 F，使扳手和螺母一起绕 O 点转动。实践证明，扳手的转动效应不仅取决于力 F 的大小和方向，还与 O 点到该力作用线的距离 l 有关。力学上把力 F 与其作用线到转动中心的垂直距离 l 的乘积 Fl 作为度量力转动效应的物理量，称为力对点之矩，简称力矩，记作 $M_0(F)$，即

$$M_0(F) = \pm Fl \tag{1-1}$$

O 点称为力矩中心，简称矩心；O 点到力 F 作用线的垂直距离 l，称为力臂；正负号表示力矩转动的方向，一般规定：使物体产生逆时针旋转的力矩取正值，使物体产生顺时针旋转的力矩取负值。

力矩的单位是牛顿·米(N·m)或千牛顿·米(kN·m)。

2) 力偶与力偶矩

如图 1-2 所示，物体在两个大小相等、方向相反、作用线不重合的平行力作用下，产生转动。力学上把这样两个大小相等、方向相反、作用线不重合的平行力组成的力系，称为力偶，通常用(F, F')表示。力偶中两力所在平面称为力偶的作用面，两力作用线之间垂直距离 h 称为力偶臂。

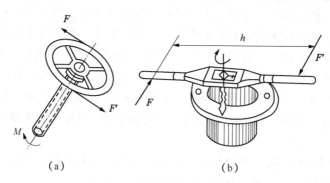

(a)　　　　　　　　　(b)

图 1-2　力偶

实践证明，力偶的转动效应不仅与力偶中力 F 的大小成正比，还与力偶臂 h 成正比。力学上用力 F 和力偶臂 h 的乘积 Fh 来度量力偶引起的转动效应，称为力偶矩，记作 $m(F, F')$，简写为 m，即

$$m = \pm Fh = \pm F'h \tag{1-2}$$

力偶矩的正负号规定：力偶使物体作逆时针方向转动时，力偶矩为正，反之为负。力偶矩的单位与力矩的单位相同，为牛顿·米（N·m）或千牛顿·米（kN·m）。

3）力偶的性质

① 力偶无合力。由于力偶对刚体只有转动效应，没有移动效应，所以力偶不可能与一个力等效，也不能与一个力平衡。因此，力偶是一个不平衡的、无法再简化的特殊力系。

力偶只能与力偶等效。如果在同一平面内的两个力偶，它们的力偶矩大小相等且转向相同，则这两个力偶对物体产生的转动效应必定相同，这样的两个力偶称为等效力偶。

② 力偶的转动效应与矩心的位置无关。力偶在其作用面内任意移动，而不改变它对刚体的作用。这是力偶与力矩的本质区别。

③ 在保持力偶矩大小和转向不变的条件时，可以任意改变力和力偶臂的大小，而不会改变力偶对物体的作用效果。

基于力偶的上述性质，当物体受力偶作用时，可不必像图1-3（a）中那样画出力偶中力的大小及作用线位置，只需用箭头示出力偶的转向，并注明力偶矩的简写符号 m，如图1-3（b）所示。

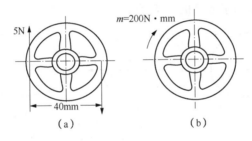

图1-3 力偶的表示方法

1.1.4 静力学公理

静力学的公理，是人们经过长期的观察与实验，从大量的事实中概括和总结出来的客观规律，这些公理说明了力的基本性质，是静力学的理论基础。

公理一 二力平衡公理

作用在刚体上的两个力平衡的必要和充分条件是：两个力大小相等，方向相反，并且在同一条直线上，如图1-4所示。

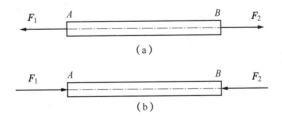

图1-4 二力平衡

这个公理总结了作用于刚体上最简单力系的平衡条件。

工程上的构件，尽管几何形状多种多样，但只要是在二力作用下处于平衡，就称为二力构件。当构件的形状为杆状时，则称为二力杆。根据二力平衡条件可以断定，二力杆上的两个力，其作用线必定沿作用点的连线方向，如图 1-5 所示。

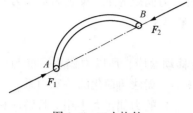

图 1-5 二力构件

公理二　加减平衡力系公理

在作用于刚体的力系上，增加或减去一个平衡力系，并不改变原力系对刚体的作用。

这个公理是力系简化的依据，如果两个力系只相差一个或几个平衡力系，则它们对刚体的作用效果是相同的，因此可以等效代换。

推论　力的可传性原理

作用在刚体上的力，可以沿其作用线移到刚体内任意一点，而不改变该力对刚体的作用效果。

证明　设力 F 作用于刚体上的 A 点[图 1-6(a)]。根据加减平衡力系原理，可在力的作用线上任取一点 B，并加上两个相互平衡的力 F_1 和 F_2，使 $F_2 = -F_1 = F$[图 1-6(b)]。由于力 F 和 F_1 也是一个平衡力系，可除去，则刚体上只剩下作用于 B 点的一个力 F_2[图 1-6(c)]。显然，F_2 与原来作用于 A 点的力 F 等效。

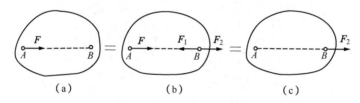

（a）　　　　　　　　（b）　　　　　　　　（c）

图 1-6 力的可传性

力的可传性只适用于刚体，而不适用于变形体。因为当把物体看成变形体讨论力的内效应时，力的移动常会引起变形性质的变化。由于力具有可传性，对刚体而言，力的作用点已不是决定力的作用效果的要素，而为作用线所代替。因此，刚体力学中力的三要素是：力的大小、方向和作用线。

公理三　力的平行四边形法则

作用在物体上同一点的两个力可以合成为一个合力，合力的大小、方向和作用线的位置，可由这两个力所构成的平行四边形的对角线来表示，如图 1-7(a)所示。

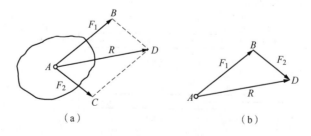

（a）　　　　　　　　　　　　（b）

图 1-7 力的合成法则

这个公理总结了最简单力系的简化规律。根据公理所作的平行四边形，称为力的平行四边形。如果以 R 表示两个力的合力，这个公理可表示为

4

$$R = F_1 + F_2$$

即作用在物体上同一点的两个力的合力等于两分力的矢量和。

由平行四边形的性质，力的平行四边形法则可以简化为力的三角形法则，如图1-7（b）所示。

应用平行四边形法则，可以进行力的合成与分解，如图1-8所示。在工程问题中，应用较多的是力的正交分解。如图1-9所示，力 F 在 xOy 直角坐标系进行正交分解，投影线段 ab 和 $a'b'$ 分别为力 F 两个分力 F_x、F_y 的大小，即

$$F_x = F\cos\alpha = ab \qquad F_y = F\sin\alpha = a'b' \qquad\qquad (1-3)$$

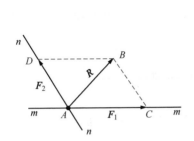

图1-8 力的合成与分解

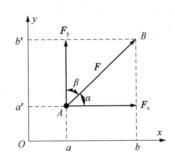

图1-9 力的正交分解

力在坐标轴上的投影是代数量，当力 F 的投影指向与坐标轴的正向一致时，力的投影为正，反之为负。

推论 三力平衡汇交定理

刚体在三个力作用下平衡，若其中两个力的作用线相交于一点，则第三个力的作用线也必然交于同一点。

证明 设在刚体的 A_1、A_2、A_3 三点分别作用有力 F_1、F_2、F_3，其中 F_1 和 F_2 的作用线交于 A 点，如图1-10所示。根据力的可传性原理，将 F_1 和 F_2 分别移到 A 点，然后用平行四边形法则求合力 R。用 R 代替 F_1 和 F_2 的作用，显然刚体在 R 和 F_3 作用下平衡。按二力平衡公理，R 和 F_3 大小相等，方向相反，且作用在同一直线上。由此可见，F_3 的作用线必与 R 的作用线重合，而且通过 A 点。

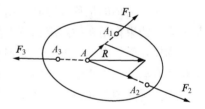

图1-10 三力平衡汇交定理

当刚体受到三个互不平行的共面力作用而平衡时，常常利用这个定理来确定未知力的方向。

公理四 作用力与反作用力定律

两个物体间的作用力与反作用力大小相等，方向相反，作用线相同，分别作用在两个相互作用的物体上。

这个公理表明，一切力总是成对出现的，有作用力就必有反作用力，它们总是同时产生、同时消失，它们对各自物体的作用效应不能相互抵消。当应用作用力与反作用力定律分析物体的受力情况时，必须要分清谁是施力体，谁是受力体。

必须注意，虽然作用力与反作用力大小相等、方向相反，且在同一直线上，但决不能认

为这两个力互成平衡。因为这两个力并不作用在同一物体上。这与二力平衡公理中所指的一对力是完全不同的。

公理五　刚化原理

当变形体在已知力系作用下处于平衡时，如果将变形后的变形体刚化为刚体，则平衡状态保持不变。

将变形体刚化为刚体是有一定条件的。如图 1-11 所示，绳索在等值、反向、共线的两个拉力作用下处于平衡，如将绳索刚化为刚体，则平衡状态保持不变；绳索在等值、反向、共线的两个压力作用下不能处于平衡，就不能刚化为刚体。由此可见，对刚体是充分的平衡条件，对变形体就不充分了，但变形体的平衡条件包含了刚体的平衡条件。因此，可以把任何已处于平衡的变形体看成刚体，对它应用刚体静力学的理论进行研究。这就是该公理的意义所在。

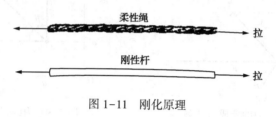

图 1-11　刚化原理

1.2　约束与约束反力

在力学上，按物体的运动是否受到限制，将物体分为自由体和非自由体，在空间可以自由运动而位移不受任何限制的物体，称为自由体，例如空中飞行的炮弹、飞机等。位移受到某些限制的物体为非自由体或被约束体，例如电线吊着的电灯、放在桌面上的木块等。

对非自由体的位移起限制作用的物体称为约束，例如吊电灯的电线、支承木块的桌面都是约束。约束作用在被约束物体上的力称为约束反力，简称反力。

物体除受约束反力外，还受到主动力作用。主动力是指能主动引起物体运动状态改变或使物体有运动状态改变趋势的力，如重力、电磁力以及其他外界载荷（如风力）等。

物体所受的主动力往往是已知的，而约束反力，一般是未知的，是由主动力引起的，所以又称为被动力。约束反力还具有下述特征：

① 约束反力的作用点在约束与被约束物体的接触点处；

② 约束反力的方向总是与约束限制的物体的位移方向相反。

下面讨论工程中常见的几种约束类型和约束反力。

1.2.1　柔性约束

由绳索、皮带、链条等柔性物体所构成的约束统称为柔性约束，这类物体的特点是只能承受拉力，不能抵抗压力。它只能限制物体沿柔性物体伸长方向的位移。约束反力的作用点在柔性物体与被约束物体的连接点上，力的作用线沿着柔性物体，指向背离物体。约束反力通常用 **T** 或 **S** 等表示，如图 1-12 所示。

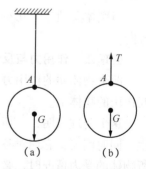

图 1-12　柔性约束

6

1.2.2 光滑面约束

在滑槽、导轨等光滑支承表面所构成的约束称为光滑面约束。由于光滑面与被约束物体之间的摩擦力很小，可以忽略不计。这种约束只能限制物体沿着接触点的公法线朝向支承面的运动。因此，光滑面的约束反力通过接触点，方向沿光滑面的公法线并指向被约束的物体，如图1-13所示。

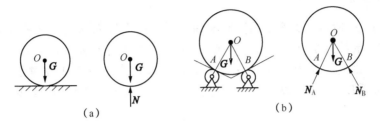

图1-13 光滑面约束

1.2.3 光滑铰链约束

1）圆柱铰链和固定铰链支座

如图1-14(a)所示，在被联接的两构件的圆孔内插入一个光滑的圆柱形销钉，这种约束称为圆柱铰链，表达简图如图1-14(b)所示。例如合页、曲柄与连杆间的连接都属于这种约束。如果其中一个物件固定，则称为固定铰链支座[图1-15(a)]，表达简图如图1-15(b)所示。

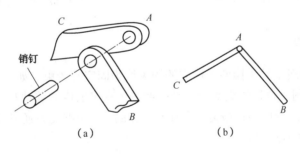

图1-14 圆柱铰链

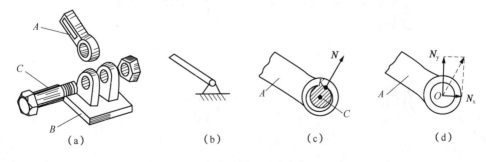

图1-15 固定铰链支座

铰链约束只能限制两物体的相对移动，不限制两物体绕销钉轴的转动。销钉与圆孔的接触为两个光滑圆柱面接触。因此，约束反力的作用线沿圆柱面上接触点处的公法线方向，并且必然通过销钉的中心，如图 1-15(c) 所示。但其方向应根据物体的受力情况而定，因为物体可绕销钉转动，所以物体与销钉接触点的位置也是随着构件的受力情况不同而异，约束反力 N 的方向也随之变化，不能预先确定。为了计算方便，通常用两个正交分力 N_x 和 N_y 表示，其指向可任意假定[图 1-15(d)]。

2）活动铰链支座

如图 1-16(a) 所示，支座下面装有滚轴，可以沿支撑面移动，这种约束称作活动铰链支座。该支座的特点是只限制构件沿支撑面法线方向的运动，不限制构件沿支撑面切线方向的运动。因此，其约束反力 N 的方向通过铰链中心垂直于支撑面，但指向不定，可以指向物体(受压)，也可以背离物体(受拉)。活动铰链支座简图及约束反力如图 1-16(b) 所示。

工程中，一些屋架、桥梁架都由用杆件在两端适当连接而成的，这种结构叫作桁架。图 1-17 为一种桁架的计算简图，在不考虑各杆重量的情况下，桁架中的每个杆都可以看作二力杆。

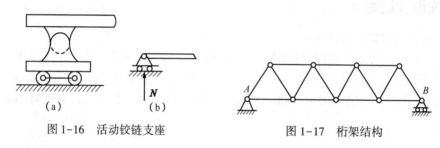

图 1-16　活动铰链支座　　　　图 1-17　桁架结构

1.2.4　固定端约束

构件的一部分固嵌于另一构件所构成的约束称为固定端约束，如图 1-18(a) 所示，图 1-18(b) 是其表达简图。这种约束的特点是限制物体在平面内的移动和转动。

构件在固嵌部分所受的力比较复杂[图 1-18(c)]，约束反力通常用正交的两个分力和一个力偶来表示[图 1-18 (d)]。

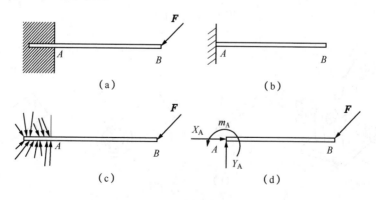

图 1-18　固定端约束

1.3 受力图

解决力学问题首先要明确研究对象。确定研究对象之后，就要对研究对象进行受力分析。受力分析时，要把研究对象从与它联系的周围物体中分离出来，这种解除约束的自由体称为分离体。然后，将所受的全部主动力和约束反力画在分离体上。这就是构件的受力图。受力图就是表示分离体及其受全部外力的图形。

恰当地选择研究对象，正确地画出研究对象的受力图是解决工程问题的关键步骤。下面举例说明如何画受力图。

例 1-1 如图 1-19(a)所示，两个油桶放于地下槽中，桶 I、II 的重力分别为 G_1、G_2。画出两个油桶的受力图。

解 ① 先取桶 I 作为研究对象，解除约束成为分离体。再画上主动力：重力 G_1。最后画上约束反力：在 A 和 B 两处受到光滑面约束，约束反力为 N_A、N_B。受力图如 1-19(b)所示。

② 再取桶 II 为研究对象，并使其成为分离体。画主动力：除重力 G_2 外，还有桶 I 传来的压力 N'_B。画约束反力：在 C、D 两处受到光滑面约束，约束反力为 N_C 和 N_D。受力图如 1-19(c)所示。

注意到 N'_B 和 N_B 为作用力与反作用力，即 $N'_B = -N_B$，分别画在两个油桶的受力图上。

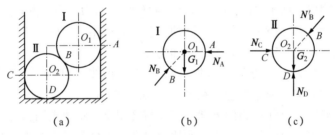

图 1-19 例 1-1 附图

例 1-2 画出图 1-20(a)中 AB 梁的受力图。

解 研究对象选取 AB 梁，并解除约束。画上主动力 F。画约束反力：B 端为活动铰链，约束反力 N_B 沿接触点的公法线；A 端为固定铰链，约束反力 N_A 过 A 点方向不定。由于 F 和 N_B 的作用线有交点 D，根据三力平衡汇交定理，N_A 的作用线也通过 D 点，如图 1-20(b)所示。N_A 方向不定时，也可以用两个正交的 X_A、Y_A 分力表示[图 1-20(c)]。

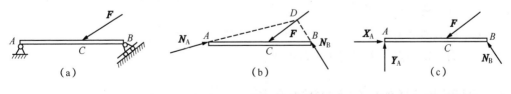

图 1-20 例 1-2 附图

例 1-3 有一台起重机构如图 1-21(a)所示，梁 AB 自重为 W，拉杆 BC 自重不计，试分别画出拉杆 BC、梁 AB 及整体的受力图。

解 ① 拉杆 BC：该杆无主动力(自重不计)作用，两端为铰链约束，杆仅在其两端的两

9

个约束反力作用下处于平衡，故 BC 杆为二力杆。N_B 和 N_C 的大小相等，方向相反，作用线沿 B、C 两点的连线。受力图如图 1-21（b）所示。

② 梁 AB：梁上作用有主动力 G 和 W；B 点有约束反力 N'_B，此力为 N_B 的反作用力；A 点为固定铰链支座，约束反力的大小和方向未知，用 X_A 和 Y_A 两个分力表示，受力图如图 1-21（c）所示。

③ 机构整体：机构上有主动力 G 和 W；约束反力只有 C 点的 N_C 和 A 点的 X_A 和 Y_A。此时 B 处的 N_B 和 N'_B 是整体机构的内力，不画出，机构整体受力图如图 1-21（d）所示。

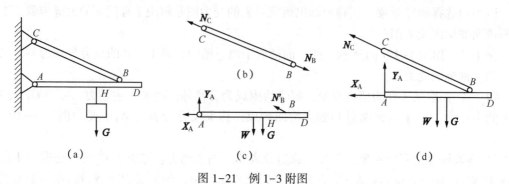

图 1-21 例 1-3 附图

画受力图时应注意以下几个问题：

（1）不要漏画力。除重力、电磁力外，物体之间只有通过接触才有作用力，要分清研究对象(受力体)都与周围哪些物体(施力体)相接触，接触处必有力，力的方向由约束类型而定。

（2）不要多画力。要注意力是物体之间的相互机械作用。因此对于受力体所受的每一个力，都应能明确地指出它是哪一个施力体施加的。

（3）不要画错力的方向。约束反力的方向必须严格地按照约束的类型来确定，不能单凭直观或根据主动力的方向来简单推想。在分析两物体之间的作用力与反作用力时，要注意，作用力的方向一旦确定，反作用力的方向一定要与之相反，不要把箭头方向画错。

（4）受力图上不能再带约束。工程问题比较复杂，大多都是多个物体组成的系统。如果受力图画在系统上，很难判断研究对象，也不方便区分内力和外力，给解题带来不便。因此，受力图一定要画在分离体上。

（5）受力图上只画外力，不画内力。一个力，属于外力还是内力，因研究对象的不同而异。当物体系拆开来分析时，原系统的部分内力，就成为新研究对象的外力。

（6）同一系统受力应协调一致。系统中各研究对象的受力图必须整体与局部一致，相互协调，不能相互矛盾。对于某一处约束反力的方向一旦设定，在整体、局部或单个物体的受力图上要与之保持一致。

（7）正确判断二力构件。二力构件中力的作用线的方位是确定的，应按二力构件的特点画出约束反力，这一点对求解问题非常重要。

1.4 平面力系的简化与平衡条件

1.4.1 平面力系的简化

用一个最简单的力系去等效作用在物体上的一个复杂力系，称为力系的简化。

1）力的平移定理

定理　作用在物体上某点的力，可以平行移动到该物体上的任意一点，但必须同时附加一个力偶，这个附加力偶的力偶矩等于原力对所取的任意点之矩。

证明　设一个力 F 作用于 A 点，如图 1-22(a)所示。为了将力 F 移到另一点 B，先在 B 点加上一对平衡力 F_1 和 F'_1，其大小与力 F 相等，且平行于 F。根据加减平衡力系原理，三个力 F、F_1、F'_1 与原力 F 等效，如图 1-22(b)所示。而 F'_1 与 F 组成一个力偶（通常称作附加力偶），其力偶臂为 d，力偶矩 $m = m(F, F'_1) = M_B(F) = Fd$。力 F 即平移到了 B 点，而作用在刚体上的有一个力 F_1 和一个力偶(F，F'_1)，如图 1-22(c)所示。显然，它们是等效的。

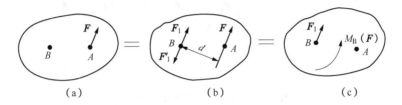

图 1-22　力的平移

力的平移定理只适用于刚体，它是平面力系简化的理论依据。

2）力系向一点简化

设有一平面力系 F_1、F_2、F_3，各力的作用点分别为 A_1、A_2、A_3，如图 1-23 (a)所示。

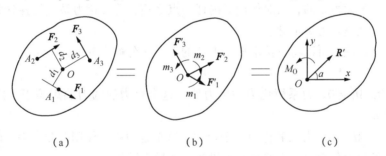

图 1-23　平面力系向一点简化

为了简化这个力系，任选一点 O 作为简化中心。应用力的平移定理，将各力分别平移到 O 点，于是得到作用于 O 点的平面汇交力系 F'_1、F'_2、F'_3 和一个平面力偶系 m_1、m_2、m_3，如图 1-23(b)所示。

平面汇交力系按力多边形法则合成为一个作用于 O 点的合力 R'（主矢），即

$$R' = F'_1 + F'_2 + F'_3 = \sum F \tag{1-4}$$

平面力偶系可以合成一个合力偶（主矩），其合力偶等于原力系中各力对 O 点的矩的代数和，即

$$M_0 = m_1 + m_2 + m_3 = M_0(F_1) + M_0(F_2) + M_0(F_3) = \sum M_0(F) \tag{1-5}$$

图 1-23(c)就是该力系的简化结果，即平面力系向平面内任一点简化时，得到一个主矢和一个主矩，这个主矢等于原力系中各力的矢量和，作用在简化中心；而主矩等于原力系中各力对简化中心之矩的代数和。

3）简化结果讨论

平面力系向一点简化可能出现以下几种情况：

（1）$R' \neq 0$，$M_0 \neq 0$。这是一般情况，但并不是最简结果，还可以进一步简化。根据力的平移定理的逆过程，可最终简化为一个合力。简化过程如图 1-24 所示，先将 M_0 用与 R' 大小相等的两个力 R、R'' 所构成的力偶（R，R''）代替，力偶臂 $d = M_0/R'$；由于 R' 与 R'' 构成平衡力系，消去后仅剩下力 R。此力就是原力系的合力，大小和方向与主矢 R' 相同。

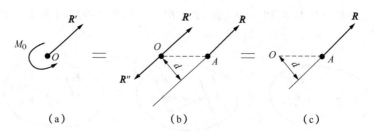

（a）　　　　　　（b）　　　　　　（c）

图 1-24　主矢和主矩的进一步简化

由图 1-24（c）可以看出，力系 R 对简化中心的矩为

$$M_0(R) = Rd = M_0$$

将式（1-5）代入，得

$$M_0(R) = \sum M_0(F) \tag{1-6}$$

上式表明，平面力系的合力对作用面内任一点之矩，等于该力系中的各分力对同一点之矩的代数和。这就是合力矩定理。

应用合力矩定理，可以将直接求矩不方便的力，先分解成分力，利用分力的矩之代数和求得合力矩。

（2）$R' = 0$，$M_0 \neq 0$。力系简化为一个力偶，这个合力偶的力偶矩等于主矩，主矩与简化中心位置无关。

（3）$R' \neq 0$，$M_0 = 0$。力系简化为一个合力，这个合力就是作用在简化中心的主矢。

将合力和各分力分别向正交的坐标轴投影，各投影满足

$$\left. \begin{array}{l} R_x = F_{1x} + F_{2x} + \cdots\cdots + F_{nx} = \sum F_x \\ R_y = F_{1y} + F_{2y} + \cdots\cdots + F_{ny} = \sum F_y \end{array} \right\} \tag{1-7}$$

上式表明，力系的合力在某一轴上的投影，等于该力系中各力在同一轴上投影的代数和，这就是合力投影定理。

（4）$R' = 0$，$M_0 = 0$。该力系既不能使物体移动，也不能使物体转动，即物体在该力系作用下处于平衡状态。

1.4.2　平面力系的平衡条件

平面力系简化后得到一个主矢 R' 和一个主矩 M_0。要使物体保持平衡，必须满足 $R' = 0$ 和 $M_0 = 0$ 的条件。因此，平面力系平衡的必要与充分条件是：力系的主矢和力系对其作用面内任一点的主矩都等于零，即

$$R' = 0 \quad M_0 = 0 \tag{1-8}$$

由式(1-7)可知，要使 $R' = 0$，必须 $\sum F_x = 0$ 及 $\sum F_y = 0$。由式(1-5)可知，$M_0 = 0$，即 $\sum M_0(\boldsymbol{F}) = 0$。因此，平面力系平衡的解析条件是：力系中各力在两个坐标轴上的投影的代数和分别为零；各力对平面上任一点的矩的代数和为零。

用解析法所得到的平面力系的平衡条件为

$$\left.\begin{array}{l} \sum F_x = 0 \\ \sum F_y = 0 \\ \sum M_0(\boldsymbol{F}) = 0 \end{array}\right\} \tag{1-9}$$

其中，第三项常简写为 $\sum M_0 = 0$。

平面力系的平衡方程除式(1-9)的基本形式外，还可写成以下两种形式，即

二矩式平衡方程

$$\left.\begin{array}{l} \sum F_x = 0 \\ \sum M_A = 0 \\ \sum M_B = 0 \end{array}\right\} \tag{1-10}$$

式中，矩心 A、B 的连线不能垂直于 x 轴。

三矩式平衡方程

$$\left.\begin{array}{l} \sum M_A = 0 \\ \sum M_B = 0 \\ \sum M_C = 0 \end{array}\right\} \tag{1-11}$$

式中，矩心 A、B、C 不能位于同一条直线上。

不同形式的平衡方程都是由三个独立方程组成。不论用哪种平衡方程，最多只能求解三个未知数。

由平面力系的平衡方程(1-9)，可以推出几个特殊平面力系的平衡条件。

(1) 平面汇交力系。平面汇交力系是指作用于物体上的各力的作用线都位于同一平面内，且汇交于一点的力系。力系的简化结果是过汇交点的一个合力(主矢)，式(1-9)中第三项自然满足，则平面汇交力系的平衡方程为

$$\left.\begin{array}{l} \sum F_x = 0 \\ \sum F_y = 0 \end{array}\right\} \tag{1-12}$$

(2) 平面力偶系。如果物体在同一平面内作用有两个以上的力偶，即为力偶系。力偶系的简化结果是一个合力偶(主矩)，式(1-9)中前两项自然满足，则平面汇交力系的平衡方程为

$$\sum m_i = 0 \tag{1-13}$$

(3) 平面平行力系。各力作用线在同一平面内并相互平行的力系，称为平面平行力系。平行力系向任一点简化结果为一般形式，如果选择一个坐标轴(如 x 轴)和各力平行，则式(1-9)中第二项自然满足，则平面平行力系的平衡方程为

$$\left.\begin{array}{l} \sum F_x = 0 \\ \sum M_0 = 0 \end{array}\right\} \tag{1-14}$$

若选用式(1-11)作为平衡方程，可得

$$\left.\begin{array}{l} \sum M_A = 0 \\ \sum M_B = 0 \end{array}\right\} \tag{1-15}$$

式中，矩心 A、B 两点的连线不与力的作用线平行。

例1-4 在图1-25(a)所示的托架上放置一个重为 G=100N 的重物，A、D、C 三处为铰链连接。已知 α=45°，$AC=CE=L$，杆 AB 和 CD 自身的重量不计。求托架 A、C 处的约束反力。

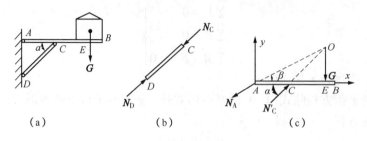

图 1-25　例1-4附图

解 ① 判断二力构件。杆 CD 两端为铰链连接，自身的重量不计，为二力杆，指向预先假定，如图 1-25(b)所示。

② 确定研究对象。依据题意，选取水平杆 AB 作为研究对象，取作分离体。

③ 画受力图。作用于杆 AB 的力有主动力 G 以及 A、C 两点的约束反力 N_A 和 N'_C。其中 G 和 N'_C 的作用方向相交于一点 O，根据三力汇交定理可以确定 N_A 的方位，如图 1-25(c)所示。

④ 列平衡方程求解。本例为平面汇交力系，建立如图所示的直角坐标系，列平衡方程为

$$\sum F_x=0,\quad -N_A\cos\beta+N'_C\cos\alpha=0$$
$$\sum F_y=0,\quad -N_A\sin\beta+N'_C\sin\alpha-G=0$$

代入已知量，并利用几何关系，解得

$$N_A=\frac{G}{-\sin\beta+\cos\beta}=100\sqrt{5}=223.6\text{N}$$

$$N'_C=\frac{\cos\beta}{\cos\alpha}N_A=200\sqrt{2}=282.83\text{N}$$

例1-5 用多轴立钻同时加工工件上的四个等直径的孔，如图1-26(a)所示。已知每个钻头的切削力偶矩为 $m_1=m_2=m_3=m_4=15$N·m。求 A、B 端约束反力。

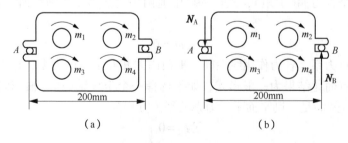

图 1-26　例1-5附图

解 取工件为研究对象。由于工件所受主动力是 4 个力偶，A、B 处为光滑面约束。由力偶只能与力偶平衡的性质，力 N_A 与力 N_B 必然要组成一个力偶，如图 1-25(b)所示。

根据平面力偶系平衡方程，有

$$N_B \times 0.2 - m_1 - m_2 - m_3 - m_4 = 0$$

解得

$$N_B = \frac{15 \times 4}{0.2} = 300\text{N} \qquad N_A = N_B = 300 \text{ N}$$

例 1-6 悬臂梁 AB 如图 1-27(a)所示。梁上有均匀分布载荷 q，自由端受一个集中力 P 和一个力偶 m 作用，梁长为 L。求 A 处的约束反力。

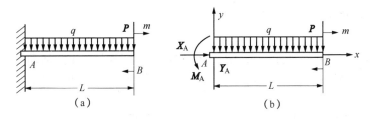

图 1-27 例 1-6 附图

解 取悬臂梁 AB 为研究对象。梁 AB 所受的主动力有 q、P 和 m；约束反力有 X_A、Y_A 和 M_A，受力图如图 1-27(b)所示。

由平衡方程可得

$$\sum F_x = 0, \quad X_A = 0$$
$$\sum F_y = 0, \quad Y_A - qL - P = 0$$
$$\sum M_A = 0, \quad M_A - qL \cdot L/2 - PL - m = 0$$

解得

$$X_A = 0$$
$$Y_A = qL + P$$
$$M_A = qL^2/2 + PL + m$$

例 1-7 图 1-28(a)所示为一简易起重机，BC 为钢丝绳。已知梁长 $l = 2\text{m}$，重 $G = 400\text{N}$，小车及重物的重力 $W = 1000\text{N}$，$\alpha = 30°$，$x = 1.5\text{m}$。求绳 BC 的拉力和 A 处约束反力。

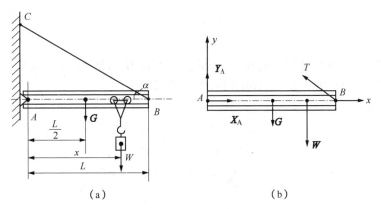

图 1-28 例 1-7 附图

解 选横梁 AB 为研究对象。梁受到的主动力有 G 和 W，约束反力有 X_A、Y_A 和 T，受力图如图 1-28(b)所示。

由平衡方程可得

$$\sum M_A = 0, \quad T\sin\alpha \cdot L - G \cdot L/2 - W \cdot x = 0$$

$$\sum F_x = 0, \quad X_A - T\cos\alpha = 0$$

$$\sum F_y = 0, \quad Y_A + T\sin\alpha - G - W = 0$$

解得

$$T = 1900N$$

$$X_A = 950\sqrt{3} = 1645.4N$$

$$Y_A = 450N$$

例 1-8 如图 1-29(a)所示，梁 AB、BC 在 B 点铰链连接，A 为活动铰链，C 为固定端约束。已知 $M = 20kN \cdot m$，$q = 15kN/m$，$a = 1m$。求托架 A、B、C 处的约束反力。

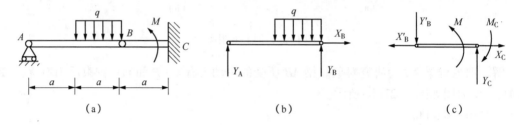

图 1-29 例 1-8 附图

解 ① 选梁 AB 为研究对象。梁 AB 受到的主动力有分布载荷 q，约束反力有 X_B、Y_B 和 N_A，受力图如图 1-29(b)所示。

由平衡方程可得

$$\sum F_x = 0, \quad X_B = 0$$

$$\sum M_B = 0, \quad -Y_A \cdot 2a + qa \cdot a/2 = 0$$

$$\sum F_y = 0, \quad Y_A + Y_B - qa = 0$$

解得

$$X_B = 0$$

$$Y_A = 3.75kN$$

$$Y_B = 11.25kN$$

② 再选梁 BC 为研究对象。梁 BC 受到的主动力有 M 以及 AB 梁的反作用力 X'_B 和 Y'_B，约束反力有 X_C、Y_C 和 M_C，受力图如图 1-29(c)所示。

由平衡方程可得

$$\sum F_x = 0, \quad X_C - X'_B = 0$$

$$\sum F_y = 0, \quad Y_C - Y'_B = 0$$

$$\sum M_C = 0, \quad Y_B \cdot a + M - M_C = 0$$

解得

$$X_C = 0$$

$$Y_C = 11.25kN$$

$$M_C = 31.25kN$$

通过以上各例可知，平面力系求解物体平衡问题的主要步骤有：

（1）确定研究对象，取分离体，画受力图。

解力系平衡问题时，研究对象的选取非常重要，一般可以参照以下方法进行选择。

① 首先考虑整个系统（简称整体）作为研究对象。约束反力未知量不超过 3 个，或者虽超过 3 个，但不拆开也能求出部分未知量，可选择整体为研究对象。

② 如果整体约束反力未知量超过 3 个，则必须拆开才能求解全部未知量。这时，可考虑受力情况简单的或有已知力与未知力同时作用的部分（一个构件或几个构件的组合）作为研究对象。

③ 选择的每一个研究对象的未知量数目最好不要超过该研究对象所处力系的独立平衡方程数，这样可以避免两个研究对象的平衡方程联立求解。

（2）选择合适的坐标系，列平衡方程。

① 平面力系的平衡方程有基本形式、二矩式和三矩式，通常每种形式都可以求出相同结果。本节的例题主要采用解析式，读者可以选用其他形式进行求解。在列平衡方程时，最好一个方程只包含 1 个未知量。另外，求解时最好先用符号运算求得结果，然后再代入数值，以减少计算误差。

② 为求解方便，可优先考虑力矩式方程。选择两未知力作用线的交点作为矩心，这样既可以直接求出未知量，又可以避免由未知量间的相互关系而导致的错误。

（3）解平衡方程，求未知量。

所得计算结果，正号表示约束反力方向与假设方向一致，负号则相反。

习 题

1-1 试画出下列各图中指定物体的受力图。各接触面均为光滑面，未标重力的构件质量不计。

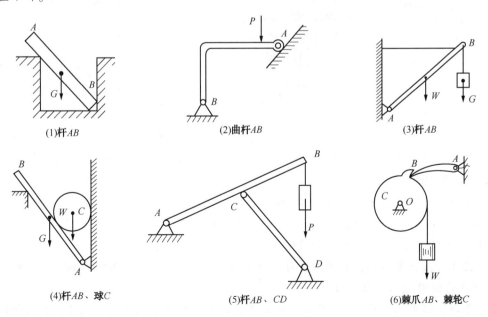

(1)杆AB   (2)曲杆AB   (3)杆AB

(4)杆AB、球C   (5)杆AB、CD   (6)棘爪AB、棘轮C

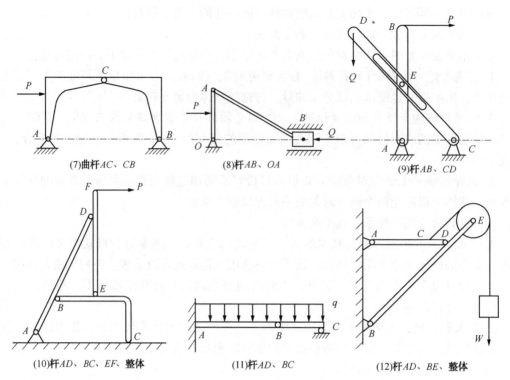

(7)曲杆AC、CB　　　(8)杆AB、OA　　　(9)杆AB、CD

(10)杆AD、BC、EF、整体　　　(11)杆AD、BC　　　(12)杆AD、BE、整体

1-2　某电动机安装如图，A、B、C三处均为铰链连接。已知电机重 $G=5kN$，放于水平梁AC的中点，各杆质量均不计。试求杆BC所受的力。

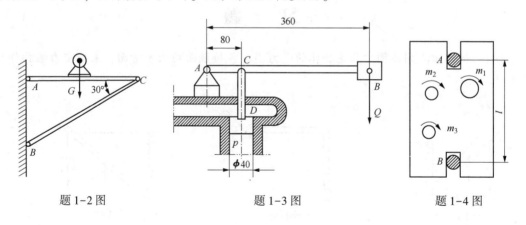

题1-2图　　　　　题1-3图　　　　　题1-4图

1-3　杠杆式安全阀如图。已知阀杆CD重 $G_1=20N$，AB杆重 $G_2=14N$，尺寸如图。当气体压力 $p=0.5MPa$ 时要求阀门打开。求B点的平衡重力Q及铰链A处的约束反力。

1-4　如图用三轴钻床在水平工件上钻孔，每个钻头对工件施加一个力偶。已知 $m_1=1kN \cdot m$，$m_2=1.4kN \cdot m$，$m_3=2kN \cdot m$，固定工件的两螺栓A和B与工件成光滑面接触，两螺栓的距离 $L=0.2m$。求两螺栓受到的横向力。

1-5　图示为某支架结构，在支架上作用有一力偶，其力偶矩 $m=300N \cdot m$。如不计支架杆重，试求铰链B处的约束反力。

1-6　某简易起重机如图所示。已知 $P=10kN$，钢绳1和2互相平行，钢绳、滑轮和杆AB的质量均不计。求钢绳1所受的拉力及AB杆所受的力。

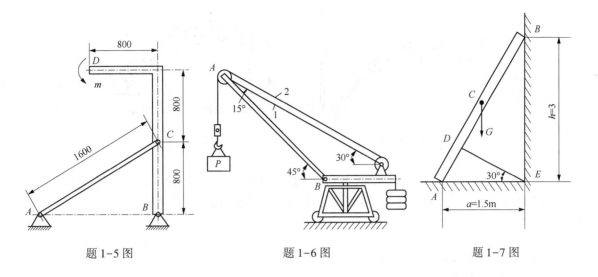

题 1-5 图   题 1-6 图   题 1-7 图

1-7 梯子 AB 的两端分别靠在光滑的墙壁上和地面上，梯上 D 点处用绳子 DE 系在墙角上，绳子与地面成 30°角，一人站在梯子的中部。已知人和梯子的总重为 G=1000N，尺寸如图所示。求绳子 DE 的拉力及地面和墙壁对梯子的约束反力。

1-8 图示的钢架结构，杆 EABC 为一曲杆，A、B、C、D 均为铰链连接。已知 m=200N·m，α=30°，滑轮 E 和各杆的重量均不计。求斜面对滑轮的作用力、杆 BD 所受的力以及 A、C 处的约束反力。

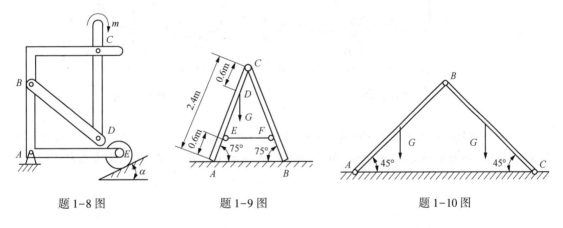

题 1-8 图   题 1-9 图   题 1-10 图

1-9 如图所示，梯子两部分 AC 和 BC 在 C 点铰链连接，AC=BC，每部分各重 150N，在 E、F 两点用水平绳连接。梯子放在光滑的水平面上，有一人站在 D 处，重 G=600N，尺寸如图。求绳子 EF 受到的张力 T。

1-10 如图所示，支架 ABC 由均质等长杆 AB 和 BC 组成，重量均为 G，A、B、C 三处均为铰链连接。试求 A、B、C 处的约束反力。

1-11 如图所示结构，A、B、C、E、F、G 处均为铰链连接。已知 P=1kN，各杆重量均不计，尺寸如图。试求 A 处的约束反力以及杆 EF 和 CG 所受的力。

1-12 图示钢架结构，A、B、C 三处均为铰链连接。已知 P=200N，q=500N/m，各杆重量均不计，尺寸如图。求 A、B 处的约束反力。

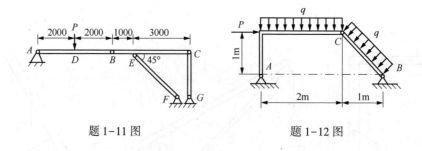

题 1-11 图   题 1-12 图

1-13 如图所示，构架由 *ABC*、*CDE*、*BD* 三杆组成，*B*、*C*、*D*、*E* 处均为铰链连接。均布载荷 $q=40\text{kN/m}$，$a=0.5\text{m}$，各杆重量均不计。试求 *BD* 杆所受的力及 *C*、*E* 处的约束反力。

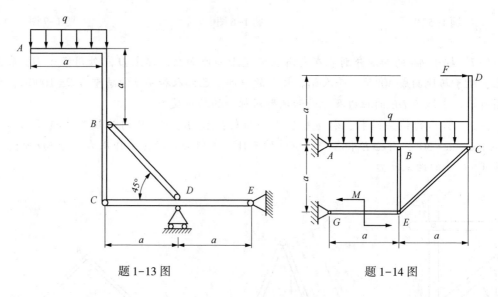

题 1-13 图   题 1-14 图

1-14 图示结构由曲梁 *ABCD* 及杆 *CE*、*BE* 和 *GE* 构成。*A*、*B*、*C*、*E*、*G* 均为铰接。已知 $F=20\text{kN}$，均布载荷 $q=10\text{kN/m}$，$M=20\text{kN}\cdot\text{m}$，$a=2\text{m}$。试求 *A*、*G* 处反力及杆 *BE*、*CE* 所受之力。

第2章 直杆的拉伸与压缩

在第1章中，将研究构件看作刚体，也就是只考虑力的外效应，而忽略了力的内效应，即忽略了构件在外力作用下发生的变形。实际上，构件在外力作用下都会发生不同程度的变形。如果变形很小，在外力卸除后，构件的变形就会消失，这种变形称为弹性变形，这是工程上允许的。如果变形太大，构件就会破坏，即使不破坏，在外力卸除后，构件的变形也不能完全消失，这种不能恢复的变形称为塑性变形，也是工程上不允许的。因此，必须进一步研究构件在外力作用下变形和破坏的规律。此时构件的变形已成为所研究问题的主要因素，必须予以考虑。

从本章开始，所研究的物体都是变形体，而且是变形体的小变形问题。工程力学在研究变形体时作出如下假设：

（1）**连续性假设** 认为组成固体的物质不留空隙地充满了固体的体积。这样，可以将力学变量看成坐标的连续函数，便于进行数学分析。

（2）**均匀性假设** 认为在固体内到处有相同的力学性能。这样，从固体中取出一部分，不论位置和尺寸，力学性能总是相同的。

（3）**各向同性假设** 认为无论沿任何方向，固体的力学性能都是相同的。工程上使用的大多数金属材料都具有宏观各向同性。

2.1 构件变形的基本形式

工程实际中，构件的几何形状多种多样。根据构件几何形状特点，可以把构件归纳为四类，即杆件、板、壳和块体(图2-1)。

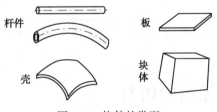

图2-1 构件的类型

（1）杆件 长度方向(纵向)尺寸远大于垂直于长度方向(横向)尺寸的构件，如螺栓、轴、梁等。

（2）板 厚度比其长度和宽度小得多的构件，如塔设备的塔板、热交换器中管板、人孔盖等。

（3）壳 厚度比长度和宽度小得多，但几何形状不是平面而是曲面。如圆筒体、凸形封头等。

（4）块体 三个方向的尺寸相差不多的构件，如轴承中的滚珠和一些机械中的铸件等。

杆件是最简单、最常见的构件，也是工程力学的主要研究对象。杆件按轴线分为直杆和曲杆，按截面尺寸分为等截面杆和变截面杆。杆件在外力作用下的变形也是多种多样的，归纳起来基本有四种：拉伸或压缩、剪切、扭转和弯曲。表2-1列出了四种基本变形的实例、受力简图和外力特点。

表 2-1 杆件的基本变形

变形形式	工程实例	受力和变形简图	外力特点	变形特点
拉伸或压缩	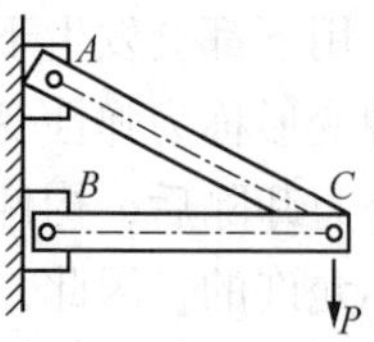	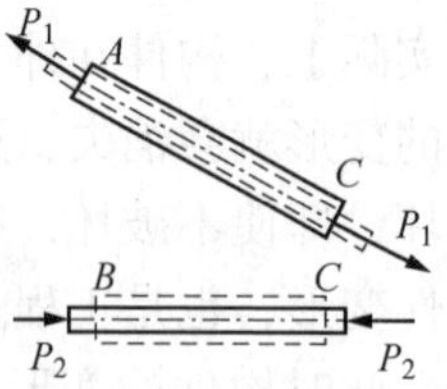	外力合力的作用线与杆轴线重合	杆沿轴向伸长（或缩短），沿横向收缩（或增大）
剪切	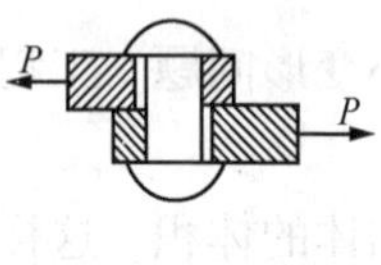	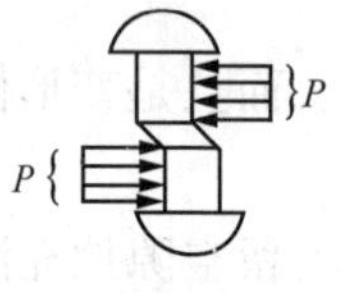	一对力大小相等，方向相反，作用线垂直杆轴且距离很近	受剪杆段内各截面相对错动
扭转	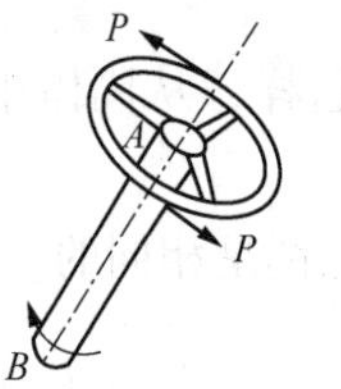	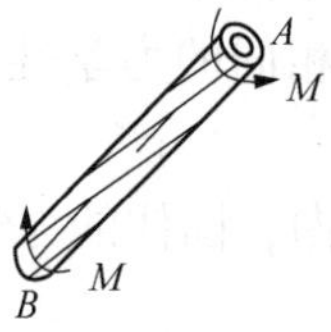	一对力偶矩大小相等，转向相反、作用面垂直杆轴线	任意两横截面绕轴线相对转动，纵线成螺旋线
弯曲	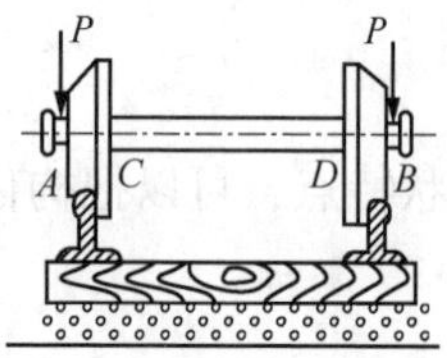	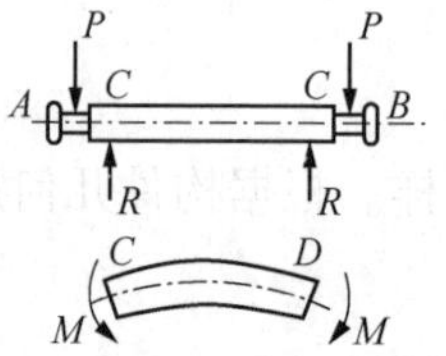	外力垂直于杆轴或一对力偶作用于杆的纵向平面内	杆轴线由直线变为曲线

杆件的变形可能是四种基本形式之一，或者是某几种基本变形的组合。本章主要讨论直杆的拉伸与压缩问题。

2.2 轴向拉伸或压缩时的内力

工程实际中，直杆的拉伸和压缩的实例很多，如图2-2(a)所示的压力容器，法兰的联接螺栓受拉伸[图2-2(b)]，立式支腿受压缩[图2-2(c)]等。这些工程构件的变形称为轴向拉伸或轴向压缩。

轴向拉伸或压缩时的受力特点为：作用在直杆两端的外力大小相等、方向相反，且外力的作用线与杆的轴线重合。其变形特点为：沿着杆的轴线方向伸长或缩短，伴以横向尺寸的收缩或扩大。

2.2.1 内力的概念

构件受到外力作用时，构件内各质点的相对位置就会发生改变，构件的内力也就会发生

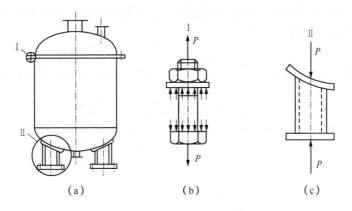

（a） （b） （c）

图 2-2 轴向拉伸与压缩的工程实例

改变。在工程力学中，内力是因外力而引起的内力变化量，即附加内力，也就是把构件不受外力作用时的内力看作是零。

由于外力的作用形式不同，构件的变形也不一样，对应的内力形式也不尽相同。这里所指的内力可以是一个力，也可以是一个力偶，是一个广义的概念。

2.2.2 截面法

工程力学中计算内力最常用的方法是截面法：用一个假想的截面将构件截成两部分；任取一部分，弃去部分对留下部分的作用，用作用在截面上相应内力(力或力偶)代替；对留下的部分建立平衡方程，根据其上的已知外力来计算构件截面上的内力。

图 2-3(a)为一个承受轴向拉伸的直杆。如求 m-m 截面的内力，就要用一个假想的平面将直杆在 m-m 处一分为二，如图 2-3(b)或图 2-3(c)所示。任取一部分作为研究对象进行受力分析，由于直杆在拉力 P 作用下处于平衡，则截开后的部分仍要保持平衡，弃去部分对留下部分的作用力为一个水平力，也就是内力。对研究对象列平衡方程，可以求出内力与 P 大小相等、方向相反。

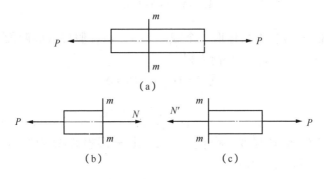

图 2-3 截面法求内力

轴向拉伸或压缩时的内力沿杆轴线作用，称为轴力。通常规定，拉伸时的轴力取正号，压缩时的轴力取负号。

如果杆件受到多个轴向力作用，不同横截面上的轴力不尽相同。为了清晰地表示各截面的轴力，常把轴力沿截面位置的变化曲线表示成轴力图。轴力图的横坐标为杆件的轴线，表示截面的位置；纵坐标表示相应截面内力的大小。从轴力图上，可以确定最大轴力值及最危险截面位置，为强度计算提供依据。

例 2-1 图 2-4(a)所示的等截面杆，A、B、C 处分别受外力 P_1、P_2、P_3 作用，方向如图。已知 $P_1 = 8kN$，$P_2 = 10kN$，$P_3 = 6kN$。求 AB、BC、CD 各截面的轴力并画轴力图。

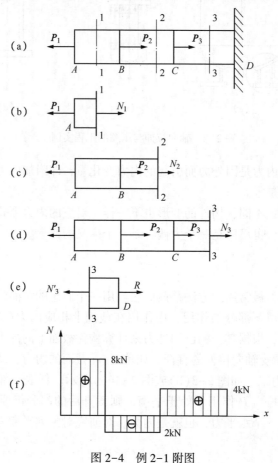

图 2-4　例 2-1 附图

解　① AB 段轴力。在 AB 段任取一个截面 1-1，将杆假想截成两段，取左段为研究对象，其受力图如 2-4(b)所示。由平衡方程

$$\sum F_x = 0, \quad N_1 - P_1 = 0$$

解得

$$N_1 = P_1 = 8kN$$

② BC 段轴力。在 BC 段任取一个截面 2-2，将杆假想截成两段，取左段为研究对象，其受力图如 2-4(c)所示。由平衡方程

$$\sum F_x = 0, \quad N_1 - P_1 + P_2 = 0$$

解得

$$N_1 = P_1 - P_2 = -2kN$$

③ CD 段轴力。在 CD 段任取一个截面 3-3，将杆假想截成两段，取左段为研究对象，其受力图如 2-4(d)所示。由平衡方程

$$\sum F_x = 0, \quad N_1 - P_1 + P_2 - P_3 = 0$$

解得

$$N_1 = P_1 - P_2 + P_3 = 4\text{kN}$$

从图 2-4(e)，可以很容易求出杆件右端的约束反力，画出轴力图如图 2-4(f)所示。图中正号表示杆受拉，负号表示杆受压。

从轴力图上可以看出，在集中力作用面上，轴力图必然发生突变，且突变值的大小（正、负绝对值之和）等于作用在该截面上的集中力的大小。在绘制轴力图时，可以利用突变关系校核轴力图。

2.3 轴向拉伸或压缩时的应力

2.3.1 应力的概念

轴向拉伸或压缩的直杆能否安全工作，不仅与内力大小有关，还与构件截面积有关。内力在横截面上分布的密集程度(简称内力的集度)称为应力。

为了表示横截面 m-m 上某点 C 的应力，围绕 C 点取一微小面积 ΔA，设 ΔP 是作用在微面积 ΔA 上的内力，如图 2-5(a)所示。则

$$p_m = \frac{\Delta P}{\Delta A} \tag{2-1}$$

式中，p_m 称为作用在微面积 ΔA 上的平均应力。

要想确切地表示截面上 C 点的内力集度，对上式取极限，则

$$p = \lim_{\Delta A \to 0} \frac{\Delta P}{\Delta A} = \frac{\mathrm{d}P}{\mathrm{d}A} \tag{2-2}$$

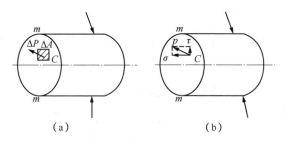

图 2-5 C 点的应力

式中，p 为 C 点的应力，是分布力系在 C 点的集度。p 是一个矢量，一般不与截面垂直。常把应力 p 分解成垂直于截面的分量 σ 和平行于截面的分量 τ，如图 2-5(b)所示。σ 称为正应力，τ 称为剪应力。应力的单位是牛顿/米²(N/m^2)，又称帕斯卡，简称帕(Pa)。工程中，常用兆帕(MPa)或吉帕(GPa)表示。

2.3.2 轴向拉伸或压缩时横截面上的应力

截面法求得的内力是横截面上内力的合力。要想求出直杆横截面上任一点的应力，必须要知道内力在横截面上的分布规律。

现取一个等截面直杆，在杆的表面画出两条垂直于杆轴线的横向线 mm 和 nn，表示两

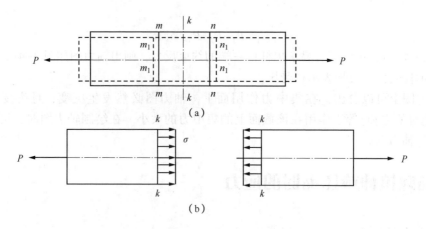

图 2-6　直杆拉伸时横截面上的应力

个横截面，如图 2-6(a)所示。然后在杆两端加一对轴向拉力 P，此时可观察到两横向线平移到 m_1m_1 和 n_1n_1 处，但仍垂直于杆的轴线。根据观察到的现象，可以作出一个重要假设：杆件变形前为平面的横截面，在杆件变形后仍保持为平面，即平面截面假设。

假想杆件是由许多与轴线平行的纵向纤维所组成，那么当杆件受到轴向拉伸或压缩时，从杆件表面到内部所有纵向纤维的伸长或压缩都相同。因此，各纵向纤维所受到的内力也完全相同。

由此可知，杆件受拉伸或压缩时，其横截面上的内力是均匀分布的。因而，横截面上的应力也是均匀分布的，方向与横截面垂直，为正应力，如图 2-6(b)所示。正应力计算式为

$$\sigma = \frac{N}{A} \tag{2-3}$$

式中，N 表示截面内力，A 表示截面面积。正应力正负号规定与轴力相同，即拉应力为正，压应力为负。

2.3.3　轴向拉伸或压缩时斜截面上的应力

图 2-7(a)为一轴向受拉的直杆，假想用一个斜截面 k-k 将杆件切开，取左段为研究对象进行受力分析，如图 2-7(b)所示。

由平面截面假设可知，斜截面上各点的应力 p_α 也是均匀分布的，它的方向与轴线平行，其值为

$$p_\alpha = \frac{N}{A_\alpha}$$

式中，A_α 为直杆斜截面 k-k 的面积。

设 A 为直杆横截面面积，斜截面 k-k 的外法线 n 与杆轴线(x 轴)的夹角为 α，则由几何关系可得

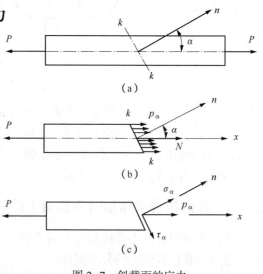

图 2-7　斜截面的应力

$$A_\alpha = \frac{A}{\cos\alpha}$$

则

$$p_\alpha = \frac{N}{A}\cos\alpha = \sigma \cdot \cos\alpha$$

式中，σ 为横截面上的正应力。

斜截面上的应力 p_α 可以分解为两个正交的应力分量，即斜截面的正应力 σ_α 和剪应力 τ_α，如图 2-7（c）所示。它们分别为

$$\sigma_\alpha = p_\alpha\cos\alpha = \sigma\cos^2\alpha \tag{2-4}$$

$$\tau_\alpha = p_\alpha\sin\alpha = \sigma\sin\alpha\cos\alpha = \frac{\sigma}{2}\sin2\alpha \tag{2-5}$$

式中，α 为截面外法线 n 与杆轴线的夹角，以杆轴线逆时针转到外法线者为正，反之为负；正应力以拉应力为正，压应力为负；剪应力以绕构件内任一点有顺时针转动趋势者为正，反之为负。

由式（2-4）和式（2-5）可以求出直杆任意斜截面上的正应力 σ_α 和剪应力 τ_α，它们都是截面方位角 α 的函数，其最大值发生在

（1）当 $\alpha = 0°$ 时，正应力达到最大值，其值为

$$\sigma_\alpha = \sigma_{max} = \sigma$$

即直杆受轴向拉伸或压缩时，最大正应力发生在横截面上。

（2）当 $\alpha = 45°$ 时，剪应力达到最大值，其值为

$$\tau_\alpha = \tau_{max} = \frac{\sigma}{2}$$

即直杆受轴向拉伸或压缩时，在与横截面成45°角的斜截面上产生最大剪应力，其值等于横截面上正应力值的一半。

在工程实际中，由于构件材料的抗拉和抗剪能力不同，构件可能沿横截面发生断裂破坏，也可能沿45°斜截面发生剪切破坏。

2.3.4 应力集中

等截面直杆受轴向拉伸或压缩时，横截面上的应力是均匀分布的。在工程实际中，由于工艺或结构的需要，构件不可避免地开有切口、切槽、螺纹、圆孔等，以致在这些部位上截面尺寸发生突然变化，因而应力不再是均匀分布的。

图 2-8 为一块中间开有圆孔的受拉板。在距离小孔较远的Ⅰ-Ⅰ截面上，正应力是均匀分布的，记为 σ。但在小孔中心所在的Ⅱ-Ⅱ截面上，则正应力分布不均匀，在孔附近的局部区域内，应力急剧增大，但在开孔稍远处，应力迅速减小并趋于均匀。这种因构件截面尺寸突然变化而引起局部应力急剧增大的现象，称为应力集中。

设发生应力集中的截面上的最大应力为 σ_{max}，同一截面上的平均应力为 σ，则比值

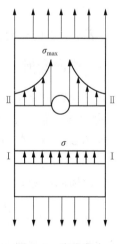

图 2-8 应力集中

$$k = \frac{\sigma_{max}}{\sigma} \qquad (2-6)$$

k 称为理论应力集中系数，它反映了应力集中的程度。实验结果表明：截面尺寸改变得越急剧、角越尖、孔越小，应力集中程度就越严重。因此，构件应尽可能地避免带尖角的孔和槽，在阶梯轴的轴肩处要用圆弧过渡，并且在结构允许的范围内，尽可能使圆弧的半径大一些。

2.4 轴向拉伸或压缩时的变形

直杆受轴向拉伸或压缩作用时，将引起杆件轴向伸长（或缩短），同时伴随有横向尺寸的缩小（或增大），前者称为纵向变形，后者称为横向变形。

2.4.1 纵向变形

图 2-9 为受拉和受压的等截面直杆，设杆原长为 l，在轴向拉力或压力 P 作用下，杆长由 l 变为 l_1，其杆长变化（总变形）Δl 为

$$\Delta l = l_1 - l \qquad (2-7)$$

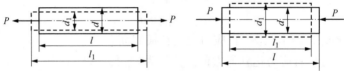

图 2-9　直杆拉伸与压缩时的变形

Δl 为杆件的纵向绝对变形，拉伸为正，压缩为负。绝对变形 Δl 随杆的原长不同而变化，也就是说，Δl 只能反映杆件的总变形量，而无法说明杆件的变形程度。

为了反映杆件的变形程度，通常采用单位长度上的变形量来度量其纵向变形，即

$$\varepsilon = \frac{\Delta l}{l} \qquad (2-8)$$

ε 表示直杆的相对变形，称为杆的纵向应变，简称应变，是一个无因次量。

2.4.2 横向变形

直杆受轴向拉伸或压缩时，不仅有纵向变形，同时还会发生横向变形。当纵向伸长时，横向就缩小；而在纵向压缩时，横向就增大。

如图 2-9 所示的直杆，在拉力 P 作用下，横向绝对变形为

$$\Delta d = d_1 - d \qquad (2-9)$$

因此横向应变 ε' 为

$$\varepsilon' = \frac{\Delta d}{d} = \frac{d_1 - d}{d} \qquad (2-10)$$

实验指出，在弹性范围内，横向应变 ε' 与纵向应变 ε 之比的绝对值为一常数，即

$$\mu = \left| \frac{\varepsilon}{\varepsilon'} \right| \qquad (2-11)$$

μ 称为横向变形系数或泊松比，是一个无因次量，其值随材料不同而异。一般情况下，碳钢的泊松比可取 0.3。

由于横向、纵向应变总是符号相反，所以上式又可以写为

$$\varepsilon' = -\mu\varepsilon \qquad (2-12)$$

2.4.3 虎克定律

实验研究表明，直杆受轴向拉伸或压缩时，若其横截面上的应力未超过某一限度时，则纵向应变与正应力成正比。即

$$\sigma = E\varepsilon \qquad (2-13)$$

将轴向拉伸或压缩时的应力公式(2-3)和应变公式(2-8)代入上式，整理得

$$\Delta l = \frac{Nl}{EA} \qquad (2-14)$$

上式是虎克定律的另一种表达形式。它表明，当应力不超过某一限度时，直杆的绝对变形与轴力及杆长成正比，而与杆的横截面面积成反比。比例常数 E 称为材料的弹性模量，它表示在拉伸或压缩时材料抵抗弹性变形的能力，随材料不同而异。若其他条件相同，E 值越大，直杆的绝对变形越小，说明 E 是表征材料刚性大小的量。通常将 EA 称为杆件的抗拉（或抗压）刚度，它反映了杆件抵抗拉伸或压缩变形的能力。

弹性模量 E 的单位和正应力 σ 的单位相同，常用单位是兆帕(MPa)或吉帕(GPa)，钢材的弹性模量 $E = (1.96 \sim 2.16) \times 10^5$ MPa。

如果杆件的轴力 N 或横截面面积 A 分段变化，则应分别计算每段杆的变形量，然后求其代数和，得到全杆的总变形量 Δl，即

$$\Delta l = \sum_{i=1}^{n} \Delta l_i = \sum_{i=1}^{n} \frac{N_i l_i}{E_i A_i} \qquad (2-15)$$

如果 N 或 A 沿杆长连续变化，则全杆的总变形量 Δl 应通过微段 dx 的变形量 $d(\Delta l)$ 进行积分，即

$$\Delta l = \int d(\Delta l) = \int \frac{N}{EA} dx \qquad (2-16)$$

例 2-2 求图 2-10(a)所示阶梯状圆截面钢杆的轴向变形，钢的弹性模量 $E = 200$GPa。

解 ① 内力计算。用截面法分别计算 AB 段和 BC 段的内力，作杆的轴力图如图 2-10 (b)所示。

$$N_1 = -40(kN)(压)$$
$$N_2 = 40(kN)(拉)$$

② 各段变形计算（分段计算）

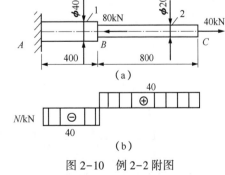

图 2-10 例 2-2 附图

AB 段：$\Delta l_1 = \dfrac{N_1 l_1}{EA_1} = -0.637 \times 10^{-4} \text{m} = -0.064 \text{mm}$

BC 段：$\Delta l_2 = \dfrac{N_2 l_2}{EA_2} = 5.093 \times 10^{-4} \text{m} = 0.509 \text{ mm}$

③ 总变形计算

$\Delta l = \Delta l_1 + \Delta l_2 = -0.064 + 0.509 = 0.445 \text{mm}$

计算结果表明，AB 段缩短 0.064mm，BC 段伸长 0.509mm，全杆伸长 0.445mm。

2.5 轴向拉伸或压缩时材料的机械性能

材料的机械性能是指材料受力时在变形和破坏方面表现出的规律和特征。测定材料性质的实验方法很多,其中在常温(室温)、静载(缓慢平稳加载)拉伸和压缩试验是最基本、最重要的试验。

2.5.1 低碳钢拉伸时的机械性能

含碳量在 0.25% 以下的钢称为低碳钢。这类钢材在工程中使用较广,同时在拉伸试验中表现出的力学性能也最为典型。

为了便于比较不同材料受到拉伸后的试验结果,必须将试验材料按国家标准(GB/T 228.1—2010)制成比例试件或非比例试件。图 2-11 为金属材料的常用试件,两端较粗,便于装夹,中间长度 l 为等直部分,用来测量变形,l 称为标距。对圆形截面比例试件,标距 l 与直径 d 有两种比例,即

$$l = 5d \text{ 和 } l = 10d$$

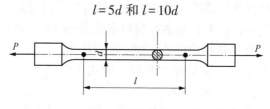

图 2-11　圆形截面比例试件

拉伸试验在材料试验机上进行。试验时,将试件装在试验机上,载荷从零开始缓慢增加,试件相应伸长,直至拉断。试验过程中,对应着每一个拉力 P,试件标距 l 有一个伸长量 Δl。记录 P 和 Δl 的关系曲线称为拉伸图或 P-Δl 曲线,如图 2-12 所示。

拉伸图中 P 与 Δl 的对应关系,随试件的原始尺寸(标距 l 和横截面积 A)的变化而不同。为了消除试件尺寸的影响,获得确切反映材料本身性能的曲线,改用应力 $\sigma = P/A$ 为纵坐标,用应变 $\varepsilon = \Delta l/l$ 为横坐标,绘出材料拉伸时的 σ-ε 曲线,即应力-应变图,如图 2-13 所示。应力-应变图与试件尺寸无关,只要材料相同,则试验所得到的 σ-ε 曲线也相同。

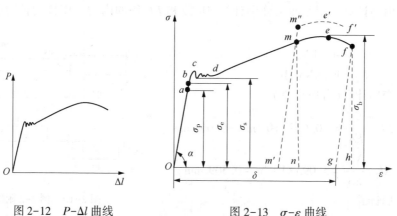

图 2-12　P-Δl 曲线　　　　　　图 2-13　σ-ε 曲线

根据应力-应变图表示的试验结果,低碳钢拉伸过程可分成四个阶段。

1)弹性阶段($O \to a \to b$)

在 Oab 段内,如果应力不超过 b 点,试件的变形为弹性变形,即卸去载荷时变形完全消失,试件按 $b \to a \to O$ 线回到原点,故该阶段称为弹性阶段。

Oab 段由一条斜直线 Oa 和微弯曲线 ab 组成。在直线 Oa 段内,应力与应变符合虎克定律,即 $\sigma = E\varepsilon$。直线部分的最高点 a 所对应的应力值称为比例极限,用 σ_p 表示。在 ab 段内,应力与应变不再保持正比关系,但产生的变形仍为弹性变形。弹性变形的最高点 b 所对应的应力值称为弹性极限,用 σ_e 表示。

材料的比例极限 σ_p 和弹性极限 σ_e 虽然物理意义不同,但两者的数值非常接近,工程上常不予以严格区别。对于低碳钢,$\sigma_p \approx \sigma_e \approx 200\text{MPa}$。图 2-13 中直线 Oa 的斜率为

$$\tan\alpha = \frac{\sigma}{\varepsilon} = E \tag{2-17}$$

即直线 Oa 的斜率等于材料的弹性模量。低碳钢的 $E \approx 200\text{GPa}$。

2)屈服阶段($b \to c \to d$)

超过弹性极限之后,随着载荷的增加,试件除产生弹性变形外,还要产生部分塑性变形。因此,过了 b 点后,图线的弯曲明显,直至 c 点,然后出现一段接近水平的锯齿形线段 cd。在此阶段内,应力仅在很小的范围内波动,而应变却急剧增加,这时材料好像失去了对变形的抵抗能力,这种现象称作材料的屈服或流动,是低碳钢在拉伸试验过程中所表现出来的一种重要特性。

在屈服阶段内,最高点对应的应力称为上屈服极限,水平波动段的最低点对应的应力称为下屈服极限。试验表明,上屈服极限不稳定,它随试验时的加载速度、试件形状而改变;而下屈服极限比较稳定,能够反映材料的性能。所以通常取下屈服极限作为材料的屈服极限,用 σ_s 表示。低碳钢的 $\sigma_s \approx 240\text{MPa}$。

材料屈服时,试件表面会出现与轴线大致成45°角的条纹称为滑移线,它表明材料内部晶格之间出现了相对滑移,如图 2-14 所示。

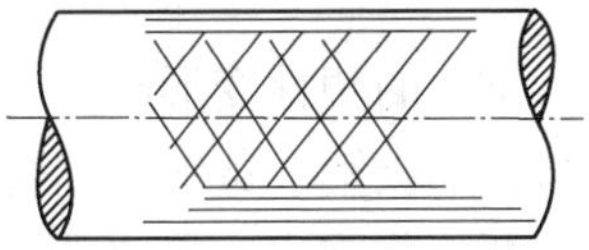

材料屈服时出现显著的塑性变形,这是一般工程结构所不允许的。因此,屈服极限 σ_s 是衡量材料强度的一个重要指标。

3)强化阶段($d \to e$)

屈服阶段结束后,从 d 点开始图线逐渐上升,直至 e 点。

图 2-14　晶格滑移现象

这表明,经过屈服后,材料又恢复了对变形的抵抗能力,要使其继续变形,必须增加应力,这种现象称为材料的强化。强化阶段的最高点 e 所对应的应力值,称为材料的强度极限,用 σ_b 表示。σ_b 代表材料所能承受的最大应力值,是衡量材料强度的另一重要指标。低碳钢的 $\sigma_b \approx 380\text{MPa}$。

若在强化阶段某点 m 逐渐卸除拉力,应力和应变关系将沿着与弹性阶段 Oa 平行的直线回到 m' 点。Om' 表示不能消失的塑性应变 ε_p,$m'n$ 表示消失了的弹性应变 ε_e,而 m 点的应变包含了弹性应变和塑性应变两部分,即

$$\varepsilon = \varepsilon_e + \varepsilon_p$$

在卸载过程中,应力和应变所遵循的线性规律就是卸载定律。如果卸载后,在短期内重新加载,则 σ-ε 曲线沿卸载时的斜直线 $m'm$ 变化,直到 m 点后,沿曲线 mef 变化。与没有卸载过的试件相比,卸载过的试件其比例极限有所提高,塑性有所降低,这种现象称作冷作

硬化。如果卸载后，在常温下放置 15~20 天再重新加载，则 σ-ε 曲线将沿着 $m'm''e'f'$ 变化。材料这种因放置一定时间而使其屈服强度、抗拉强度、硬度进一步提高，而塑性及韧性降低的现象称作冷拉时效。

工程上经常利用冷作硬化和冷拉时效来提高材料的弹性极限，从而提高材料的承载能力。如起重用的钢索和建筑用的钢筋，常用冷拔工艺来提高强度。但另一方面，机械零件因冷加工会引起表面变脆变硬，给下一步加工造成困难，可以安排退火，消除冷作硬化现象。

4）颈缩阶段($e{\rightarrow}f$)

过 e 点之后，试件某一局部范围内，横向尺寸突然急剧缩小，这种现象称为颈缩（图 2-15）。由于颈缩处横截面面积显著减小，抵抗外力的能力也明显降低，导致试件继续变形所需的拉力反而减小，σ-ε 曲线为下降曲线，到了 f 点，试件在横截面最小处拉断。

试件拉断后，变形中的弹性部分消失，而塑性变形残留下来。工程上用试件拉断后残留下来的变形来表征材料的塑性性能，常用的塑性指标有延伸率 δ 和断面收缩率 ψ。

延伸率 δ 定义为

$$\delta = \frac{l_1 - l}{l} \times 100\% \tag{2-18}$$

式中，l 为标距原长，l_1 为拉断后的标距长度，如图 2-16 所示。低碳钢的 $\delta = 20\% \sim 30\%$。

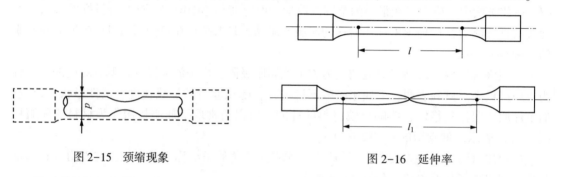

图 2-15　颈缩现象　　　　　　　　　　　图 2-16　延伸率

试件的塑性变形越大，δ 也就越大。工程材料按延伸率分成两大类：$\delta > 5\%$ 的称为塑性材料，如碳钢、黄铜、铝合金等；$\delta < 5\%$ 的称为脆性材料，如铸铁、玻璃、陶瓷等。

断面收缩率 ψ 定义为

$$\psi = \frac{A - A_1}{A} \times 100\% \tag{2-19}$$

式中，A 为原始横截面尺寸，A_1 表示断口处横截面面积。低碳钢的 $\psi \approx 60\%$。

2.5.2　铸铁拉伸时的机械性能

铸铁是一种典型的脆性材料，其拉伸的 σ-ε 曲线是一条上升的微弯曲线，没有明显的直线部分，如图 2-17 所示。铸铁的拉伸过程有以下特点：

（1）拉伸过程中既无屈服阶段，也无颈缩现象，只能在拉断时测得强度极限 σ_b，且其值远低于低碳钢的强度极限。因此，铸铁不宜作为受拉零件的材料。

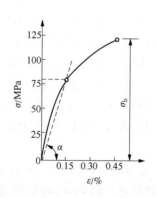

图 2-17　铸铁的 σ-ε 曲线

（2）拉断前变形很小，断裂时的应变仅为原长的 0.4% ～ 0.5%，断口垂直于试件的轴线。

（3）拉伸时没有明显的直线段。在低应力下铸铁可看作近似服从虎克定律，通常取 σ-ε 曲线的割线（图 2-17 中的虚线）代替这段曲线，并以割线的斜率作为材料的弹性模量，称为割线弹性模量。

2.5.3 其他塑性材料拉伸时的机械性能

图 2-18 为锰钢、镍钢和青铜拉伸试验的 σ-ε 曲线。这些材料的最大特点是，在弹性阶段终了之后，没有明显的屈服阶段，而是由直线部分直接过渡到曲线部分。对于这类能发生很大塑性变形，而又没有明显屈服阶段的材料，规定取对应于试件产生 0.2% 塑性变形时的应力值作为材料的屈服极限，称为名义屈服极限，以 $\sigma_{0.2}$ 表示，如图 2-19 所示。

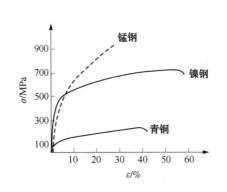

图 2-18　锰钢、镍钢、青铜的 σ-ε 曲线

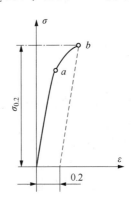

图 2-19　名义屈服极限

2.5.4 材料在压缩时的机械性能

金属材料的压缩试件一般为短圆柱体，为了避免试件被压弯（失稳），通常规定试件的高径比在 1.5～3.0 之间。

1）低碳钢压缩时的机械性能

图 2-20 给出了低碳钢压缩与拉伸时的 σ-ε 曲线，比较两条曲线可以看出：在屈服阶段之前压缩曲线与拉伸曲线基本重合，说明低碳钢压缩时的弹性模量 E、比例极限 σ_p、屈服极限 σ_s 均与拉伸时相同；在进入强化阶段以后，两条曲线逐渐分离，压缩曲线一直上升。这是因为随着压力的不断增加，试件将越压越扁，横截面积越来越大，因而承受的压力也随之提高，因而不会出现颈缩与断裂现象，也就测不出低碳钢压缩时的强度极限。

由于低碳钢压缩时的机械性能与拉伸时的机械性能基本一致，故通常只做低碳钢拉伸试验，而不做压缩试验。

2）铸铁压缩时的机械性能

铸铁是脆性材料，压缩时的机械性能与拉伸时有很大差异。图 2-21 为铸铁压缩时的 σ-ε 曲线，与拉伸时的 σ-ε 曲线相比较，其抗压强度极限远高于抗拉强度极限（约为 4～6 倍），由于铸铁耐压而不耐拉，所以它常用作承压构件。其他脆性材料，如石料、混凝土也有同样的特点。因此，脆性材料的压缩试验比拉伸试验更为重要。

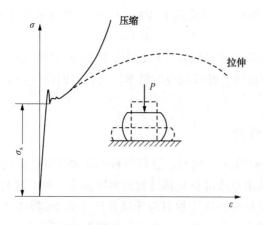
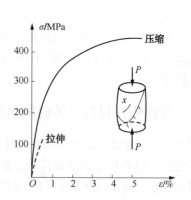

图 2-20　低碳钢压缩时的 σ-ε 曲线　　　　图 2-21　铸铁压缩时的 σ-ε 曲线

2.5.5　温度对材料机械性能的影响

上面讨论的是材料常温下的机械性能。材料在不同温度下，可能会表现出明显不同的机械性能。金属材料机械性能随温度升高而发生变化。铜、铝等材料，温度升高，其强度降低，塑性提高。

图 2-22 为低碳钢在不同温度下的机械性能。当温度升高时，材料的强度也升高，当温度超过 350℃ 以后，强度下降，塑性提高。超过 400℃ 时，低碳钢的屈服极限就测不出来了，所以低碳钢超过 400℃ 就不能使用。弹性模量 E 也是随着温度升高而下降。

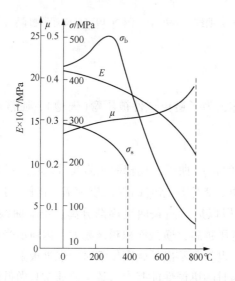
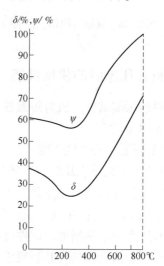

图 2-22　温度对低碳钢机械性能的影响

金属材料在高温和应力共同作用下会产生不可恢复的变形，其应变量随时间的延长而增加，这种现象称为材料的蠕变。蠕变速度与温度和应力值有关。蠕变速度越大，构件的寿命就越短。

在低温情况下，低碳钢的弹性极限和屈服极限都有所提高，但延伸率降低，即材料的强度增加而塑性降低，倾向于变脆。因此，低温下使用的材料要避免低温下的脆性断裂。

2.6 轴向拉伸或压缩时的强度条件

2.6.1 材料的许用应力

若受力构件截面上的最大应力达到一定数值时，则构件不能起到预定的作用而失效。通常把构件不能正常工作而失效时的应力称作材料的极限应力，用 σ_{lim} 表示。

塑性材料和脆性材料的机械性能有很大的差别，其失效形式也不相同。对于塑性材料，当应力值达到屈服极限 σ_s 时，构件就会因变形过大而丧失正常工作能力。因此，塑性材料的极限应力为屈服极限。对于脆性材料，当应力达到强度极限 σ_b 时，构件也将迅速断裂而不能正常工作。因此，脆性材料的极限应力是强服极限。

为了保证构件在外力作用下安全可靠地工作，必须使构件中产生的最大应力小于极限应力，即 $\sigma_{max} < \sigma_{lim}$。而且由于理论计算的近似性和材料性能的不均匀性等会造成不安全因素，构件工作时必须留有足够的强度储备。因此，应将极限应力除以一个大于 1 的系数 n，作为构件工作时所允许产生的最大应力，这个最大的允许应力值称为许用应力，常以 $[\sigma]$ 表示，即

$$[\sigma] = \frac{\sigma_{lim}}{n} \tag{2-20}$$

对于塑性材料，$\sigma_{lim} = \sigma_s$，有

$$[\sigma] = \frac{\sigma_s}{n_s} \tag{2-21}$$

对于脆性材料，$\sigma_{lim} = \sigma_b$，有

$$[\sigma] = \frac{\sigma_b}{n_b} \tag{2-22}$$

式中，n_s、n_b 分别为屈服安全系数和断裂安全系数。安全系数的选取是一个很复杂的问题，要考虑多方面因素，既要保证构件安全，又要力求经济。一般机械设计中安全系数的取值范围为

$$n_s = 1.5 \sim 2.0$$
$$n_b = 2.0 \sim 3.5$$

2.6.2 强度条件

杆件在轴向拉伸或压缩作用下，横截面上的正应力是最大工作应力。为了保证受轴向拉伸或压缩时的杆件安全可靠地工作，必须使

$$\sigma_{max} = \frac{N}{A} \leq [\sigma] \tag{2-23}$$

上式就是轴向拉伸或压缩时的强度条件。应用强度条件，可以进行强度校核、截面设计和确定许可载荷等三类工程计算问题。

（1）强度校核。已知构件所受的载荷，构件截面尺寸和所用的材料，校核构件的强度是否满足要求。由式(2-23)进行检验，若 $\sigma_{max} \leq [\sigma]$，则强度足够，构件工作安全；若 $\sigma_{max} > [\sigma]$，则强度不够，构件工作不安全。

（2）截面设计。已知构件所受的载荷和所用的材料，按式（2-24）确定构件所需的横截面面积。然后根据材料的类型，确定构件的具体尺寸。

$$A \geqslant \frac{N}{[\sigma]} \tag{2-24}$$

（3）确定许可载荷。已知构件的横截面面积及所用的材料，按式（2-25）计算构件所能承受的最大轴力，然后根据构件的受力情况，确定构件的许可载荷。

$$[N] \leqslant [\sigma]A \tag{2-25}$$

例 2-3　已知圆杆受拉力 $P=25\text{kN}$，直径 $d=14\text{mm}$，许用应力 $[\sigma]=170\text{MPa}$。试校核此杆是否满足强度要求。

解　圆杆的轴力 $N=P=25\text{kN}$，则正应力为

$$\sigma_{max} = \frac{N}{A} = \frac{4P}{\pi d^2} = 162\text{MPa}$$

由于 $\sigma_{max} < [\sigma] = 170\text{MPa}$，故此杆满足强度要求，能够正常工作。

例 2-4　如图 2-23（a）所示的起重机架，BC 杆直径 $d=24\text{mm}$，材料许用应力 $[\sigma]=120\text{MPa}$，AB 杆强度足够。试确定该起重机所能起吊的最大重量 Q。

解　机构中 AB、BC 为二力构件，取 B 点进行受力分析，如图 2-23（b）所示。

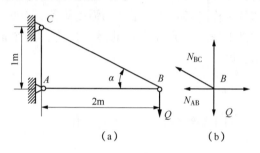

图 2-23　例 2-4 附图

$\sum F_y = 0$，$N_{BC}\sin\alpha - Q = 0$，$N_{BC} = Q/\sin\alpha$

由于 AB 杆强度足够，则只需计算 BC 杆强度。根据强度条件

$$N_{BC} \leqslant A[\sigma]，\quad Q \leqslant A[\sigma]\sin\alpha = 24.3\text{kN}$$

解得

$$Q = 24.3\text{kN}$$

例 2-5　如图 2-24（a）所示，构件悬吊在 AB、AC、DC 三根圆形钢杆上，A、B、C、D 四点为铰链连接。构件重量 $G=100\text{kN}$，受水平推力 $P=25\text{kN}$，钢杆的许用应力 $[\sigma]=150\text{MPa}$。试计算三钢杆的最小直径。

解　将机构沿 $m-m$ 截面截开，取下部作为研究对象，画出受力图如图 2-24（b）所示。

① 求各钢杆的内力

$$\sum M_C = 0，\ 0.75P + 0.75G - 1.5N_{AB} = 0，\ N_{AB} = 62.5\text{kN}$$

$$\sum M_A = 0，\ P(1.5+0.75) + 1.5N_{DC} - 0.75G = 0，\ N_{DC} = 12.5\text{kN}$$

$$\sum F_x = 0，\ N_{AB} - G + N_{AC}\cos 45° - Q = 0，\ N_{AC} = 35.36\text{kN}$$

② 计算各钢杆的最小直径

由强度条件得 $A \geqslant \dfrac{N}{[\sigma]}$，即 $\dfrac{\pi d^2}{4} \geqslant \dfrac{N}{[\sigma]}$，得 $d \geqslant \sqrt{\dfrac{4N}{\pi[\sigma]}}$

解得

$$d_{AB} \geqslant 23\text{mm}$$

$$d_{AC} \geqslant 17.3\text{mm}$$

$$d_{DC} \geqslant 10.3\text{mm}$$

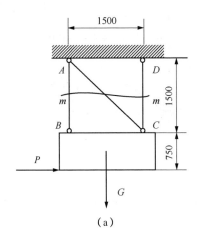
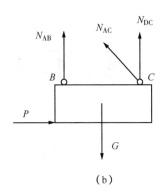

（a） （b）

图 2-24 例 2-5 附图

习 题

2-1 试求下图中杆件 1-1、2-2、3-3 截面上的轴力，并作轴力图。

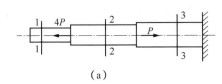
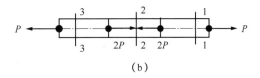

（a） （b）

题 2-1 图

2-2 试求图示钢杆各段内横截面上的应力和杆的总变形。已知杆的横截面面积 $A = 12\text{cm}^2$，钢材的弹性模量 $E = 2 \times 10^5 \text{MPa}$。

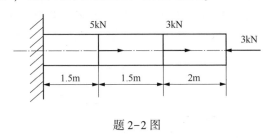
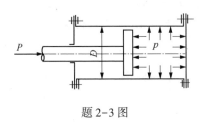

题 2-2 图 题 2-3 图

2-3 图示为蒸汽机汽缸。已知汽缸的内径 $D = 450\text{mm}$，工作压力 $p = 2\text{MPa}$，汽缸盖与缸体用直径 $d = 20\text{mm}$ 的螺栓连接，活塞杆和螺栓材料的许用应力均为 $[\sigma] = 120\text{MPa}$。试求活塞杆的直径和螺栓的个数。

2-4 图示的变直径杆件由 $d_1 = 65\text{mm}$、$d_2 = 40\text{mm}$ 和 $d_3 = 25\text{mm}$ 三段圆柱组成。已知 $P_1 = 200\text{kN}, P_2 = 100\text{kN}$，$P_3 = 40\text{kN}$，材料许用应力 $[\sigma] = 120\text{MPa}$。试校核杆的强度。

2-5 图示三角形支架由 AB 和 BC 两杆组成，在两杆的连接处 B 挂有重物。已知两杆均为圆截面，直径分别为 $d_{AB} = 25\text{mm}$、$d_{BC} = 30\text{mm}$，杆件的许用应力 $[\sigma] = 120\text{MPa}$，试确定支架的许可载荷。

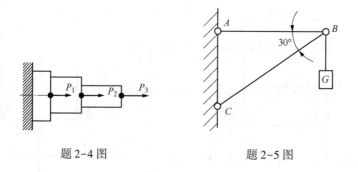

题 2-4 图　　　　　　　　　　题 2-5 图

2-6　简易起重机构如图，AC 为刚性梁，吊车与吊起重物总重为 P，为使 BD 杆最轻，角 θ 应为何值？已知 BD 杆的许用应力为 $[\sigma]$。

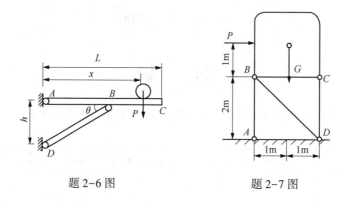

题 2-6 图　　　　　　　　　　题 2-7 图

2-7　如图所示的水塔结构中，已知塔重 $G=500\text{kN}$，支承在杆 AB、BD 及 CD 上，并受到水平方向的风力 $P=120\text{kN}$ 的作用，各钢杆的许用应力均为 $[\sigma]=120\text{MPa}$，尺寸如图。试求各杆所需的横截面面积。

2-8　如图所示结构中，梁 AB 的变形及重量可忽略不计，杆 1 为钢制圆杆，直径 $d_1=20\text{mm}$，$E_1=200\text{GPa}$；杆 2 为铜制圆杆，直径 $d_2=25\text{mm}$，$E_2=100\text{GPa}$。试问：载荷 F 加在何处，才能使梁 AB 受力后仍保持水平？若此时 $F=30\text{kN}$，求两拉杆内横截面上的正应力。

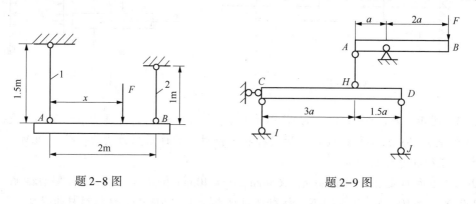

题 2-8 图　　　　　　　　　　题 2-9 图

2-9　如图所示结构中，梁 AB、CD 为刚性梁，杆 AH、CI、DJ 材料相同，弹性模量为 E，横截面积分别为 $3A$、A、$2A$，杆长分别为 l、l、$1.5l$。求 B 点作用力 F 时的位移。

第3章 剪切及扭转

3.1 剪切

3.1.1 剪切变形

当构件受到大小相等、方向相反、作用线很近的两个力作用时，构件沿两力作用线间的截面发生相对错动，这种变形称为剪切变形。

工程中受剪切的构件很多，例如轮与轴的键连接(图3-1)和连接两块钢板的螺栓(图3-2)。连接件(螺栓、键)在连接面两侧受到大小相等、方向相反、作用线很近的两个横向力作用，使连接件的两部分分别沿作用力方向、顺着两作用力间的截面发生错动变形。若继续增大外力 P，可能沿着 $m-m$ 截面被剪断。受剪构件上发生相对错动的平面称为剪切面。

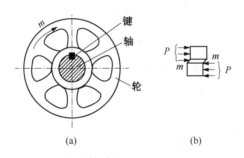

(a)　　　　　　　　(b)

图3-1　受剪切的键

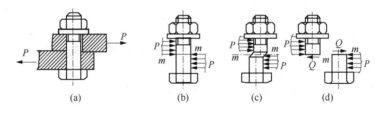

(a)　　　　(b)　　　　(c)　　　　(d)

图3-2　受剪切的螺栓

构件受到剪切作用时，往往在受力的侧面上还受挤压作用。因此，在工程计算中，受剪构件除进行剪切强度计算外，一般还要进行挤压强度计算。

3.1.2 剪应力及剪切强度计算

如图3-2(d)所示，用截面法分析受剪切的螺栓。螺栓两侧作用横向力的合力 P，受剪面上作用内力为 Q。由静力平衡条件，得

$$Q = P$$

作用在剪切面上的内力 Q 称为剪力，它与剪切面相切。由于剪切面上的应力一般都不是均匀分布的，要真实地了解其分布情况是很困难的。为简化计算，通常假设剪应力在剪切面上的分布是均匀的。因此，剪切面上的剪应力 τ 为

$$\tau = \frac{Q}{A} \tag{3-1}$$

式中，A 为剪切面面积。

为了保证受剪构件安全工作，建立剪切强度条件为

$$\tau = \frac{Q}{A} \leqslant [\tau] \tag{3-2}$$

式中，$[\tau]$ 为材料的许用剪应力，$[\tau]$ 与许用应力 $[\sigma]$ 之间有如下关系：

塑性材料　$[\tau] = (0.6 \sim 0.8)[\sigma]$

脆性材料　$[\tau] = (0.8 \sim 1.0)[\sigma]$

3.1.3　挤压及其强度计算

受剪构件往往同时还受挤压作用。图 3-3 所示受剪切作用的铆钉，其两侧的部分表面，受到正压力作用。这种构件局部表面的受压现象称为挤压。由挤压作用而在挤压面上引起的应力称为挤压应力。由于挤压应力在挤压面上分布比较复杂，为简化计算，通常也假设挤压应力在挤压面上是分布均匀的。因此，挤压面上的挤压应力 σ_j 为

$$\sigma_j = \frac{P_j}{A_j} \tag{3-3}$$

式中，A_j 为挤压面面积。当挤压面为平面时，A_j 为接触面的实际面积；当挤压面为圆柱面时，A_j 为圆柱面在挤压力方向的投影面积。

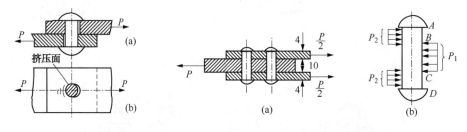

图 3-3　挤压破坏　　　　　　　　　图 3-4　例 3-1 附图

为了保证受挤压的构件安全工作，建立挤压强度条件为

$$\sigma_j = \frac{P_j}{A_j} \leqslant [\sigma_j] \tag{3-4}$$

式中，$[\sigma_j]$ 为材料的许用挤压应力，$[\sigma_j]$ 与许用应力 $[\sigma]$ 之间有如下关系：

塑性材料　$[\sigma_j] = (1.7 \sim 2)[\sigma]$

脆性材料　$[\sigma_j] = (0.9 \sim 1.5)[\sigma]$

例 3-1　厚度 $\delta_2 = 4\text{mm}$ 的两块钢板与厚度 $\delta_1 = 10\text{mm}$ 的一块钢板用两列共 6 个铆钉连接在一起，如图 3-4（a）所示。若作用力 $P = 100\text{kN}$，材料许用应力 $[\tau] = 100\text{MPa}$，$[\sigma_j] = 240\text{MPa}$。试确定铆钉的最小直径。

解　① 将铆钉取出一个，并画出受力图如图 3-4(b) 所示。

由铆钉的平衡，可得 $P_1 = 2P_2$

再由上板的平衡，得 $6P_2 = P/2$

因此　$P_1 = P/6$，$P_2 = P/12$

② 按剪切强度计算铆钉最小直径 d_τ

过 B 及 C 点的剪切面上具有极值剪力 $Q = P_2 = P/12$

由剪切强度条件得

$$\tau = \frac{Q}{A} = \frac{P}{3\pi d_\tau^2} \leqslant [\tau]$$

解得，$d_\tau \geqslant 10.3\text{mm}$

③ 按挤压强度条件计算铆钉最小直径 d_j

按厚板与铆钉的接触部分进行计算，得

$$\sigma_{j1} = \frac{P_1}{A_1} = \frac{P}{6\delta_1 d_{j1}} \leqslant [\sigma_j]$$

解得，$d_{j1} \geqslant 6.94\text{mm}$

按薄板与铆钉的接触部分进行计算，得

$$\sigma_{j2} = \frac{P_2}{A_2} = \frac{P}{12\delta_2 d_{j2}} \leqslant [\sigma_j]$$

解得，$d_{j1} \geqslant 8.68\text{mm}$

故铆钉最小直径 $d_{\min} = 10.3\text{mm}$。

3.1.4　剪切虎克定律

图 3-5(a) 为一个纯剪切状态的单元体。在剪应力的作用下，单元体要产生剪切变形，BC 面相对于 AD 面产生了一个微小的错动，矩形直角产生了一个微小的变化量 γ，称为剪应变，如图 3-5(b) 所示。剪应变单位为弧度(rad)。

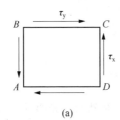
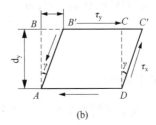

(a)　　　　　　　　　　(b)

图 3-5　剪应变

试验表明，当剪应力不超过材料的剪切比例极限时，剪应力 τ 与剪应变 γ 成正比，即

$$\tau = G\gamma \tag{3-5}$$

上式就是剪切虎克定律，式中 G 称为剪切弹性模量，它表示材料抵抗剪切变形的能力。

对于各向同性材料，剪切弹性模量 G、拉压弹性模量 E 及泊松比 μ 之间存在如下关系

$$G = \frac{E}{2(1+\mu)} \tag{3-6}$$

3.2 圆轴扭转时的外力和内力

3.2.1 扭转概念

当杆件上受到一对大小相等，转向相反，且作用平面垂直于杆件轴线的力偶作用时，杆件上的各个横截面将绕杆的轴线发生相对转动，这种变形称为扭转。扭转也是杆件的一种基本变形。在工程实际中，受扭转变形的杆件很多，例如汽车的转向轴(图 3-6)和皮带传动轴(图 3-7)，轴上作用着主动力偶和阻力偶，大小相等，方向相反，使轴扭转。

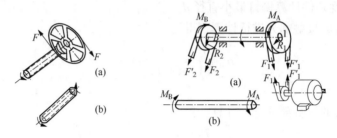

图 3-6 汽车转向轴的扭转　　　　图 3-7 皮带传动轴的扭转

工程上将以扭转变形为主的杆件称为轴。本章主要讨论等截面圆轴的扭转问题。

3.2.2 外力偶矩

在工程实际中，作用于轴上的外力偶矩往往不直接给出，经常是给出轴所传递的功率 P 和轴的转速 n。因此，外力偶矩 M 就要根据 P 和 n 来换算。换算关系如下

$$M = 7024P/n \tag{3-7}$$

式中，P 为功率，hp；n 为轴的转速，r/min。

$$M = 9550P/n \tag{3-8}$$

式中，P 为功率，kW。

3.2.3 扭转时截面上的内力

轴在外力偶作用下发生扭转变形时，其横截面上必然有抵抗变形、力图恢复原状的内力产生，各横截面上的内力，仍可用截面法进行计算。

如图 3-8(a)所示的圆轴，用 n-n 截面将圆轴分成两部分，取左部分作为研究对象[图 3-8(b)]。由于 A 端作用一个力偶 M，为保持平衡，在截面上必然存在一个内力偶 T 与它平衡，由平衡条件得

$$T = M$$

T 称为 n-n 截面上的扭矩。如取轴的右部分为研究对象，可得到同样的结果，但方向与用左部分求出的扭矩相反[图 3-8(c)]。为了使从左右段求得的扭矩数值和符号都相同，对扭矩符号作如下规定(右手螺旋法则)：以右手四指表示扭矩的转向，如果拇指的指向与该扭矩所作用的截面的外法线方向一致，则扭矩为正，反之为负。这样，n-n 截面左、右两段的扭矩就都是正的。

当轴上同时有几个外力偶作用时，各截面上的扭矩则需分段求出。为了表明扭矩沿轴长度的变化情况和最大扭矩所在截面的位置，可将扭矩随截面位置的变化规律作成扭矩图。图中用横坐标表示横截面的位置，纵坐标表示相应截面上的扭矩的大小和正负。

例 3-2 如图 3-9(a)所示，传动轴的转速为 300r/min，主动轮 A 传递功率为 150kW，从动轮 B、C、D 传递功率分别为 75kW、45kW 和 30kW。试作该轴扭矩图。

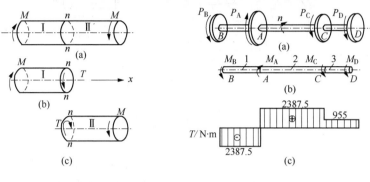

图 3-8 扭转时的内力　　　　　图 3-9 例 3-2 附图

解　① 扭转外力偶矩的计算。由式(3-8)计算各轮的扭转外力偶矩为

$$M_A = 9550P_A/n = 4775\text{N} \cdot \text{m}$$

$$M_B = 9550P_B/n = 2387.5\text{N} \cdot \text{m}$$

$$M_C = 9550P_C/n = 1432.5\text{N} \cdot \text{m}$$

$$M_D = 9550P_D/n = 955\text{N} \cdot \text{m}$$

② 作扭矩图。轴的计算简图如图 3-9(b)所示，各段扭矩计算为

$$BA \text{ 段}：T_1 = -M_B = -2387.5\text{N} \cdot \text{m}$$

$$AC \text{ 段}：T_2 = M_A - M_B = 2387.5\text{N} \cdot \text{m}$$

$$CD \text{ 段}：T_3 = M_D = 955\text{N} \cdot \text{m}$$

将计算结果画成扭矩图，如图 3-9(c)所示。

3.3　圆轴扭转时的应力

为了确定圆轴扭转时截面上的应力，需要从圆轴扭转时的变形几何关系、材料的应力应变关系(物理关系)以及静力平衡关系等方面进行综合考虑。

3.3.1　变形几何关系

取一等截面圆轴，画一些平行于轴线的纵向线和与轴线垂直的圆周线，如图 3-10(a)所示。然后，将轴放在扭转试验机上进行扭转试验[图 3-10(b)]。由试验观察到：圆周线的形状和大小不变，两相邻圆周线之间的距离不变，仅发生相对的转动；纵向线仍为直线，只是倾斜了一定角度 γ，圆轴表面上的方格变成菱形[图 3-10(c)]。

根据观察的现象，可作如下假设：圆轴的各横截面在扭转变形后保持为平面，且形状、大小及间距都不变，这就是圆轴扭转的平面假设。按照这一假设，在扭转变形时，圆轴的各横截面就像刚性平面一样，绕圆轴轴线转过一定角度 γ。由于各横截面间的大小和间距都不

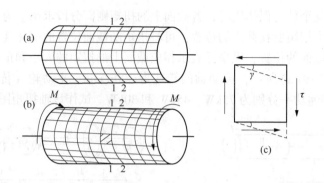

图 3-10　圆轴的扭转变形

变，所以横截面上不存在正应力，只有剪应力，其方向与所在半径垂直，与扭矩 T 的转向一致。

如图 3-11 所示，在扭转圆轴上取出长为 dz 的微段来研究。根据平面假设，该段右截面相对于左截面转动一个角度 $d\varphi$，纵向线 ab 变形到 $a'b'$ 相对于原位置倾斜了 γ 角，这就是横截面边缘上的点在垂直于半径平面内的剪应变。在小变形时，可得

$$\gamma = \tan\gamma = \frac{\widehat{b'b''}}{ab} = \frac{\widehat{b'b''}}{dz}$$

而 $\widehat{b'b''} = Rd\varphi$。所以

$$\gamma = Rd\varphi/dz$$

在横截面上半径为 ρ 的点处的剪应变为

$$\gamma_\rho = \frac{\widehat{c'c''}}{dz} = \frac{\rho d\varphi}{dz} \tag{3-9}$$

上式表达了圆轴扭转时横截面上各点剪应变的变化规律。式中 $\dfrac{d\varphi}{dz}$ 表示扭转角 φ 沿轴线 z 的变化率，即为沿轴线方向单位长度上的扭转角，常用符号 θ 表示，$\theta = \dfrac{d\varphi}{dz}$。对同一横截面来说，$\theta$ 为一常数。由式（3-9）可知，圆轴横截面上任一点的剪应变与该点到圆心的距离成正比。在圆心处，剪应变为零；在圆轴表面处，剪应变最大；半径相同的圆周上各点的剪应变相等。这就是圆轴扭转时横截面上各点剪应变的变化规律。

3.3.2 物理关系

圆轴扭转时，当横截面上的剪应力不超过材料的剪切比例极限时，将式（3-9）代入剪切虎克定律得

$$\tau_\rho = G\gamma_\rho = G\rho\frac{d\varphi}{dz} \tag{3-10}$$

上式表明，圆轴横截面上某点的剪应力与该点到圆心的距离成正比，在圆心处为零，在轴表面处最大。因剪应变是发生在垂直于半径的平面内，故剪应力的方向是垂直于半径的。剪应力沿半径的变化规律如图 3-12 所示。

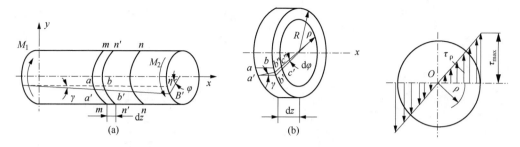

图 3-11　剪应变的变化规律　　　　　　　图 3-12　扭转剪应力的分布规律

3.3.3　静力学关系

在图 3-13 所示横截面上，扭矩为 M。在半径为 ρ 处取一微面积 dA，此微面积上的合力为 $\tau_\rho dA$，该力对圆心的微力矩为 $\tau_\rho dA \cdot \rho$，截面上所有剪力对圆心的力矩之和就等于该截面上的内力，即

$$T = \int_A \tau_\rho dA \cdot \rho$$

将式(3-10)代入上式，得

$$T = G \frac{d\varphi}{dz} \int_A \rho^2 dA = GI_p \frac{d\varphi}{dz} \tag{3-11}$$

式中，$I_p = \int_A \rho^2 dA$，称为横截面的极惯性矩。

再将式(3-10)整理代入式(3-11)，得

$$\tau_\rho = \frac{T\rho}{I_p} \tag{3-12}$$

上式就是圆轴扭转时截面上任一点处的剪应力计算公式。

由式(3-12)可知，横截面上的最大剪应力 τ_{max} 在轴的表面处，即

$$\tau_{max} = \frac{T\rho_{max}}{I_p} = \frac{T}{W_p} \tag{3-13}$$

式中，$W_p = \dfrac{I_p}{\rho_{max}}$，称为抗扭截面模量。

3.3.4　圆轴的 I_p 和 W_p

如图 3-14 所示，在圆截面上距圆心为 ρ 处，取一宽度为 $d\rho$ 的圆环，其面积 $dA = 2\pi\rho d\rho$。由极惯性矩和抗扭截面模量的定义式，得

$$I_p = \int_A \rho^2 dA = 2\pi \int_0^{D/2} \rho^3 d\rho = \frac{\pi}{32} D^4 \tag{3-14}$$

$$W_p = \frac{I_p}{\rho_{max}} = \frac{I_p}{R} = \frac{\pi}{16} D^3 \tag{3-15}$$

对于内径为 d、外径为 D 的圆环截面，只要将积分下限由零变为 $d/2$，可得

$$I_p = \frac{\pi}{32} (D^4 - d^4) = \frac{\pi D^4}{32} (1 - \alpha^4) \tag{3-16}$$

$$W_p = \frac{\pi D^3}{16}(1-\alpha^4) \qquad (3-17)$$

式中，$\alpha = \dfrac{d}{D}$。

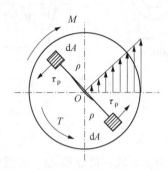

图 3-13 剪应力与扭矩的关系

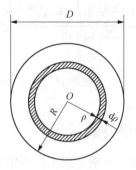

图 3-14 圆轴极惯性矩计算

3.4 圆轴扭转时的强度和刚度计算

3.4.1 强度计算

为保证轴在扭转时能正常工作，必须将轴的最大剪应力 τ_{max} 控制在材料的允许范围内，即

$$\tau_{max} = \frac{T_{max}}{W_p} \leqslant [\tau] \qquad (3-18)$$

上式为轴的扭转剪切强度条件。$[\tau]$ 为材料的许用剪应力，它与许用应力 $[\sigma]$ 有如下近似关系：

对于塑性材料，$[\tau] = (0.5 \sim 0.6)[\sigma]$

对于脆性材料，$[\tau] = (0.8 \sim 1.0)[\sigma]$

同拉、压强度条件一样，圆轴扭转的强度条件可用于强度校核、截面设计和确定许用载荷三类计算。

3.4.2 圆轴的变形及刚度计算

圆轴的扭转变形通常用扭转角 θ 来表示。轴在单位长度上的扭转角为

$$\theta = \frac{d\phi}{dz} = \frac{T}{GI_p}$$

式中，GI_p 称为圆轴的抗扭刚度，它表征轴抵抗扭转变形的能力。

扭转的刚度条件就是限定 θ 的最大值不得超过规定的许用值 $[\theta]$，即

$$\theta_{max} = \frac{T_{max}}{GI_p} \leqslant [\theta] \qquad (3-19)$$

扭转角 θ 的单位是弧度/米（rad/m）。工程中，习惯用度/米（°/m）作为 $[\theta]$ 的单位，这样，将上式中的弧度换算成度，得

$$\theta_{max} = \frac{T_{max}}{GI_p} \times \frac{180}{\pi} \leqslant [\theta] \qquad (3-20)$$

上式为圆轴扭转的刚度条件。$[\theta]$由载荷性质和工作条件等因素决定的，可从有关规范和手册中查到。

例 3-3 一传动轴如图 3-15 所示，电动机将功率输入 B 轮，再由 A 轮及 C 轮输出，已知 $P_B = 7kW$，$P_A = 4.5kW$，$P_C = 2.5kW$，轴直径 $d = 40mm$，轴以 $n = 50r/min$ 匀速回转，材料许用应力 $[\tau] = 80MPa$，许用扭转角 $[\theta] = 0.5°/m$，$G = 8 \times 10^4 MPa$。试校核轴的强度及刚度。

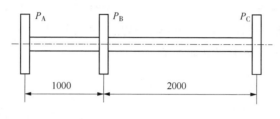

图 3-15 例 3-3 附图

解 ① 强度校核

$$M_A = 9550 P_A / n$$

$$M_B = 9550 P_B / n$$

$$M_C = 9550 P_C / n$$

轴各段的剪力为

$$T_{AB} = M_A$$

$$T_{BC} = M_C$$

$$\tau_{max} = \frac{T_{max}}{W_p} = \frac{M_A}{W_p} = 68.4MPa < [\tau] = 80MPa$$

故轴的强度足够。

② 刚度校核

$$\theta_{max} = \frac{T_{max}}{GI_p} \times \frac{180}{\pi} = 2.45°/m > [\theta] = 0.5°/m$$

故轴的刚度不够。

习 题

3-1 两厚度为 10mm 的钢板，用两个直径 $d = 10mm$ 的铆钉铆接在一起，钢板受拉力 $P = 15kN$ 作用。已知材料许用应力 $[\sigma] = 160MPa$，$[\tau] = 100MPa$，$[\sigma_j] = 280MPa$。试校核钢板和铆钉的强度。

3-2 等截面圆轴上装有四个皮带轮，各带轮传递的功率分别为 P_1、P_2、P_3 和 P_4，若轴以 $n = 85r/min$ 的速度匀速回转。试画出轴的扭矩图，并确定最大扭矩。

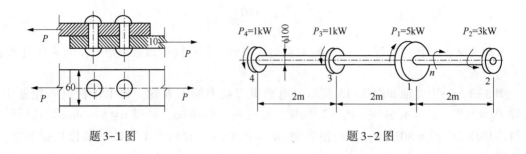

题 3-1 图　　　　　　　　　　　　题 3-2 图

3-3　等直径传动轴有三个轮子，三轮给轴的力偶矩分别为 $M_1 = 5\text{kN} \cdot \text{m}$，$M_2 = 2\text{kN} \cdot \text{m}$，$M_3 = 3\text{kN} \cdot \text{m}$。若轴材料许用应力 $[\tau] = 55\text{MPa}$，许用扭转角 $[\theta] = 0.25°/\text{m}$，$G = 8 \times 10^4$ MPa。试根据强度及刚度条件计算圆轴的最小直径 d。

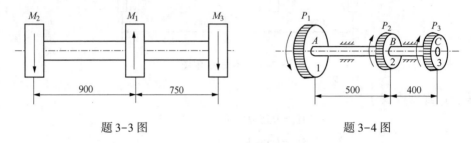

题 3-3 图　　　　　　　　　　　　题 3-4 图

3-4　某传动轴的转速 $n = 300\text{r/min}$，主动轮 1 输入功率为 $P_1 = 20\text{kW}$，从动轮 2、3 输出功率分别为 $P_2 = 5\text{kW}$ 和 $P_3 = 15\text{kW}$。已知材料的许用剪应力 $[\tau] = 60\text{MPa}$，许用扭转角 $[\theta] = 1°/\text{m}$，$G = 8 \times 10^4 \text{MPa}$。试确定 AB 段和 BC 段的直径，并合理布置主动轮和从动轮。

第4章 直梁的弯曲

4.1 平面弯曲的概念

当杆件受到垂直于杆轴线的外力(横向力)或力偶作用而变形时，杆的轴线将由直线变成曲线，这种变形称为弯曲。弯曲是工程实际中最常见的一种变形，例如，桥式起重机横梁(图4-1)、鞍座支承的卧式容器(图4-2)、管道的托架(图4-3)等在载荷作用下都会发生弯曲变形。

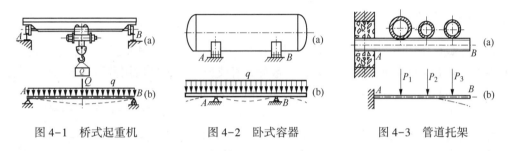

图4-1 桥式起重机 图4-2 卧式容器 图4-3 管道托架

工程上把弯曲变形为主要变形的杆件统称为梁。梁的横截面都有一根对称轴$y-y$，如图4-4(a)所示。由对称轴和梁的轴线组成的平面称为纵向对称面。若梁上所有外力和外力偶均作用在纵向对称面内，则梁变形时，它的轴线将在此纵向对称面内弯曲成一条曲线，这种弯曲就称为平面弯曲，如图4-4(b)所示。平面弯曲是弯曲构件中最简单、最常见的形式，本章主要研究直梁的平面弯曲。

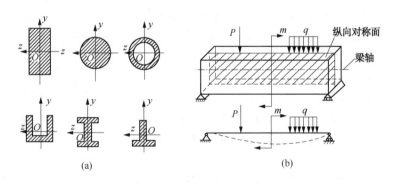

图4-4 梁的横截面形状及纵向对称面

研究平面弯曲问题，必须确定作用在梁上的载荷和约束反力。作用在梁上的载荷分为三种。

(1)集中载荷 作用在梁的一块很小面积上的力，一般可把它近似地看作作用在一点上，其作用线垂直于梁的轴线。

（2）分布载荷　载荷沿着梁的轴线分布在一段较长的范围内，常以沿梁轴线单位长度上所受的力 q 来表示，q 称为载荷集度。均匀分布的载荷称作均布载荷，反之为非均布载荷。

（3）集中力偶　力偶中的两力分布在很短的一段梁上，这种力偶可看作为集中力偶。集中力偶的作用面在梁的纵向对称平面内。

根据梁的约束情况可以将梁归纳为三种基本类型。

（1）简支梁　梁一端为固定铰链支座，另一端为活动铰链支座，如图 4-1 所示。起重机的主梁可简化为简支梁。

（2）外伸梁　梁一端或两端伸出支座以外，如图 4-2 所示。卧式容器可简化为外伸梁。

（3）悬臂梁　梁一端固定，另一端自由，如图 4-3 所示。管道托架可简化为悬臂梁。

4.2　直梁弯曲时的内力

4.2.1　剪力和弯矩

直梁在载荷作用下产生弯曲变形，同时在梁的横截面上产生相应的内力，这种内力称为弯曲内力。求解梁横截面上的内力时，一般先计算支座反力，然后用截面法求出梁的内力。

图 4-5(a) 为受集中力 P 作用的简支梁，研究 $m-n$ 截面上的内力。

首先取梁为分离体，再解除约束画受力图，如图 4-5(b) 所示。利用静力平衡方程可求出梁的支座反力，即由

$\sum F_x=0$，$H_A=0$

$\sum M_A=0$，$R_B l-Pa=0$，得 $R_B=Pa/l$

$\sum F_y=0$，$R_A-P+R_B=0$，得 $R_A=Pb/l$

然后，根据截面法将梁在截面 $m-n$ 切开，讨论左段梁的平衡。由该段梁的平衡条件可知，横截面上必然存在内力 Q 和内力矩 M，如图 4-5(c) 所示。列平衡方程，得

$\sum F_y=0$，$Q=R_A=Pb/l$

$\sum M_O=0$，$M-R_A x=0$，得 $M=Pbx/l$

由于内力 Q 有把梁沿横截面剪断的趋势，故称为剪力；内力矩 M 有使梁产生转动而弯曲的趋势故称为弯矩。

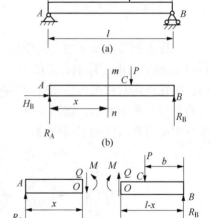

图 4-5　梁横截面上的内力

同理，对右段梁进行分析，也可以得到同样大小的剪力和弯矩，但方向和转向相反。为了便于计算和确定梁的变形，必须对横截面上弯曲内力的符号予以规定，如图 4-6 所示。

剪力 Q 正负号的规定：横截面上的剪力 Q 使该截面的邻近微段有顺时针转动趋势时取正号；反之，有逆时针转动趋势时取负号。

弯矩 M 正负号的规定：横截面上的弯矩 M 使该截面的邻近微段发生向下凹的弯曲变形时取正号；反之，使其发生向上凸的弯曲变形时取负号。

按此规定，无论取哪一段梁作为研究对象，所得内力正负号都是一致的。一般在所求内

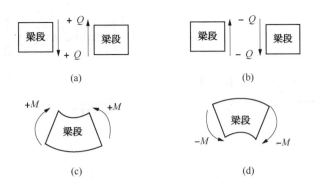

图 4-6 弯曲内力的符号规定

力的横截面上把内力（Q、M）假设为正号。如果计算结果为正值，则表示假设的内力方向（或转向）是正确的，求得的剪力（或弯矩）是正的；若计算结果为负值，则表示内力方向（或转向）应与假设的内力方向（或转向）相反，求得的剪力（或弯矩）是负的，但不必再把受力图上的内力方向（或转向）改过来。

4.2.2 剪力图和弯矩图

一般情况下，梁横截面上的剪力和弯矩是随横截面的位置不同而变化的。若取梁的轴线 x 为横坐标，表示横截面的位置，则剪力和弯矩均可表示为 x 的函数，即

$$Q = Q(x)$$
$$M = M(x)$$

上式表示了剪力 Q 和弯矩 M 沿梁轴线的变化规律，称为剪力方程和弯矩方程。

为了直观表示梁各横截面上的剪力和弯矩沿梁轴线的变化情况，确定最大剪力和最大弯矩所在的截面位置及大小，可将剪力方程 $Q = Q(x)$ 和弯矩方程 $M = M(x)$ 的图形画出来。描绘剪力 Q 沿梁轴线 x 变化规律的图形称作剪力图，描绘弯矩 M 沿梁轴线 x 变化规律的图形称作弯矩图。

剪力图和弯矩图的基本作法是：首先求出梁的支座反力，分段列出剪力方程和弯矩方程；然后选择一个适当的比例尺，以横截面位置 x 为横坐标，以剪力 Q 或弯矩 M 为纵坐标，按所列方程分段画出 Q 图或 M 图。一般将正的剪力（或弯矩）画在 x 轴的上方，负的剪力（或弯矩）画在 x 轴的下方。

例 4-1 悬臂梁 AB 如图 4-7(a) 所示，在自由端受集中力 F 的作用。作梁的剪力图和弯矩图。

解 ① 列剪力方程和弯矩方程。取 A 点为坐标原点，梁的轴线为 x 轴；在梁上用一个假想截面将梁切开，取左段进行受力分析，如图 4-7(b) 所示。根据平衡条件，求得剪力和弯矩方程分别为

$$\sum F_y = 0, \quad Q = -F \quad (0 < x < l)$$
$$\sum M_A = 0, \quad M = -Fx \quad (0 < x < l)$$

② 作剪力图和弯矩图。剪力图为一条水平线，剪力处处相等，如图 4-7(c) 所示；弯矩图为一条斜直线，最大弯矩位于固定端 B 处，$|M|_{max} = Fl$，如图 4-7(d) 所示。

例 4-2 图 4-8 为均布载荷 q 作用的简支梁，梁的跨度为 l。作梁的剪力图和弯矩图。

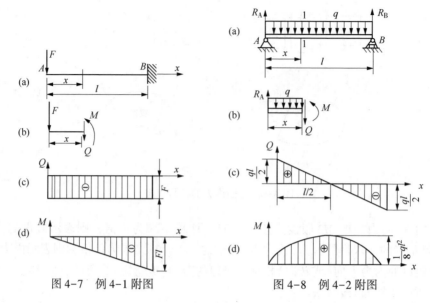

图 4-7　例 4-1 附图　　　　　图 4-8　例 4-2 附图

解　①求支座反力。解除支座约束，支座 A、B 处分别作用支座反力 R_A、R_B。列平衡方程

$$\sum M_A = 0，\ R_B l - q l^2/2 = 0，\ 得\ R_B = q l/2$$

$$\sum F_y = 0，\ R_A + R_B - q l = 0，\ 得\ R_A = q l/2$$

②列剪力方程和弯矩方程。取 A 点为坐标原点，梁的轴线为 x 轴，用一个假想截面 1-1 将梁切开，受力图如 4-8(b)所示。根据平衡条件，求得剪力和弯矩方程分别为

$$Q = R_A - qx = \frac{ql}{2} - qx \quad (0 < x < l)$$

$$M = R_A x - qx \cdot \frac{x}{2} = \frac{ql}{2} x - \frac{q}{2} x^2 \quad (0 < x < l)$$

③作剪力图和弯矩图。剪力图为一条斜直线，最大值位于两端支座处，$|Q|_{max} = ql/2$，如图 4-8(c)所示；弯矩图为一条抛物线，最大弯矩位于中间位置，$|M|_{max} = ql^2/8$，如图 4-8(d)所示。

例 4-3　图 4-9(a)所示为一简支梁，在梁上的 C 点处作用有一集中力偶 m，尺寸如图。作梁的剪力图和弯矩图。

解　①求支座反力。解除支座约束，支座 A、B 处分别作用支座反力 R_A、R_B。列平衡方程

$$\sum M_B = 0，\ -R_A l + m = 0，\ 得\ R_A = m/l$$

$$\sum F_y = 0，\ R_A - R_B = 0，\ 得\ R_B = q l/2$$

②列剪力方程和弯矩方程。取 A 点为坐标原点，梁的轴线为 x 轴。由于梁上的 C 点处作用有一集中力偶，所以将梁分成 AB 和 BC 两段，分段列剪力方程和弯矩方程。

用截面法分别在 AB 段和 BC 段将梁截开，画受力图如图 4-9(b)、(c)所示。根据平衡条件，求得两段的剪力方程为

$$Q_1 = \frac{m}{l} \quad (0 < x_1 < a)$$

$$Q_2 = \frac{m}{l} \quad (a < x_2 < l)$$

两段的剪力和弯矩方程为

$$M_1 = \frac{m}{l}x_1 \quad (0<x_1<a)$$

$$M_2 = \frac{m}{l}x_2-m \quad (a<x_2<l)$$

③ 分段作剪力图和弯矩图。剪力图为一条水平线，如图 4-9(d) 所示；弯矩图为两条斜直线，C 处存在最大弯矩，该处弯矩图发生突变，如图 4-9(e) 所示。

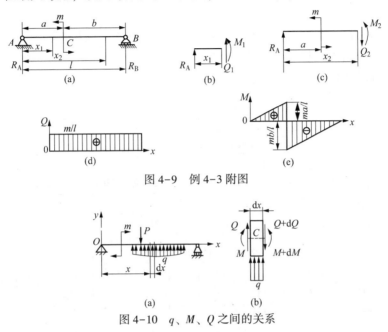

图 4-9　例 4-3 附图

图 4-10　q、M、Q 之间的关系

4.2.3　分布载荷、剪力和弯矩间的关系

作用在梁上的载荷主要有分布载荷 q、集中力 P 及集中力偶 m。载荷不同，所绘制的剪力图和弯矩图就会不同。弄清载荷、剪力和弯矩之间的关系，就可以找出梁内力变化的规律和特点，这对正确绘制或校验剪力图和弯矩图很有帮助。

图 4-10(a) 为一受载荷作用的简支梁。以梁的左端 O 为坐标原点，选取直角坐标系 xOy。若用坐标为 x 和 $x+\mathrm{d}x$ 的两个相邻横截面，从梁中取出长为 $\mathrm{d}x$ 的一段，其放大图如 4-10(b) 所示。在坐标为 x 的横截面上，剪力和弯矩分别为 Q 和 M；在坐标为 $x+\mathrm{d}x$ 的横截面上，其剪力和弯矩则分别为 $Q+\mathrm{d}Q$ 和 $M+\mathrm{d}M$。分布载荷 q 是 x 的连续函数，在 $\mathrm{d}x$ 微段梁上可以认为是均匀分布的。

列微段梁的平衡平衡方程，$\sum F_y = 0$，$Q-(Q+\mathrm{d}Q)+q\mathrm{d}x=0$，得

$$\frac{\mathrm{d}Q}{\mathrm{d}x} = q \tag{4-1}$$

上式表明，梁的任一横截面的剪力 Q 对 x 的一阶导数等于该截面处作用在梁上的分布载荷集度 q。

再由 $\sum M_C = 0$，$M+\mathrm{d}M-M-Q\mathrm{d}x-q\mathrm{d}x \cdot \frac{\mathrm{d}x}{2}=0$，略去二阶微量 $q\mathrm{d}x \cdot \frac{\mathrm{d}x}{2}$，得

$$\frac{dM}{dx} = Q \tag{4-2}$$

上式表明，梁的任一横截面上的弯矩 M 对 x 的一阶导数等于该截面上的剪力 Q。

将式(4-2)再对 x 取导数，并利用式(4-1)，还可得到

$$\frac{d^2M}{dx^2} = q \tag{4-3}$$

上式表明，梁的任一横截面上的弯矩 M 对 x 的二阶导数等于该截面处作用在梁上的分布载荷集度 q。

根据 q、Q 和 M 三者之间的导数关系，可以总结出一些剪力图和弯矩图的绘制规律，见表4-1。利用这些规律不仅可以帮助我们检查和校验剪力图和弯矩图的正确性，而且还可以快速作出剪力图和弯矩图。

表4-1 剪力、弯矩与外力间的关系

作剪力图和弯矩图的方法有多种，但截面法是最基本、最常用的方法，本章也主要介绍这种方法，而微分关系规律更多用于检查所绘制的剪力图和弯矩图正确与否。下面通过例题说明如何利用微分关系检查剪力图和弯矩图。

例4-4 图 4-11(a) 为一简支梁，在梁上作用有一集中力偶和分布载荷，尺寸如图。所作梁的剪力图和弯矩图如图4-11(b)、(c)所示，检查所绘制的剪力图和弯矩图，如有错误进行修改。

解 ① 求支座反力。要检查剪力图和弯矩图，必须知道梁上的所有载荷。因此，先要求出支座 A、B 处支座反力 R_A、R_B。根据平衡方程，求得 $R_A = qa/4(\uparrow)$，$R_B = 7qa/4(\uparrow)$。

② 检查剪力图。在支座 A 处，作用一向上的集中力，所以有一个向上 $qa/4$ 的突变；AC 段无载荷，所以是一条水平线；在 C 处，作用一集中力偶，但集中力偶对剪力图没有影响，而且 CD 段也没有载荷，所以 CD 段应该还是水平线；在 D 处开始作用向下的均布载荷，所以应该是一条斜直线，斜率为 $-q$；在支座 B 处，作用一向上的集中力，所以有一个向上 $7qa/4$ 的突变。修改后的剪力图见图 4-11(d)。

③ 检查弯矩图。AC 段无分布载荷，所以是一条从零开始的斜直线，斜率为 $qa/4$；在 C 处，作用一集中力偶，产生一个向上的突变，突变量为 qa^2；CD 段无分布载荷，所以是一条斜直线，斜率同样为 $qa/4$；在 D 处开始作用向下的均布载荷，曲线是一条开口向下的抛

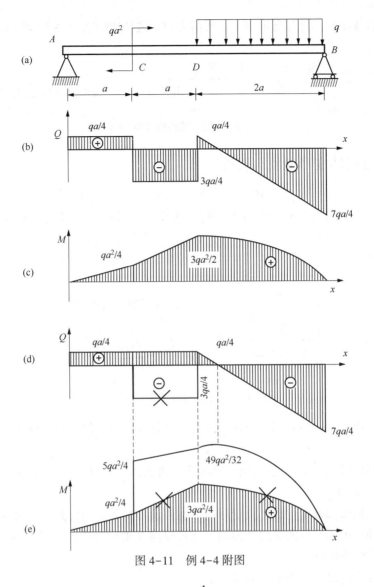

图 4-11　例 4-4 附图

物线，其最大值在剪力图中 $Q = 0$ 的位置（$x = 2\dfrac{1}{4}a$ 处），代入到 DB 段的弯矩方程，可以求

得 $M_{\max} = 49qa^2/32$。修改后的弯矩图见图 4-11（e）。

正确地作出剪力图和弯矩图是梁进行强度校核的重要一步，必须多加练习才能熟练掌握。

4.3　纯弯曲时梁横截面上的正应力

梁的破坏往往是从横截面上的某一点开始，因此有必要分析内力在横截面上的分布规律，即横截面上各点的应力情况。一般情况，直梁弯曲时横截面上既有弯矩，又有剪力。实践表明，对于工程中的梁，当其跨度与高度之比很大时，弯矩是引起梁破坏的主要原因。为使问题简化，通常取纯弯曲梁来进行研究。纯弯曲是指梁横截面上只有弯矩而无剪力的弯曲。

如图 4-12 所示的简支梁，其上作用有两个对称的集中力 F。此时梁在靠近支座的 AC、DB 两段内，各横截面上同时有弯矩 M 和剪力 Q，这种弯曲称为横力弯曲或剪切弯曲；在中

段 CD 内的各横截面上，只有弯矩 M，而无剪力 Q，这种弯曲就是纯弯曲，火车的轮轴就是典型的纯弯曲梁。

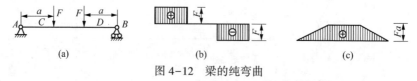

图 4-12 梁的纯弯曲

4.3.1 纯弯曲时的变形现象与假设

为了更集中地分析纯弯曲梁截面上应力分布情况，取纯弯曲的一段梁来研究。加载荷前，在梁的表面上画出与梁轴线相垂直的两条横线 mm 和 nn，以及与梁轴线相平行的纵向直线 aa 和 bb，如图 4-13(a) 所示。然后在梁的纵向对称面内施加一对等值反向、力偶矩为 m 的力偶，如图 4-13(b) 所示。梁发生纯弯曲变形后，可以观察到如下现象：

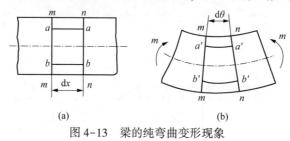

(a)   (b)

图 4-13 梁的纯弯曲变形现象

（1）两条横向线 mm、nn 不再相互平行，而是相互倾斜，但仍然是直线，且仍与梁的轴线垂直。

（2）两条纵向线 aa、bb 及梁的轴线都变成了曲线，且内凹一侧的纵向线 aa 缩短，而外凸一侧的纵向线 bb 伸长。

设想梁是无数纵向纤维组成，由变形连续性假设可知，从伸长到缩短的变化过程中，必定有一层既不伸长也不缩短的纵向纤维层，这层纵向纤维称为中性层(图 4-14)。中性层与横截面的交线称为中性轴。

根据梁的变形情况，可作如下假设：

（1）平面截面假设　梁变形前横截面是平面，变形后仍保持为平面，且仍垂直于变形后的梁轴线，只是绕截面内的某一轴线旋转了一个角度。

（2）纵向纤维互不挤压假设　纵向纤维只受到轴向拉伸或压缩，它们之间没有相互挤压，梁的横截面上只产生拉应力或压应力，而无剪应力。由于拉(压)应力都垂直于横截面，故为正应力。

（3）纵向纤维的变形(伸长或缩短)与它到中性层的距离有关，而与它在横截面宽度上的位置无关。在横截面的同一高度处，梁的纵向纤维的变形相同。

4.3.2 弯曲变形与应力的关系

梁纯弯曲时，表示横截面的横向线 mm、nn 绕各自的中性轴偏转，延长线相交于 K 点(图 4-15)，K 点就是梁轴线弯曲时的曲率中心，也是中性层的曲率中心。用 $\mathrm{d}\theta$ 表示相邻两横截面偏转时所成的夹角，用 ρ 表示中性层圆弧 $\overset{\frown}{O'O'}$ 的曲率半径。

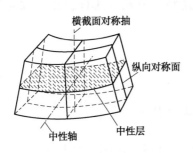

图4-14 中性层与中性轴

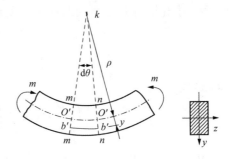

图4-15 纯弯曲变形几何关系

由于中性层在变形前后长度不变，有

$$\overline{O'O'} = \widehat{O'O'} = \rho\mathrm{d}\theta$$

纵向纤维 bb 距中性层的距离为 y，变形后圆弧 $\widehat{b'b'}$ 的长度为

$$\widehat{b'b'} = (\rho+y)\ \mathrm{d}\theta$$

它的线应变为

$$\varepsilon = \frac{\widehat{b'b'} - \overline{b'b'}}{\overline{b'b'}} = \frac{\widehat{b'b'} - \overline{O'O'}}{\overline{O'O'}} = \frac{(\rho + y)\mathrm{d}\theta - \rho\mathrm{d}\theta}{\rho\mathrm{d}\theta} = \frac{y}{\rho} \tag{4-4}$$

上式表明，梁横截面上任一点处的纵向纤维线应变 ε 与该点到中性层的距离 y 成正比，与中性层的曲率半径成反比。

由于梁横截面上各点处于受拉或受压的应力状态，根据虎克定律可得

$$\sigma = E\varepsilon = E\ \frac{y}{\rho} \tag{4-5}$$

上式表明，梁纯弯曲时，横截面上任一点的正应力 σ 与该点到中性轴的距离 y 成正比，如图4-16所示。显然，在中性轴上各点的正应力等于零，而在中性轴的一边是拉应力，另一边是压应力；离中性轴越远的点，其正应力也越大，而距中性轴同一高度上的各点的正应力相等。

由于中性轴 z 的位置及中性层的曲率半径 ρ 均未确定，因此还不能利用式(4-5)计算正应力的数值。需要通过静力平衡条件，进一步找出梁横截面上的正应力 σ 与弯矩 M 的关系。

从纯弯曲的梁中截开一个横截面如图4-17所示，截面上作用有弯矩 M。在截面中取一微面积 $\mathrm{d}A$，作用于其上的只有法向内力微元 $\sigma\mathrm{d}A$。

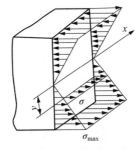

图4-16 横截面上正应力分布规律

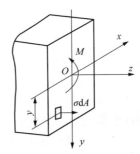

图4-17 σ 与 M 的关系

由于梁弯曲时横截面上没有轴向内力，所以这些内力元素的合力在 x 方向的分量为零，即

$$\int_A \sigma \mathrm{d}A = 0$$

将式(4-5)代入，得

$$\int_A \frac{E}{\rho} y \mathrm{d}A = \frac{E}{\rho} \int_A y \mathrm{d}A = 0$$

由于 $\frac{E}{\rho} \neq 0$，必有 $\int_A y \mathrm{d}A = y_c A = 0$。积分 $\int_A y \mathrm{d}A$ 称为横截面面积对中性轴的静矩，y_c 表示该截面形心的坐标。由于 $A \neq 0$，则 $y_c = 0$。即中性轴必通过横截面的形心。

内力微元 $\sigma \mathrm{d}A$ 对中性轴 z 的力矩为 $\mathrm{d}M = \sigma \mathrm{d}A \cdot y$，整个横截面上所有内力对中性轴取矩之和就是该截面上的弯矩，即

$$M = \int_A \sigma \mathrm{d}A \cdot y \tag{4-6}$$

将式(4-5)代入，得

$$M = \int_A E \frac{y}{\rho} \mathrm{d}A \cdot y = \frac{E}{\rho} \int_A y^2 \mathrm{d}A$$

令式中 $\int_A y^2 \mathrm{d}A = I_z$，$I_z$ 称为横截面对中性轴 z 的惯性矩。它的大小与横截面几何形状和尺寸有关。于是上式可改写成

$$\frac{1}{\rho} = \frac{M}{EI_z} \tag{4-7}$$

从上式可以看出，在同一弯矩作用下，EI_z 越大，则曲率 ρ 就越大，梁的弯曲变形就越小，刚度就越大，故称 EI_z 为梁的抗弯刚度。

将式(4-7)代入式(4-5)，得

$$\sigma = \frac{My}{I_z} \tag{4-8}$$

这就是梁纯弯曲时横截面上任一点处正应力的计算公式。公式表明，梁横截面上任一点的正应力与同一截面上的弯矩 M 及该点到中性轴的距离 y 成正比，而与截面惯性矩 I_z 成反比。利用该式进行计算时，通常是用 M 和 y 的绝对值来计算 σ 的大小，再根据梁的变形情况直接判断 σ 的正负。即以中性轴为界，梁变形后凸出一侧受拉应力，凹入一侧受压应力。

在进行弯曲强度计算时，最重要的是横截面上的最大正应力 σ_{max}。由式(4-8)可知，在离中性轴最远的上、下边缘处的正应力最大。用 y_{max} 表示横截面边缘到中性轴的距离，则横截面上的最大弯曲正应力为

$$\sigma_{max} = \frac{My_{max}}{I_z} \tag{4-9}$$

当梁横截面的形状、尺寸确定后，y_{max} 和 I_z 都是常量，令

$$W_z = \frac{I_z}{y_{max}} \tag{4-10}$$

于是，式(4-9)变为

$$\sigma_{max} = \frac{M}{W_z} \tag{4-11}$$

式中，W_z 称为横截面对中性轴 z 的抗弯截面模量，它是衡量横截面抗弯强度的几何量。

对于矩形、工字形等截面，其中性轴为横截面的对称轴，截面上的最大拉应力与最大压应力的数值相等。对于不对称于中性轴的截面，如 T 形、槽形等截面，则必须用中性轴两侧不同的 y_{max} 值计算抗弯截面模量。

弯曲正应力公式(4-9) 和式(4-11)是由纯弯曲的情况得到的，但理论分析和实验证实，当梁的跨度 l 与横截面高度 h 之比大于 5 时，采用纯弯曲时的正应力公式计算的结果与实际应力误差很小，可以满足工程计算的精度要求。

4.3.3 常见截面的惯性矩和抗弯截面模量

计算梁的弯曲应力时，需要用到横截面的惯性矩 I_z。这个量由截面的形状和尺寸确定，下面介绍几种常见截面的惯性矩 I_z 以及抗弯截面模量 W_z。

1）矩形截面

如图 4-18 所示的矩形截面，高度为 h，宽度为 b。在矩形截面内取宽度为 b、高度 dy 的长条作为微面积，即 $dA = bdy$，则此截面对 z 轴的惯性矩为

$$I_z = \int_A y^2 dA = \int_{-0.5h}^{0.5h} y^2 bdy = \frac{bh^3}{12} \tag{4-12}$$

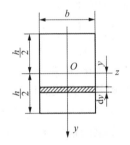

图 4-18　矩形截面

抗弯截面模量 W_z 为

$$W_z = \frac{I_z}{y_{max}} = \frac{bh^3}{12} \Big/ \frac{h}{2} = \frac{bh^2}{6} \tag{4-13}$$

2）圆形截面

如图 4-19 所示的圆形截面，直径为 D。在圆形截面内取宽度为 $2z$、高度 dy 的长条作为微面积，即 $dA = 2zdy$，则此截面对 z 轴的惯性矩为

$$I_z = \int_A y^2 dA = 2\int_A y^2 zdy$$

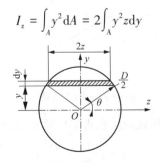

图 4-19　圆形截面

由于式中 z 是个变量，不能直接积分，为此，将上式转化为极坐标再进行积分。由图中几何关系，可知

$$z = \frac{D}{2}\cos\theta \qquad y = \frac{D}{2}\sin\theta \qquad dy = \frac{D}{2}\cos\theta d\theta$$

代入上式，有

$$I_z = 2\int_{-\frac{\pi}{2}}^{\frac{\pi}{2}} \frac{D^2}{4}\sin^2\theta \cdot \frac{D^2}{4}\cos^2\theta d\theta = \frac{D^4}{64}\int_{-\frac{\pi}{2}}^{\frac{\pi}{2}}(1-\cos4\theta)d\theta = \frac{\pi D^4}{64} \qquad (4-14)$$

抗弯截面模量 W_z 为

$$W_z = \frac{I_z}{y_{max}} = \frac{\pi D^4}{64}\Big/\frac{D}{2} = \frac{\pi D^3}{32} \qquad (4-15)$$

3）圆环形截面

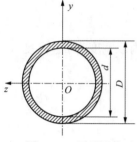

图 4-20　圆环形截面

如图 4-20 所示的圆环形截面，可看成是由直径为 D 的圆截面减去一直径为 d 的小圆截面而构成，故只需分别求出以 D、d 为圆截面的惯性矩，两者之差即为圆环形截面对 z 轴的惯性矩，即

$$I_z = \frac{\pi D^4}{64} - \frac{\pi d^4}{64} = \frac{\pi}{64}(D^4 - d^4) \qquad (4-16)$$

抗弯截面模量为：

$$W_z = \frac{I_z}{y_{max}} = \frac{\pi}{64}(D^4 - d^4)\Big/\frac{D}{2} = \frac{\pi D^3}{32}(1 - \alpha^4) \qquad (4-17)$$

式中，α 为空心圆截面的内外径之比，即 $\alpha = d/D$。

型钢和简单几何形状截面的惯性矩和抗弯截面模量可以从有关手册查取。

例 4-5　受均布载荷作用的简支梁如图 4-21（a）所示。试求：1-1 截面上 1、2 两点的正应力以及此截面上的最大正应力；全梁的最大正应力；若已知 $E = 200\text{GPa}$，求 1-1 截面的曲率半径。

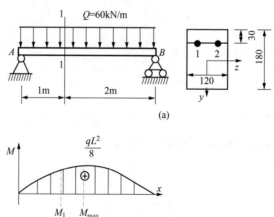

图 4-21　例 4-5 附图

解　首先要画梁的弯矩图。用截面法求得梁的弯矩方程为

$$M = \left(\frac{qLx}{2} - \frac{qx^2}{2}\right)$$

画弯矩图如图 4-21（b）所示。由弯矩图知，最大弯矩为

$$M_{max} = qL^2/8 = 60 \times 3^2/8 = 67.5 \text{ kN} \cdot \text{m}$$

1-1 截面的弯矩为

$$M_1 = \left(\frac{qLx}{2} - \frac{qx^2}{2} \right) \Big|_{x=1} = 60 \text{ kN} \cdot \text{m}$$

梁的截面惯性矩 I_z 为

$$I_z = \frac{bh^3}{12} = 5.832 \times 10^{-5} \text{ m}^4$$

梁的抗弯截面模量 W_z 为

$$W_z = I_z/y_{max} = 6.48 \times 10^{-4} \text{ m}^3$$

1-1 截面上 1、2 两点的正应力为

$$\sigma_1 = \sigma_2 = \frac{M_1 y}{I_z} = 61.7 \text{ MPa}$$

1-1 截面上的最大正应力为

$$\sigma_{1max} = \frac{M_1}{W_z} = 92.6 \text{ MPa}$$

全梁的最大正应力为

$$\sigma_{max} = \frac{M_{max}}{W_z} = 104.2 \text{ MPa}$$

1-1 截面的曲率半径为

$$\rho_1 = \frac{EI_z}{M_1} = 194.4 \text{ m}$$

4.4 梁的弯曲强度计算

直梁弯曲时，通常在其横截面上既有由弯矩引起的正应力，又有由剪力引起的剪应力。对于一般的细长梁，正应力是引起梁破坏的主要因素。因此，在考虑梁的弯曲强度时，首先要保证正应力的强度足够。对于等截面直梁，弯矩最大的截面就为梁的危险截面，最大弯曲正应力就位于危险截面的上、下边缘各点，这些点称为危险点。梁的破坏往往就是从这些危险点开始的。为了保证梁能安全工作，梁的弯曲强度条件为

$$\sigma_{max} = \frac{M_{max}}{W_z} \leqslant [\sigma] \tag{4-18}$$

式中，$[\sigma]$ 为弯曲许用应力，一般略高于同一材料在轴向拉伸(压缩)时的许用应力，具体数值可参考有关设计规范和手册。

如果梁的横截面不对称于中性轴，则将产生两个抗弯截面模量，计算时应取抗弯截面模量的较小值进行计算。对于抗拉和抗压强度不同的材料(如铸铁)，则要分别求出梁的最大拉应力和最大压应力，分别校核抗拉和抗压强度条件。

由梁的弯曲正应力强度条件，可对梁进行强度校核、截面设计和确定许用载荷等计算。

例 4-6 图 4-22(a)所示为一矩形截面钢梁，承受集中载荷 $P = 20$kN 和均布载荷 $q = 10$kN/m 的作用。已知钢材的许用弯曲应力 $[\sigma] = 130$MPa，梁的高宽比 $h/b = 2$。试确定此梁的截面尺寸。

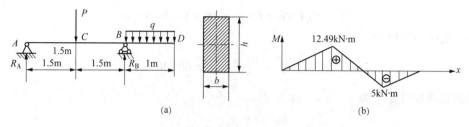

图 4-22 例 4-6 附图

解 ① 求支座反力，画弯矩图。由静力平衡条件求出梁的支座反力为

$$R_A = 8.33\text{kN}, \qquad R_B = 21.67\text{kN}$$

由截面法画出的弯矩图如 4-22(b)所示。由图可知，梁的最大弯矩位于 C 点处，数值为

$$M_{max} = 12.94\text{kN} \cdot \text{m}$$

② 确定梁的截面尺寸。梁的抗弯截面模量为

$$W_z = \frac{bh^2}{6} = \frac{2b^2}{3}$$

代入强度条件，整理得

$$b = \sqrt[3]{\frac{3M_{max}}{2[\sigma]}} = 52.43\text{mm}$$

$$h = 2b = 104.86\text{mm}$$

例 4-7 图 4-23(a)为一 T 字形铸铁梁，已知横截面上 $y_c = 48\text{mm}$，$I_z = 8.293 \times 10^{-6}\text{m}^4$，许用拉应力 $[\sigma_t] = 30\text{MPa}$，许用压应力 $[\sigma_c] = 60\text{MPa}$。试校核此梁的强度。

解 ① 求支座反力，画弯矩图。由静力平衡条件求出梁的支座反力为

$$R_A = 2.5\text{kN}(\uparrow), \quad R_B = 11.5\text{kN}(\uparrow)$$

由截面法画出的弯矩图如 4-23(b)所示。最大正弯矩在 D 截面上，$M_D = 2.5\text{kN} \cdot \text{m}$；最大负弯矩发生在 B 截面上，$M_B = -4\text{kN} \cdot \text{m}$。

② 校核梁的弯曲强度。铸铁为脆性材料，应分别校核拉、压强度。D、B 截面对应着最大正、负弯矩，截面应力分布如图 4-23(c)所示，应分别求其最大弯曲拉、压应力，然后取应力危险点进行校核。

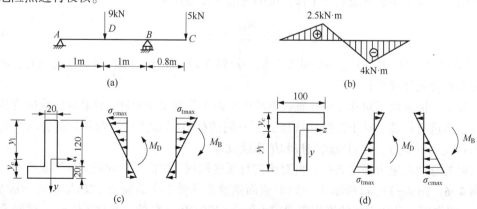

图 4-23 例 4-7 附图

D 截面上最大拉、压应力分别为

$$\sigma_{Dt} = \frac{M_D y_c}{I_z} = 14.47 \text{MPa}$$

$$\sigma_{Dc} = \frac{M_D y_1}{I_z} = 27.7 \text{MPa}$$

B 截面上最大拉、压应力分别为

$$\sigma_{Bt} = \frac{M_B y_1}{I_z} = 44.4 \text{MPa}$$

$$\sigma_{Bc} = \frac{M_B y_c}{I_z} = 23.2 \text{MPa}$$

梁的最大弯曲拉应力发生在 B 截面的上边缘，$\sigma_{tmax} = \sigma_{Bt} = 44.4 \text{MPa} > [\sigma_t] = 30 \text{MPa}$。
梁的最大弯曲压应力发生在 D 截面的下边缘：$\sigma_{cmax} = \sigma_{Dc} = 27.7 \text{MPa} < [\sigma_c] = 60 \text{MPa}$。
因此，梁的强度不满足安全要求。

梁在截面 B 处不满足弯曲强度条件。若想让该梁在不改变截面及载荷的情况下又能满足强度条件，可将 T 形截面倒过来，如图 4-23（d）所示。此时，最大拉应力发生在 D 截面

$$\sigma_{Dt} = \frac{M_D y_1}{I_z} = 27.7 \text{MPa} < [\sigma_t] = 30 \text{MPa}$$

而最大压应力发生在 B 截面

$$\sigma_{Bc} = \frac{M_B y_1}{I_z} = 46.6 \text{MPa} < [\sigma_c] = 60 \text{MPa}$$

这样，就满足了梁的弯曲强度条件。

4.5 提高梁弯曲强度的主要途径

梁横截面上的最大正应力 σ_{max} 与弯矩 M 成正比，与抗弯截面模量 W_z 成反比。因此，提高梁的弯曲强度，就必须增大抗弯截面模量 W_z 和减小最大弯矩 M_{max}。

4.5.1 选用合理截面，提高抗弯截面模量 W_z

1）选用合理的截面形状

选用图 4-24 所示正方形和矩形作为梁的横截面。设正方形边长为 a，矩形的宽度为 b，高度为 h，且 $b/h = 1/3$。若两截面的面积相等，即 $A_1 = A_2$，确定两种截面的抗弯截面模量的比值为

$$\frac{W_1}{W_2} = \frac{\dfrac{a^3}{6}}{\dfrac{bh^2}{6}} = \frac{\dfrac{a^3}{6}}{\dfrac{\sqrt{3}\,a^3}{6}} = 0.577$$

由此可见，正方形截面梁远小于同截面积的矩形截面梁的承载能力。原因是矩形截面梁在中性轴附近的材料少，应力也小，而远离中性轴的地方应力大，截面积也增大了，这样就充分发挥了材料的潜力。

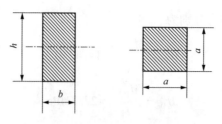

图 4-24　选择合理截面

因此，不同形状的截面，其承载能力是不同的。在选择截面形状时，希望单位面积的抗弯截面模量 W_z/A 大为好。表 4-2 对工程中几种常见截面的 W_z/A 值进行比较，工字钢或槽钢的 W_z/A 值要远高于矩形和圆形截面。所以，在工程结构中常采用工字钢或槽钢，就是为了节约材料，提高梁的承载能力。

表 4-2　几种常用截面的 W_z/A

截面形状				
W_z/A	$0.125d$	$0.167h$	$(0.27\sim0.31)h$	$(0.27\sim0.31)h$

2）选择截面的合理工作位置

如图 4-25 所示的矩形截面梁，截面边长为 b 和 $h(h>b)$，其工作位置一为竖放，一为横放。竖放时的抗弯截面模量 $W_1=bh^2/6$，横放时的抗弯截面模量 $W_2=hb^2/6$。两抗弯截面模量的比值为

$$\frac{W_1}{W_2}=\frac{bh^2/6}{hb^2/6}=\frac{h}{b}>1$$

即 $W_1>W_2$。

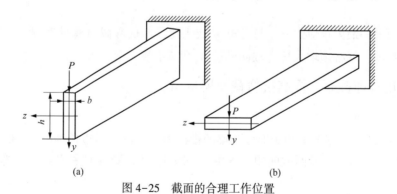

(a)　　　　　　　　　　　　(b)

图 4-25　截面的合理工作位置

这说明矩形截面梁竖放时的抗弯能力比横放时大。因此应特别注意梁的工作位置，在满足梁侧向稳定的前提下，梁的截面形状及工作位置应使横截面对中性轴的抗弯截面模量最大。

4.5.2　合理安排受力情况，减小最大弯矩 M_{max}

1）合理安排支座位置

长度相等且载荷相同的梁，若支座位置不同，则其横截面上产生的最大弯矩 M_{max} 有明

显的差别。如图 4-26(a)所示的简支梁，受均布载荷作用，其最大弯矩为

$$M_{\max} = \frac{1}{8}ql^2 = 0.125ql^2$$

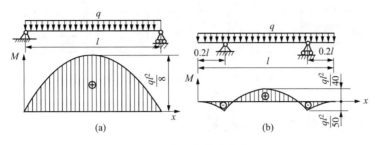

图 4-26　合理安排支座位置

若将简支梁的两端支座向里移动 0.2l 变成外伸梁[图 4-26(b)]，则其最大弯矩为

$$M_{\max} = \frac{1}{40}ql^2 = 0.025ql^2$$

后者的最大弯矩仅为前者的 20%。由此可见，合理地选定支座位置，可减小梁的最大弯矩，显著提高梁的承载能力。

2）合理布置载荷

梁的最大弯矩与载荷的作用位置有关。如图 4-27(a)所示的简支梁，中间作用一集中力。当集中力靠近支座时，最大弯矩降低[图 4-27(b)]；当集中力分散为两个集中力时，最大弯矩同样降低[图 4-27(c)]。因此，通过改变载荷的分布情况可以提高梁的承载情况，采用的方法包括将集中力分散或使其变成分布载荷等。

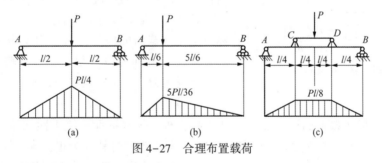

图 4-27　合理布置载荷

4.5.3　根据材料特性选择合理截面

在设计梁的截面形状时，应充分发挥材料的作用，合理利用材料的机械性能，使梁具有更大的承载能力。

由于塑性材料拉伸和压缩时的机械性能相同，设计时应采用对称于中性轴的截面，如矩形、工字形截面等，使得截面上下边缘的最大拉应力和最大压应力相等，并同时达到材料的许用应力值。

由于脆性材料的抗拉强度小于抗压强度，为充分发挥材料的抗压能力，梁横截面中性轴应设计成偏向于受拉应力的一侧(图 4-28)。横截面上的最大拉应力将比最大压应力小，从而可使两者同时达到材料的抗拉和抗压许用应力值。

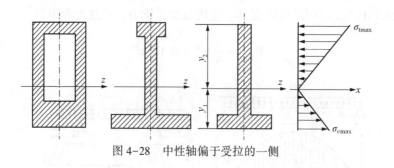

图 4-28 中性轴偏于受拉的一侧

4.6 梁的弯曲变形与刚度校核

工程中的梁不仅要满足强度条件，而且还要满足刚度条件，即要求梁的变形不超过规定的允许范围。例如桥式起重机的大梁，如果弯曲变形过大，将使梁上小车行走困难，并易引起梁的振动；高速回转的离心式压缩机的轴变形过大时，会产生较大的噪声和振动。

根据工程实际中的需要，为了限制或利用构件的变形，必须研究梁的变形规律。

4.6.1 挠度和转角

图 4-29 为自由端受一集中载荷 P 作用的悬臂梁。变形后，其轴线 AB 从原来的直线变成了一条光滑连续的曲线 AB_1，这条曲线称为弹性曲线或挠曲线。梁的变形可以用挠度和转角来表示。

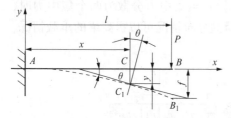

图 4-29 梁的挠度和转角

1）挠度

以变形前的梁轴线为 x 轴，垂直向上的轴为 y 轴，在平面弯曲的情况下，梁上某一横截面的形心 C 沿着垂直于梁轴线的方向移至 C_1，其垂直位移 CC_1 称为梁在该截面的挠度，通常用 y 表示。而横截面形心 C 在 x 方向的位移很小，可忽略不计。挠度 y 的符号规定为：与 y 轴正向一致时为正，反之为负。

2）转角

梁变形时，除了横截面形心 C 移动产生挠度外，该横截面还绕中性轴偏转一个角度 θ，θ 称为该截面的转角，单位为弧度（rad）。规定转角以逆时针转向为正，顺时针转向为负。

一般情况下，挠度 y 随截面位置 x 变化，梁的挠曲线可用如下函数表达

$$y=f(x)$$

此式称为梁的挠曲线方程。由微分学可知，弹性曲线上任一点的斜率为

$$\operatorname{tg}\theta = \frac{\mathrm{d}y}{\mathrm{d}x} = y'$$

在小变形情况下，梁的挠度很小，转角也很小，所以 $\theta \approx \operatorname{tg}\theta$，由此可得

$$\theta = y' = f'(x) \tag{4-19}$$

即弹性曲线上任一点处切线的斜率 y' 等于该点处横截面的转角 θ。

4.6.2 挠曲线的近似微分方程

在推导纯弯曲应力时，已经得到梁在纯弯曲时的曲率与弯矩和抗弯刚度之间的关系，即

$$\frac{1}{\rho} = \frac{M}{EI}$$

对于有剪力存在的横力弯曲，因剪力对梁的变形影响很小，故上述关系仍然适用。由于梁轴上各点的弯矩和曲率都是截面位置 x 的函数，故上式可改为

$$\frac{1}{\rho(x)} = \frac{M(x)}{EI} \tag{4-20}$$

由微分学可知，平面曲线 $y = f(x)$ 上任一点的曲率为

$$\frac{1}{\rho(x)} = \pm \frac{d^2 y}{dx^2} \Big/ \left[1 + \left(\frac{dy}{dx} \right)^2 \right]^{\frac{3}{2}} \tag{4-21}$$

由于梁的变形很小，转角 θ 很小，$\left(\dfrac{dy}{dx} \right)^2$ 为二阶微量，可略去不计，这样式(4-21)就变为

$$\frac{1}{\rho(x)} = \pm \frac{d^2 y}{dx^2} \tag{4-22}$$

将式(4-22)代入式(4-20)，得

$$\pm \frac{d^2 y}{dx^2} = \frac{M(x)}{EI} \tag{4-23}$$

根据弯矩的符号规定，当梁的弯矩 $M(x)$ 为正时，梁产生下凹的弯曲变形，$\dfrac{d^2 y}{dx^2}$ 也为正；当梁的弯矩 $M(x)$ 为负时，梁产生上凸的弯曲变形，$\dfrac{d^2 y}{dx^2}$ 也为负。也就是说弯矩 $M(x)$ 与 $\dfrac{d^2 y}{dx^2}$ 的符号一致，即

$$\frac{d^2 y}{dx^2} = \frac{M(x)}{EI} \tag{4-24}$$

这就是梁的挠曲线近似微分方程。通过求解此方程，可以求出梁的挠度和转角。

4.6.3 积分法求梁的变形

对等截面梁，EI 为常数，则方程(4-24)可改写为

$$EI \frac{d^2 y}{dx^2} = M(x) \tag{4-25}$$

将上式对 x 积分一次，可得转角方程

$$EI\theta = EI \frac{dy}{dx} = \int M(x)\, dx + C \tag{4-26}$$

再积分一次，可得挠曲线方程

$$EIy = \iint M(x)\, dx\, dx + Cx + D \tag{4-27}$$

式(4-27)、式(4-28)可改写成

67

$$\theta = \frac{1}{EI}\left[\int M(x)\,\mathrm{d}x + C\right] \tag{4-28}$$

$$y = \frac{1}{EI}\left[\iint M(x)\,\mathrm{d}x\,\mathrm{d}x + Cx + D\right] \tag{4-29}$$

式中，C、D 为积分常数，可通过梁的边界条件和连续光滑条件确定。在约束处应用边界条件：在固定端处，梁的挠度和转角均为零，即 $y=0$，$\theta=0$；在铰链支座处，梁的挠度为零，即 $y=0$。在载荷不连续处应用连续光滑条件：在弯矩方程分段处，左右两段梁具有相同的挠度和转角，即 $y_1=y_2$，$\theta_1=\theta_2$。积分常数确定后，挠度方程和转角方程就确定了。

例 4-8 图 4-30 所示的悬臂梁，F、l、EI 为已知。试求梁的最大挠度和转角。

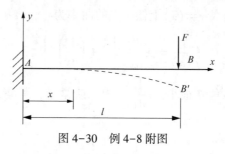

图 4-30　例 4-8 附图

解　选直角坐标系 xAy，任一截面 x 处的弯矩为

$$M(x) = -F(l-x) = -Fl + Fx$$

代入式（4-25），得

$$EI\frac{\mathrm{d}^2 y}{\mathrm{d}x^2} = -Pl + Px$$

进行两次积分，得到

$$EI\frac{\mathrm{d}y}{\mathrm{d}x} = -Plx + \frac{P}{2}x^2 + C$$

$$EIy = -\frac{Pl}{2}x^2 + \frac{P}{6}x^3 + Cx + D$$

利用梁的边界条件，固定端 A 点处，挠度和转角都等于零，求得

$$C = 0, \qquad D = 0$$

代入后得梁的挠度和转角方程为

$$\theta = \frac{\mathrm{d}y}{\mathrm{d}x} = \frac{1}{EI}\left(-Plx + \frac{P}{2}x^2\right)$$

$$y = \frac{1}{EI}\left(-\frac{Pl}{2}x^2 + \frac{P}{6}x^3\right)$$

显然，在梁的自由端（$x=l$），挠度和转角最大，由上面两式求得

$$\theta_{\max} = \theta_B = \frac{1}{EI}\left(-Pl^2 + \frac{P}{2}l^2\right) = -\frac{Pl^2}{2EI}$$

$$y_{\max} = y_B = \frac{1}{EI}\left(-\frac{Pl}{2}l^2 + \frac{P}{6}l^3\right) = -\frac{Pl^3}{3EI}$$

4.6.4　梁的弯曲刚度的校核

工程设计中，通常先按强度条件确定梁的截面尺寸，然后进行刚度校核，限制梁的变形

在许可范围之内，由此建立的刚度条件为

$$y_{max} \leq [y] \tag{4-30}$$
$$\theta_{max} \leq [\theta] \tag{4-31}$$

式中，$[y]$和$[\theta]$分别为许用挠度和许用转角，其值可在有关手册和规范中查到。

4.6.5 提高梁弯曲刚度的主要途径

由梁的变形公式可知，梁的挠度和转角主要取决于梁的跨度 l、抗弯刚度 EI 和梁上作用载荷情况。载荷一定的情况下，提高梁弯曲刚度的主要途径是：

1) 减小跨度或增加支座

梁的跨度 l 对变形的影响最大。例如，梁受集中载荷作用时，梁的挠度与 l^3 成正比；若受均布载荷作用，则挠度与 l^4 成正比。因此，减小梁的跨度或增加中间支座，能有效地减小梁的变形。

2) 选择合理的截面形状

选取合理的截面形状，增大截面惯性矩 I 的数值，也是提高梁弯曲刚度的有效措施。例如，起重机的大梁一般采用工字形或箱形截面；机器的箱体采用加筋而不选择增加壁厚的办法来提高箱体的抗弯刚度。通常提高截面惯性矩，往往也同时提高了梁的强度。

最后指出，弯曲变形还与材料的弹性模量 E 有关。由于各种钢材的弹性模量 E 的数值相差很小，所以采用高强度钢材只能提高梁的强度，但不能增加梁的刚度。因此，为提高刚度而采用高强度钢材是不可取的，也不会达到预期的效果。

习　　题

4-1　图示各梁中的载荷为 $P = 20\text{kN}$，$q = 10\text{kN/m}$，$m = 20\text{kN} \cdot \text{m}$，尺寸为 $l = 2\text{m}$，$a = 1\text{m}$。试列出各梁的剪力、弯矩方程并作出剪力、弯矩图，并求出 Q_{max} 和 M_{max}。

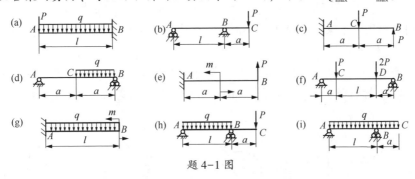

题 4-1 图

4-2　图示为一卧式容器及其计算简图。已知其内径为 $d = 1800\text{mm}$，壁厚为 $\delta = 20\text{mm}$，封头高度为 $H = 480\text{mm}$，支承容器的两鞍座之间的距离为 $l = 8\text{m}$，鞍座至筒体两端的距离均为 $a = 1.2\text{m}$，内贮液体及容器的自重可简化为均布载荷，其集度为 $q = 30\text{kN/m}$。试求容器上的最大弯矩和弯曲应力。

4-3　图示的塔器高 $h = 10\text{m}$，塔底部用裙式支座支承。已知裙式支座的外径与塔的外径相同，而它的内径 $D_i = 1\text{m}$，壁厚 $\delta = 8\text{mm}$，塔受风载荷 $q = 468\text{N/m}$。求裙式支座的最大弯矩和最大弯曲正应力。

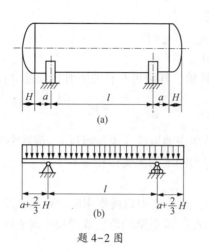

(a)

(b)

题 4-2 图

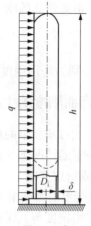

题 4-3 图

4-4 图示的桥式起重机的横梁可简化为受集中载荷和均布载荷作用的简支梁。已知吊重 $G=30\text{kN}$，均布载荷集度 $q=600\text{N/m}$，梁的跨度 $l=8\text{m}$，横梁选用 32a 号工字钢，$W_z=692\text{cm}^3$，材料的许用应力 $[\sigma]=120\text{MPa}$。试校核吊重处在图示位置时横梁的强度。

4-5 图示的简支梁，跨度 $l=6\text{m}$，当集中载荷 P 直接作用在梁中点时，梁内最大应力超过许用应力 30%。为了消除此过载现象，配置了如图所示的辅助梁 CD。试求此辅助梁的跨度 a。

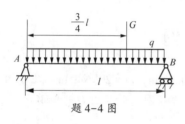

题 4-4 图

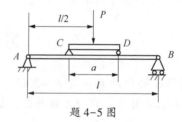

题 4-5 图

4-6 图示的圆形木梁，跨度 $l=4.5\text{m}$，木材许用弯曲应力 $[\sigma]=8\text{MPa}$。试求作用于原木上的最大承载力 P。

4-7 矩形截面简支梁如图所示，梁中部受集中载荷 $P=45\text{kN}$ 及力偶 $m=40\text{kN}\cdot\text{m}$ 作用。梁长 $l=4\text{m}$，材料许用应力 $[\sigma]=7\text{MPa}$，矩形截面高宽比 $h/b=3$。试确定梁的截面尺寸。

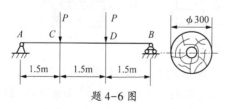

题 4-6 图

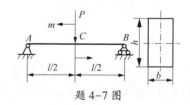

题 4-7 图

4-8 如图所示的悬臂梁，由两段等截面矩形梁组成，DB 段截面尺寸刚好为 AD 段相应尺寸的一半。已知 $q_1=6\text{kN/m}$，$q_2=4\text{kN/m}$，$h/b=2$，梁材料许用应力 $[\sigma]=50\text{MPa}$。试确定该梁的最小截面尺寸 h。

4-9 螺栓压板夹紧装置如图所示。已知压板长度为 $3a=180\text{mm}$，压板的许用应力 $[\sigma]=120\text{MPa}$。试计算该夹紧装置对工件的最大压紧力。

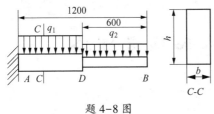

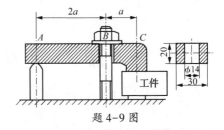

题 4-8 图

题 4-9 图

4-10 铸铁梁如图所示。已知 $I_z = 7.63 \times 10^{-6} \mathrm{m^4}$，许用拉应力 $[\sigma_t] = 30\mathrm{MPa}$，许用压应力 $[\sigma_c] = 60\mathrm{MPa}$。试校核此梁的强度。

4-11 图示的车床用卡盘夹住工件进行切削，车刀作用于工件的力 $F = 360\mathrm{N}$，工件材料为普通碳钢，$E = 200\mathrm{GPa}$，试求工件切削端点的挠度。

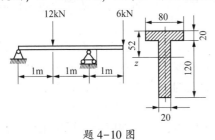

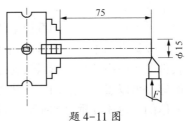

题 4-10 图

题 4-11 图

第5章　应力状态和强度理论

5.1　应力状态的概念

工程实际中，大多数构件在外力作用下往往产生两种或两种以上的基本变形。在组合变形情况下，构件往往既有正应力，又有剪应力。因此，必须建立复杂应力状态下的强度条件。要解决复杂应力状态下构件的强度计算问题，就需要全面地分析研究通过构件内的任一点各个截面上的应力。

在研究构件上一点各个不同截面上的应力时，通常取一个包括该点在内的微元体。微元体通常是一个以该点为中心、用六个相互垂直平面截取的微小六面体，简称单元体。由于单元体各边长都是无限小的量，所以认为微元体平面上的应力均匀分布且相等。这样的单元体各个面上的应力可以表示一点的应力状态。

在单元体的三对相互垂直的平面上可能既有正应力，又有剪应力。可以证明，从受力构件中任取一个单元体，在该单元体上，总存在着三个相互垂直的平面，在这些平面上只有正应力而无剪应力，这样的平面称为主平面。作用在主平面上的正应力称为主应力，用 σ_1、σ_2、σ_3 表示，并按代数值从大到小排列，即 $\sigma_1 \geqslant \sigma_2 \geqslant \sigma_3$。一点处的应力状态通常用三个主应力表示，如图5-1(b)所示。主应力可正可负，也可等于零。

按三个主应力中不为零的数目，将一点处的应力状态分为三类。若三个主应力中只有一个主应力不为零，称为单向应力状态，例如轴向拉伸直杆各点的应力状态(图5-2)；若三个主应力中有两个主应力不为零，称为二向应力状态，例如扭转圆轴表面各点的应力状态(图5-3)和内压薄壁容器器壁上各点的应力状态(图5-4)；若三个主应力均不为零，称为三向应力状态，例如高压厚壁容器器壁内各点的应力状态(图5-1)。

单向应力状态称为简单应力状态，二向和三向应力状态统称为复杂应力状态，其中二向应力状态又称为平面应力状态。

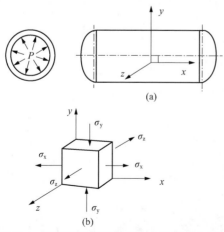

图5-1　高压厚壁容器器壁内一点的应力状态

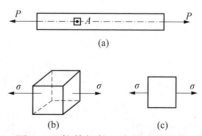

图5-2　拉伸杆件一点的应力状态

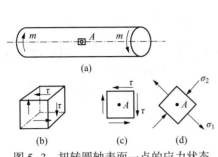

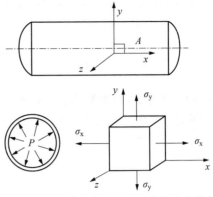

图 5-3　扭转圆轴表面一点的应力状态　　图 5-4　内压薄壁容器壁上一点的应力状态

5.2　平面应力状态

一般情况下，平面应力状态的单元体既有正应力又有剪应力，如图 5-5(a)所示。由于所有应力均平行于 x、y 轴组成的平面，所以单元体可简化表示如图 5-5(b)的形式。当单元体各个面上的应力已知时，利用截面法可求出该单元体任一斜截面上的应力，并可进一步确定单元体的主应力。

5.2.1　任意斜截面上的应力

图 5-6(a)所示单元体中，在各平面上作用有应力 σ_x、σ_y、τ_x 和 τ_y。取任意斜截面 ef，其外法线 n 与 x 轴正向的夹角为 α，规定 α 角自 x 轴正向逆时针转到 n 为正。用截面法沿斜截面 ef 将单元体分成两部分，取左边 eaf 部分作为研究对象，斜截面 ef 上的应力以正应力 σ_α 和剪应力 τ_α 表示，如图 5-6(b)所示。若 ef 的面积为 $\mathrm{d}A$，则 af 面和 ae 面的面积分别是 $\mathrm{d}A\sin\alpha$ 和 $\mathrm{d}A\cos\alpha$。将作用于分离体 eaf 上各面的力投影到 ef 面的外法线 n 和切线 t 的方向。由平衡方程 $\Sigma F_n = 0$，得

$$\sigma_\alpha \mathrm{d}A - (\sigma_x \mathrm{d}A\cos\alpha)\cos\alpha + (\tau_x \mathrm{d}A\cos\alpha)\sin\alpha - (\sigma_y \mathrm{d}A\sin\alpha)\sin\alpha + (\tau_y \mathrm{d}A\sin\alpha)\cos\alpha = 0$$

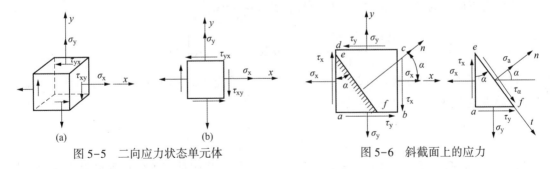

图 5-5　二向应力状态单元体　　　　　　图 5-6　斜截面上的应力

由于 $\tau_x = \tau_y$，应用三角函数关系可将上式简化为

$$\sigma_\alpha = \frac{\sigma_x + \sigma_y}{2} + \frac{\sigma_x - \sigma_y}{2}\cos2\alpha - \tau_x\sin2\alpha \tag{5-1}$$

再由平衡方程 $\Sigma F_t = 0$，得

$$\tau_\alpha dA - (\sigma_x dA\cos\alpha)\sin\alpha - (\tau_x dA\cos\alpha)\cos\alpha + (\sigma_y dA\sin\alpha)\cos\alpha + (\tau_y dA\sin\alpha)\sin\alpha = 0$$

简后得

$$\tau_\alpha = \frac{\sigma_x - \sigma_y}{2}\sin2\alpha + \tau_x\cos2\alpha \tag{5-2}$$

式(5-1)和式(5-2)为平面应力状态任意斜截面上的应力计算公式。只要已知 σ_x、σ_y、τ_x 和斜截面的方位角 α，就可以求出任意斜截面上的正应力和剪应力。

例5-1 已知构件内一点的应力状态如图 5-7 所示。求图示斜截面上的正应力和切应力。

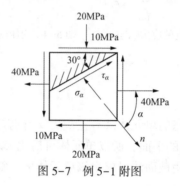

图 5-7 例 5-1 附图

解 由图知，$\sigma_x = 40\text{MPa}$、$\sigma_y = -10\text{MPa}$，$\tau_x = -20\text{MPa}$，$\alpha = -60°$。代入斜截面上的应力计算公式，得

$$\sigma_\alpha = \frac{\sigma_x + \sigma_y}{2} + \frac{\sigma_x - \sigma_y}{2}\cos2\alpha - \tau_x\sin2\alpha = -13.67\text{MPa}$$

$$\tau_\alpha = \frac{\sigma_x - \sigma_y}{2}\sin2\alpha + \tau_x\cos2\alpha = -20.98\text{MPa}$$

5.2.2 主平面和主应力

为确定正应力的极值，对式(5-1)求导，并令 $\dfrac{d\sigma_\alpha}{d\alpha} = 0$，即

$$\frac{d\sigma_\alpha}{d\alpha} = -2\left[\frac{\sigma_x - \sigma_y}{2}\sin2\alpha + \tau_x\cos2\alpha\right] = 0$$

将上式同式(5-2)比较可知，正应力的极值所在平面就是剪应力 τ_α 等于零的平面，即主平面。设满足极值的夹角为 α_0，得

$$\tan2\alpha_0 = -\frac{2\tau_x}{\sigma_x - \sigma_y} \tag{5-3}$$

式(5-3)有两个解，α_0 和 $\alpha_0 + \pi/2$，说明两个主平面互相垂直，分别为最大正应力和最小正应力所在的平面。由式(5-3)解出 $\sin2\alpha_0$ 和 $\cos2\alpha_0$ 代回式(5-1)，求得最大正应力和最小正应力为

$$\left.\begin{array}{r}\sigma_{max}\\\sigma_{min}\end{array}\right\} = \frac{\sigma_x + \sigma_y}{2} \pm \sqrt{\left(\frac{\sigma_x - \sigma_y}{2}\right)^2 + \tau_x^2} \tag{5-4}$$

5.2.3 最大剪应力

为确定剪应力的极值，对式(5-2)求导，并令 $\dfrac{\mathrm{d}\tau_\alpha}{\mathrm{d}\alpha}=0$，即

$$\frac{\mathrm{d}\tau_\alpha}{\mathrm{d}\alpha} = \frac{\sigma_x - \sigma_y}{2}\cos2\alpha - 2\tau_x\sin2\alpha = 0$$

设满足剪应力极值的夹角为 α_1，由上式得

$$\tan2\alpha_1 = \frac{\sigma_x - \sigma_y}{2\tau_x} \tag{5-5}$$

式(5-5)也有两个解，α_1 和 $\alpha_1+\pi/2$，说明两个极值剪应力所在的平面互相垂直。由上式解出 $\sin2\alpha_1$ 和 $\cos2\alpha_1$ 代回式(5-2)，求得最大剪应力为

$$\left.\begin{array}{c}\tau_{max}\\ \tau_{min}\end{array}\right\} = \pm\sqrt{\left(\frac{\sigma_x-\sigma_y}{2}\right)^2 + \tau_x^2} \tag{5-6}$$

上式说明两个最大剪应力等值反号。

比较式(5-4)与式(5-6)，可得

$$\tau_{max} = \frac{\sigma_{max} - \sigma_{min}}{2} \tag{5-7}$$

再比较式(5-3)与式(5-5)，可得

$$\tan2\alpha_1 = -\frac{1}{\tan2\alpha_0} = -\cot2\alpha_0 = \tan\left(2\alpha_0 + \frac{\pi}{2}\right)$$

因此有

$$\alpha_1 = \alpha_0 + \frac{\pi}{4}$$

这表明最大剪应力所在平面与主平面成45°角。

进一步分析可以证明，三向应力状态的最大剪应力为

$$\tau_{max} = \frac{\sigma_1 - \sigma_3}{2} \tag{5-8}$$

式中，$\sigma_1 = \sigma_{max}$，$\sigma_3 = \sigma_{min}$。τ_{max} 的作用面与 σ_2 平行，与 σ_1、σ_3 的作用面夹角为45°。

例 5-2 一点处的应力状态如图 5-8 所示。已知 $\sigma_x = 100\mathrm{MPa}$，$\sigma_y = -80\mathrm{MPa}$，$\tau_x = 40\mathrm{MPa}$。试求该微元体的主应力和最大、最小剪应力。

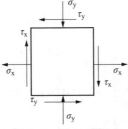

图 5-8 例 5-2 附图

解 由式(5-4)得

$$\left.\begin{array}{c}\sigma_{max}\\\sigma_{min}\end{array}\right\} = \frac{\sigma_x + \sigma_y}{2} \pm \sqrt{\left(\frac{\sigma_x - \sigma_y}{2}\right)^2 + \tau_x^2}$$

$$\sigma_1 = 108.5 \text{MPa}, \quad \sigma_2 = -88.5 \text{MPa}$$

由式(5-6)得

$$\left.\begin{array}{c}\tau_{max}\\\tau_{min}\end{array}\right\} = \pm \sqrt{\left(\frac{\sigma_x - \sigma_y}{2}\right)^2 + \tau_x^2} = \pm 98.5 \text{MPa}$$

5.3 广义虎克定律

在研究轴向拉伸或压缩的变形时，得到虎克定律表达式为 $\sigma = E\varepsilon$，该式可写成正应力与纵向应变之间的关系式 $\varepsilon = \sigma/E$。

正应力 σ 不仅引起纵向应变 ε，同时还引起横向应变 ε'。

$$\varepsilon' = -\mu\varepsilon = -\mu\sigma/E$$

当一点处于三向应力状态时，每一个应力除在本身所在的方向产生应变之外，也会在与之垂直的另外两个方向引起应变。在弹性范围内，任一个方向的线应变都可用虎克定律叠加而得，如图5-9所示。仅考虑 σ_1、σ_2、σ_3 单独作用时，将分别在 x、y、z 坐标轴方向产生应变，数值列于表5-1。

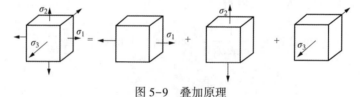

图 5-9 叠加原理

表 5-1 主应力单独作用时产生的应变

主应力	应 变		
	x 方向	y 方向	z 方向
σ_1	$\dfrac{\sigma_1}{E}$	$-\mu\dfrac{\sigma_1}{E}$	$-\mu\dfrac{\sigma_1}{E}$
σ_2	$-\mu\dfrac{\sigma_2}{E}$	$\dfrac{\sigma_2}{E}$	$-\mu\dfrac{\sigma_2}{E}$
σ_3	$-\mu\dfrac{\sigma_3}{E}$	$-\mu\dfrac{\sigma_3}{E}$	$\dfrac{\sigma_3}{E}$

因此，当三向应力同时作用时，应用叠加原理有

$$\left.\begin{array}{l}\varepsilon_1 = \dfrac{1}{E}\left[\sigma_1 - \mu(\sigma_2 + \sigma_3)\right]\\[2mm]\varepsilon_2 = \dfrac{1}{E}\left[\sigma_2 - \mu(\sigma_3 + \sigma_1)\right]\\[2mm]\varepsilon_3 = \dfrac{1}{E}\left[\sigma_3 - \mu(\sigma_1 + \sigma_2)\right]\end{array}\right\} \quad (5-9)$$

式中，ε_1、ε_2、ε_3分别称为单元体沿σ_1、σ_2、σ_3方向的主应变。上式揭示了三向应力状态下主应力与主应变之间的关系，是虎克定律的扩展，称为广义虎克定律。

5.4 强度理论

工程实际中的多数构件都是处于复杂应力状态下，材料的破坏与三个主应力都有关系。如果要按照杆件拉伸(压缩)强度条件直接通过试验来确定材料的极限应力，则会极其困难，甚至不可能。因为各种应力组合有无穷多种，试验不可能穷举，并且试验装置也很难设计。所以，建立复杂应力状态下的强度条件，需要寻找理论上的解决途径。

在生产实践和科学试验中，人们对复杂应力状态下的构件或材料的破坏形式进行分析研究。研究表明材料的破坏都是由某种主要因素引起的。因此，可以把复杂应力状态的强度问题与简单拉伸试验结果联系起来，用单向拉伸试验结果建立复杂应力状态下的强度条件。

为了建立复杂应力状态下的强度条件，人们分析研究了材料破坏现象，提出了各种关于材料破坏原因的假说，这种假说称为强度理论。

由于强度理论是研究材料破坏原因的，所以要先了解材料破坏的形式。

5.4.1 材料破坏的主要形式

根据长期的实践和大量的试验结果，人们发现，尽管不同构件引起的失效方式不同，但归纳起来大体上可分为两类：脆性断裂和塑性屈服。

1）脆性断裂

材料在未产生明显塑性变形的情况下，就突然断裂，这种破坏形式叫做脆性断裂。例如，铸铁拉伸时沿横截面断裂，扭转时在与轴线成45°的螺旋面拉断都属于这种破坏形式。试验证明，脆性断裂的原因主要是由于拉应力或拉应变过大引起的。

2）塑性屈服

在材料的应力达到屈服极限后，就会产生明显的塑性变形，以致构件不能正常工作，这种破坏形式叫做塑性屈服。例如，低碳钢拉伸时在与轴线约成45°的方向上出现滑移线，扭转时沿横向和纵向出现滑移线等都属于这种破坏形式。试验证明，产生塑性屈服破坏的原因是由于剪应力过大引起的。

5.4.2 强度理论

1）最大拉应力理论(第一强度理论)

这个理论认为引起材料发生脆性断裂的主要因素是最大拉应力。即在复杂应力状态下，只要三个主应力中的最大拉应力σ_1达到了轴向拉伸时材料的极限应力，材料就发生断裂破坏。因此，由该理论建立的强度条件为

$$\sigma_1 \leqslant [\sigma] \tag{5-10}$$

第一强度理论没有考虑σ_2、σ_3的影响，比较片面。但试验表明，该理论对脆性材料比较适合，常用于设计铸铁等脆性材料制成的构件。

2）最大拉应变理论(第二强度理论)

这个理论认为引起材料发生脆性断裂的主要因素是最大拉应变。即在复杂应力状态下，只要材料的最大拉应变ε_1达到了轴向拉伸破坏时材料的极限拉应变，材料就发生断裂破坏。

因此，由该理论建立的强度条件为：

$$\varepsilon_1 \leqslant [\varepsilon]$$

式中，$[\varepsilon]$ 为材料的许用拉应变，其值为

$$[\varepsilon] = [\sigma]/E$$

由广义虎克定律可知

$$\varepsilon_1 = \frac{1}{E}[\sigma_1 - \mu(\sigma_2 + \sigma_3)]$$

所以，第二强度理论的强度条件可写成

$$\sigma_1 - \mu(\sigma_2 + \sigma_3) \leqslant [\sigma] \tag{5-11}$$

从形式上看，第二强度理论比第一强度理论更完善，但实验研究表明，对于塑性材料，该理论不能为多数试验所证实；对于脆性材料，该理论与试验结果大致相符，但符合程度不如第一强度理论，故目前该理论应用较少。

3）最大剪应力理论（第三强度理论）

这个理论认为引起材料发生塑性屈服破坏的主要因素是最大剪应力。即在复杂应力状态下，只要最大工作剪应力达到轴向拉伸时材料发生破坏的极限剪应力，材料就发生塑性屈服破坏。因此，由该理论建立的强度条件为

$$\tau_{\max} \leqslant [\tau]$$

式中，$[\tau]$ 为材料的许用剪应力，其值为

$$[\tau] = \frac{\tau_s}{n} = \frac{\sigma_s}{2n} = \frac{[\sigma]}{2}$$

式中，τ_s 为材料单向拉伸屈服时的最大剪应力。

代入式(5-8)，第三强度理论的强度条件可写成

$$\sigma_1 - \sigma_3 \leqslant [\sigma] \tag{5-12}$$

第三强度理论在大多数情况下能与塑性材料的试验结果相符合，而且计算较简单，故常用于塑性材料制成的构件的强度计算。但此理论没有考虑 σ_2，计算结果偏于安全。

4）形状改变比能理论（第四强度理论）

这个理论认为引起材料发生塑性屈服破坏的主要因素是形状改变比能。即在复杂应力状态下，当材料内任一点的形状改变比能达到了轴向拉伸时产生屈服破坏的极限形状改变比能值时，材料就发生屈服破坏。因此，由该理论建立的强度条件为

$$u_f \leqslant [u_f]$$

理论分析可以证明，形状改变比能 u_f 的公式计算为

$$u_f = \frac{1+\mu}{6E}[(\sigma_1 - \sigma_2)^2 + (\sigma_2 - \sigma_3)^2 + (\sigma_3 - \sigma_1)^2]$$

在轴向拉伸时，材料处在单向应力状态，发生屈服破坏时，$\sigma_1 = \sigma_s$，$\sigma_2 = \sigma_3 = 0$。故其形状改变比能为

$$u_f = \frac{1+\mu}{3E}\sigma_s^2$$

考虑安全系数后，在轴向拉伸时材料的许用形状改变比能为

$$[u_f] = \frac{1+\mu}{3E}[\sigma]^2$$

由此得到第四强度理论的强度条件为

$$\sqrt{\frac{1}{2}\left[(\sigma_1 - \sigma_2)^2 + (\sigma_2 - \sigma_3)^2 + (\sigma_3 - \sigma_1)^2\right]} \leqslant [\sigma] \tag{5-13}$$

由于第四强度理论是从材料的变形能来研究强度的，综合考虑了各种应力及应变的影响，能较好地解释屈服破坏现象，也与各种屈服破坏试验结果相符合，故目前在塑性材料的强度计算中广为采用。与第三强度理论相比，该理论使所设计的构件尺寸更为经济。

上述四个强度理论可写成以下统一的形式

$$\sigma_{ri} \leqslant [\sigma] \tag{5-14}$$

式中，σ_{ri} 称为各强度理论的相当应力，其值分别为

$$\left.\begin{aligned}
\sigma_{r1} &= \sigma_1 \\
\sigma_{r2} &= \sigma_1 - \mu(\sigma_2 + \sigma_3) \\
\sigma_{r3} &= \sigma_1 - \sigma_3 \\
\sigma_{r4} &= \sqrt{\frac{1}{2}\left[(\sigma_1 - \sigma_2)^2 + (\sigma_2 - \sigma_3)^2 + (\sigma_3 - \sigma_1)^2\right]}
\end{aligned}\right\} \tag{5-15}$$

应当指出，上述四个强度理论，都是根据一定条件提出来的，故都具有一定的局限性，只能适用于一定的场合。一般情况下，脆性材料通常发生的是脆性断裂，应采用第一强度理论或第二强度理论；塑性材料失效通常为塑性屈服，所以应采用第三强度理论或第四强度理论。

还要指出，材料破坏形式不仅取决于材料的种类，还与构件所处的应力状态有关。无论是塑性材料还是脆性材料，在三向拉应力接近相等的情况下，都将发生脆性断裂，故应采用第一强度理论；在三向压应力接近相等的情况下，都将发生塑性屈服，应采用第三或第四强度理论。

5.5　组合变形的强度计算

构件在外力作用下同时产生两种或两种以上的基本变形的情况称为组合变形。对于组合变形的杆件，只要材料服从虎克定律和小变形条件，可认为每一种基本变形都是各自独立、互不影响的。应用叠加原理，将外力简化并分解为静力等效的几组载荷，使每一组载荷只产生一种基本变形，分别计算它们的内力和应力，然后进行叠加。再根据危险点的应力状态，建立相应的强度条件。

5.5.1　拉伸(压缩)与弯曲的组合变形

拉伸(压缩)与弯曲的组合变形，是工程中最常见的组合变形，变形时，两组载荷均产生截面正应力，所以杆件横截面上的总应力为这两个正应力的代数和。

图 5-10(a)所示杆两端作用轴向拉力 P 和力偶 m，在杆的截面 nn' 上，由拉力 P 引起的正应力[图 5-10(b)]为

$$\sigma' = N/A$$

式中，N 表示截面上的内力。

由力偶 m 引起的正应力[图 5-10(c)]为

$$\sigma'' = \pm M/W_z$$

式中，M 为横截面上的弯矩，W_z 为横截面的抗弯截面模量。

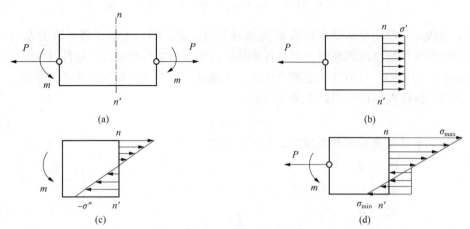

图 5-10　拉伸和弯曲的应力叠加

P 和 m 同时作用时，按 σ' 和 σ'' 的代数值叠加，如图 5-10(d) 所示。极值正应力在杆横截面的上下边缘处，分别为

$$\sigma_{max} = N/A + M/W_z$$

$$\sigma_{min} = N/A - M/W_z$$

由于 $\sigma_{max} > |\sigma_{min}|$，校核最大拉应力，故拉伸与弯曲组合变形时的强度条件为

$$\sigma_{max} = N/A + M/W_z \leqslant [\sigma_t] \tag{5-16}$$

如果 P 为压力，杆件为压缩与弯曲组合变形，校核最大压应力。强度条件为

$$|\sigma_{min}| = |-N/A - M/W_z| \leqslant [\sigma_c] \tag{5-17}$$

如果材料的抗拉、抗压强度不同，则应分别建立强度条件。

例 5-3　一塔设备如图 5-11 所示，塔高 17m，底部为裙式支座，塔体与裙座筒体的内径均为 $D_i = 1000mm$，壁厚 $\delta = 8mm$。已知塔及物料总重 $Q = 105kN$，塔高 10m 以上的水平风压 $q_2 = 745N/m$，10m 以下的风压 $q_1 = 655N/m$，裙座材料许用应力 $[\sigma] = 140MPa$。试校核裙座筒壁的强度。

解　该设备为压缩与弯曲组合变形，裙座底部的弯矩最大，故裙座底部横截面为危险截面，最大弯矩为

$$M_{max} = \frac{q_1 h_1^2}{2} + q_2 h_2 \left(h_1 + \frac{h_2}{2} \right) = 103.1 \ kN \cdot m$$

裙座筒体的抗弯截面模量为

$$W_z = \frac{\pi}{4} D_i^2 \delta = 6.28 \times 10^6 mm^3$$

横截面面积为

$$A = \pi D_i \delta = 25.13 \times 10^3 mm^2$$

质量载荷在裙座筒壁内引起的压应力为

$$\sigma' = -Q/A = -4.18MPa$$

风载荷引起的最大弯曲应力为

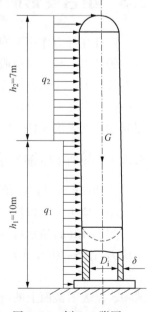

图 5-11　例 5-3 附图

$$\sigma'' = \pm M/W_z = \pm 16.4\text{MPa}$$

危险点在裙座底部背风侧(最大压应力),其合成应力为

$$|\sigma_{\min}| = |-Q/A - M/W_z| = 20.58\text{MPa} \leqslant [\sigma_c] = 140\text{MPa}$$

所以裙座筒壁的强度足够。

5.5.2 弯曲与扭转的组合变形

机械传动轴在工作时,既发生扭转,又产生弯曲,是弯曲与扭转的组合变形。下面分析这类组合变形时的强度计算问题。

图 5-12(a)为连接有一水平曲柄的实心圆杆 AB,集中力 P 作用于曲柄的端部 C 点处。将作用力 P 向杆端截面的形心 B 简化,得作用于 B 点处的集中力 P 和作用于杆端截面内的力偶 m,如图 5-12(b)所示。分别考虑 P 和 m 对杆的作用,可画出弯矩图和扭矩图如图 5-12(c)、(d)所示,对应于截面的应力图如图 5-12(e)、(f)所示。

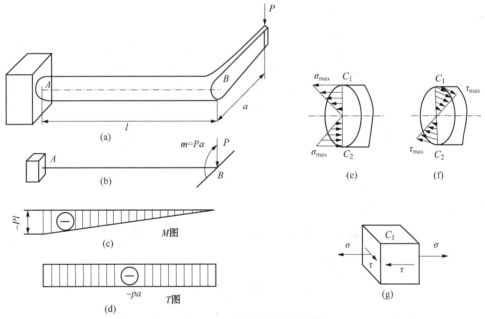

图 5-12 弯曲和扭转的应力叠加

曲柄的危险截面在固定端处,最大剪应力位于轴的外边缘,其值为

$$\tau = T/W_p$$

最大弯曲应力位于危险截面处的上下边缘,其值为

$$\sigma = M/W_z$$

为了建立弯曲与扭转组合变形时的强度条件,从危险截面上边缘处取一单元体,该点的应力状态如图 5-12(g)所示。

由式(5-4)得

$$\left.\begin{array}{c}\sigma_1 \\ \sigma_3\end{array}\right\} = \frac{1}{2}\left(\sigma \pm \sqrt{\sigma^2 + 4\tau^2}\right)$$

按第三强度理论的强度条件

$$\sigma_{r3} = \sqrt{\sigma^2 + 4\tau^2} = \sqrt{\left(\frac{M}{W_z}\right)^2 + 4\left(\frac{T}{W_p}\right)^2} \leqslant [\sigma]$$

对于实心圆截面，$W_p = 2W_z$。化简后得到弯曲与扭转组合变形的强度条件为

$$\frac{\sqrt{M^2 + T^2}}{W_z} \leqslant [\sigma] \qquad (5\text{-}18)$$

按第四强度理论的强度条件

$$\sigma_{r4} = \sqrt{\sigma^2 + 3\tau^2} = \frac{\sqrt{M^2 + 0.75T^2}}{W_z} \leqslant [\sigma] \qquad (5\text{-}19)$$

例 5-4　一转轴如图 5-13 所示。轴上装有两传动轮，重量均为 5kN，轴直径 $d = 80\text{mm}$，以 $n = 50\text{r/mim}$ 匀速回转，传递功率 $P = 10\text{kW}$，$l = 2\text{m}$，材料许用应力 $[\sigma] = 120\text{MPa}$。试按第三、四强度理论校核该轴的强度。

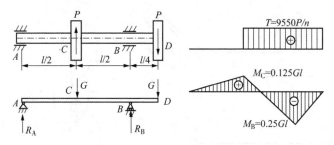

图 5-13　例 5-4 附图

解　① 画轴的扭矩图及弯矩图

$$\Sigma M_A = -Gl/2 + R_B l - 5Gl/4 = 0 \qquad R_B = 1.75G$$

$$\Sigma F_y = R_A + R_B - 2G = 0 \qquad R_A = 0.25G$$

$$M_B = -0.25Gl \qquad M_C = 0.125Gl$$

由扭矩图及弯矩图可知，过 B 点的横截面为危险截面。其上的扭矩和弯矩为

$$T = 9550P/n, \quad M = M_B = 0.25Gl$$

② 按第三强度理论

$$\sigma_{r3} = \frac{\sqrt{M^2 + T^2}}{W_z} = 62.59\text{MPa} < [\sigma] = 120\text{MPa}$$

故该轴强度足够。

③ 按第四强度理论

$$\sigma_{r4} = \frac{\sqrt{M^2 + 0.75T^2}}{W_z} 59.64\text{MPa} < [\sigma] = 120\text{MPa}$$

故该轴强度足够。

习　题

5-1　求图示单元体 m-m 斜截面上的正应力和剪应力。

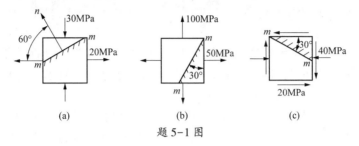

(a)　　　　　　　(b)　　　　　　　(c)

题 5-1 图

5-2　求图示各单元体内主应力的大小和方向。

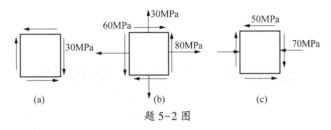

(a)　　　　　　　(b)　　　　　　　(c)

题 5-2 图

5-3　如图所示机构中，AB、BC 杆均为圆形截面，直径分别为 90mm、20mm，AB 长为 2m，杆材的许用应力 $[\sigma]=100$MPa。当载荷 $Q=12$kN 作用于 AB 中点时，校核机构各构件的强度；如果载荷可在 AB 上任意移动，求该机构能承受的最大载荷 Q_{max}。

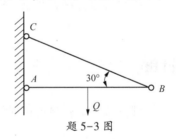

题 5-3 图

5-4　钢轴如图所示，直径 $d=60$mm，轴上装有两个轮子，直径均为 500mm，若轴材料许用应力 $[\sigma]=220$MPa。试分别按第三、第四强度理论校核轴的强度。

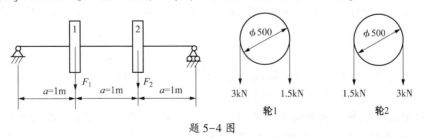

题 5-4 图

第2篇 化工容器设计

化工容器广泛应用于国民经济的各个部门，并受到国家有关法规的严格管理。化工容器设计不仅涉及多学科的知识，还要了解材料特性、容器的结构与组成、相关标准与法规、设计理论与方法，以及制造检测工艺等知识。

本篇首先介绍材料特性以及材料的选型，继而介绍容器设计的相关概念、标准与法规，然后根据容器的受力特点，按照强度条件和稳定性判据建立设计方法完成内压和外压容器的壳体设计，最后依据标准规范设计选型容器的主要零部件，从而完成压力容器的整体设计。

第6章 化工设备材料

化工设备材料种类很多，包括金属材料、非金属材料和复合材料，不同材料的特性也各不相同。化工生产条件十分复杂，温度从低温到高温，压力从真空到超高压，介质具有易燃、易爆、有毒及强腐蚀性等特点，不同的生产条件对材料有不同的要求。因此，为了保证化工设备的安全运行及经济性要求，必须依据材料的性能，根据设备的具体操作条件及制造等方面的要求，合理地选择材料。

6.1 金属材料的基本性能

金属材料是化工设备最常用的一种材料。金属材料的基本性能有力学性能、物理性能、化学性能和制造工艺性能等。

6.1.1 力学性能

力学性能是指金属材料在外力作用下表现出来的特性，主要包括材料强度、塑性、硬度和韧性等。

1）强度

强度是固体材料在外力作用下抵抗产生塑性变形和断裂的特性。常用的强度指标有屈服强度和抗拉强度，这两个指标是确定材料许用应力的主要依据。

（1）屈服强度R_{eL}● 屈服强度是指呈现屈服现象的金属材料在所加外载荷不再增加（保持恒定）而材料仍继续变形时所对应的应力，它表示材料抵抗产生塑性变形的能力。对于没有明显屈服点的材料，规定以残余伸长率为0.2%时的应力作为材料的屈服强度，

● 本篇采用 GB 150—2011 中规定的符号，部分符号与工程力学中的符号不同。

并记为$R_{p0.2}$。

（2）抗拉强度R_m　抗拉强度是材料的主要强度指标，是材料在拉伸受力过程中，从开始加载至断裂所能承受的最大应力。

工程上，金属材料不仅希望具有高的R_{eL}值，而且还希望具有一定的屈强比（R_{eL}/R_m）。这个比值可反映材料屈服后强化能力的高低。屈强比越小，材料就具有越大的塑性储备，越不容易发生危险的脆性破坏。但屈强比太小，就不能充分发挥材料的强度水平。实际上，一般还是希望屈强比高一些。

（3）蠕变极限R_n^t　金属在高温和存在内应力情况下逐渐产生塑性变形的现象称为蠕变。对于钢材，只有在较高温度下才会发生蠕变；对于少数材料（如铅），在中等温度下就有显著的蠕变速度，甚至在常温下就会在本身重量下产生蠕变。

蠕变极限是金属材料在高温和载荷持续作用下抵抗发生缓慢塑性变形的指标。一般用在恒定温度下使试样在规定时间产生的蠕变伸长率或稳态蠕变速率不超过规定值的最大应力值表示。我国压力容器设计规范（GB 150—2011）中是以设计温度下10万小时蠕变速率为1%的蠕变极限为设计基础。

（4）持久强度R_D^t　金属在给定温度和恒定载荷持续作用下，达到规定的时间而不发生断裂的最大应力称为持久强度。在化工容器用钢中，设备的设计寿命一般为10万小时，以R_{10^5}表示试样经10万小时断裂的应力。持久强度是高温元件设计选材的重要依据。

（5）疲劳强度R_{-1}　金属在交变应力作用下发生破坏的现象称为疲劳，金属疲劳破坏时应力值一般远低于其屈服强度。金属在无限次交变应力作用下而不发生破坏的最大应力称为疲劳极限，又称疲劳强度。

实际上，金属材料不可能作无限多次交变载荷试验，况且某些材料也并不存在疲劳极限。所以常把钢在10^7次、有色金属在10^8次循环试验下不发生破坏的最大应力作为疲劳强度。

2）塑性

塑性是指金属在外力作用下产生塑性变形而不破坏的能力，常用的塑性指标有断后伸长率和断面收缩率。凡是采用冷作加工成型工艺制造的化工设备，必须要求材料具有良好的塑性。用塑性好的材料制造的设备，在破坏前会发生明显的塑性变形。

（1）断后伸长率A　试样拉伸断裂后标距的残余伸长量与原始标距之比的百分率，称为断后伸长率。断后伸长率反映了试样拉伸至断裂所产生塑性变形量的大小，其值与试件尺寸有关。

（2）断面收缩率Z　试样拉伸断裂后横截面的最大缩减面积与原始横截面积之比的百分率，称为断面收缩率。断面收缩率与试样尺寸无关，它能更可靠、更灵敏地反映材料的塑性。

断后伸长率和断面收缩率，都是用来衡量金属材料塑性大小的，断后伸长率和断面收缩率越大，表示金属材料的塑性越好。

（3）弯曲角度α　弯曲角度也是衡量金属材料和焊缝塑性的指标之一，它是由弯曲试验测定的。金属材料和焊接接头在室温下以一定的内半径进行弯曲，在试样被弯曲受拉面出现第一条裂纹前的变形越大，材料的塑性就越好。

弯曲试验是压力容器用钢的验收指标之一。在容器制造过程中，对焊接工艺试板和产品试板均需做弯曲试验。

3）硬度

硬度是材料抵抗其他物体刻划或压入其表面的能力。用标准试验方法测得的表面硬度是材料耐磨能力的重要指标。硬度不是一个单纯的物理量，而是反映材料弹性、强度、塑性和韧性等的综合指标。

常用的硬度测量方法都是用一定的载荷(压力)把一定的压头压入金属表面，然后测定压痕的面积或深度。当压头和压力一定时，压痕越深或面积越大，硬度就越低。根据压头和压力的不同，常用的硬度指标可分为布氏硬度(HBS、HBW)、洛氏硬度(HRA、HRB、HRC)、维氏硬度(HV)等。

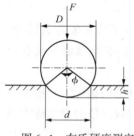

图 6-1　布氏硬度测定

(1) 布氏硬度　用一定的载荷 F(压力)把一定直径 D 的淬硬钢球或硬质合金球下压入金属表面，经规定保压时间卸载后，由于塑性变形，在材料表面形成一个凹印，如图 6-1 所示。用这个凹印的球面面积(即压痕表面积)除以载荷 F，所得的数值就是材料的布氏硬度，用 HB 表示。凹印越小，硬度值越高，说明材料越硬。

试验中，如果材料布氏硬度小于 450，采用钢球压头，用 HBS 表示；在 450~650 之间，则采用硬质合金球压头，用 HBW 表示；超过 HBW650，测量结果不准确，须改用洛氏硬度测量方法。

布氏硬度比较准确，用途很广，在压力容器行业中，多采用布氏硬度。但布氏硬度不能测硬度更高的金属，也不能测太薄的试样，而且布氏硬度压痕较大，易损坏表面。

(2) 洛式硬度　洛式硬度是以压痕塑性变形深度来确定硬度值指标。将一个顶角 120° 的金刚石圆锥体或直径 1.59mm、3.18mm 的钢球，在一定载荷下压入被测材料表面，由压痕的深度求出材料的硬度。根据试验材料硬度的不同，分三种不同的标度来表示：

HRA：采用 588.4N(60kgf)载荷和钻石锥压入器求得的硬度，用于硬度极高的材料，如硬质合金等。

HRB：采用 980.7N(100kgf)载荷和直径 1.59mm 淬硬的钢球求得的硬度，用于硬度较低的材料，如退火钢、铸铁等。

HRC：采用 1471.1N(150kgf)载荷和钻石锥压入器求得的硬度，用于硬度很高的材料，如淬火钢等。

(3) 维氏硬度　维氏硬度采用正四棱锥体金刚石压头，在一定载荷下压入被测试样表面，由试样表面压痕对角线长度求出材料的硬度。维氏硬度值与压头大小、负荷值无关，无需根据材料软硬变换压头，测量准确、重复性好。维氏硬度计测量范围宽广，几乎可以测量目前工业上所用到的全部金属材料。但维氏硬度试验效率低，要求较高的试验技术，对于试样表面的光洁度要求较高，通常需要制作专门的试样，操作麻烦费时，通常只在实验室中使用。

硬度指标中，HRC 和 HB 在生产中的应用都很广泛。HB 一般用于材料较软的时候，如有色金属、热处理之前或退火后的钢铁；HRC 一般用于硬度较高的材料，如热处理后的钢铁等。

硬度是材料的重要性能指标之一。一般来说，硬度高的材料强度也高，耐磨性也好。大部分金属硬度和强度之间有一定的关系，因而可以用硬度近似地估计抗拉强度。根据经验，它们的关系式为(应力均以 MPa 计)：

对于碳钢，当 HBS ≤ 140 时，$R_m \approx (3.68 \sim 3.76)$ HBS；当 $140 < HBS \leqslant 450$ 时，$R_m \approx (3.40 \sim 3.51)$ HBS；

对于碳钢及低合金钢，当 450<HBW≤650 时，$R_m \approx (3.36 \sim 4.08)$ HBW。

4）冲击韧性

冲击韧性是衡量材料韧性的一个指标，是指材料在冲击载荷作用下吸收塑性变形功和断裂功的能力。目前工程中，常用一定尺寸和形状的带缺口标准试样，在一次摆锤冲击试验上受冲击载荷折断时所吸收的能量值 K 作为冲击功值，并辅以字母 V 或 U 表示试样缺口几何形状，下标数值 2 或 8 表示摆锤刀刃半径，例如 KV_2，表示 V 形缺口试样在 2mm 摆锤刀刃下的冲击吸收功，其试样和试验原理分别见图 6-2 和图 6-3。我国压力容器用钢采用夏比 V 形缺口冲击吸收功作韧性值，它能更好地反映材料的韧性，而且对温度变化也很敏感，亦即对材料在不同温度下的脆性转化很敏感。而实际服役条件下的灾难性破断事故，往往与材料的冲击功及服役温度有关。

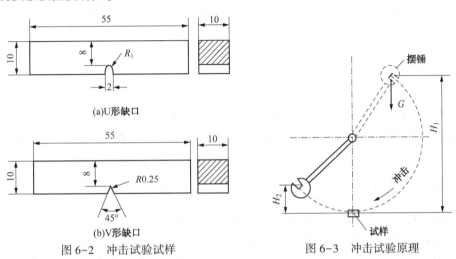

图 6-2　冲击试验试样　　　　　图 6-3　冲击试验原理

韧性是材料对缺口或裂纹敏感程度的反映，用来衡量材料的抗裂纹扩展能力。韧性好的材料即使存在宏观缺口或裂纹而造成应力集中时，也有相当好的防止发生脆断和裂纹快速失稳扩展的能力。

韧性是材料在外加动载荷突然袭击时的一种及时和迅速塑性变形的能力。韧性高的材料，一般都有较高的塑性指标；但塑性较高的材料，却不一定都有高的韧性。这是因为静载荷下能够缓慢塑性变形的材料，在动载荷下不一定能迅速塑性变形。

韧性对压力容器材料是十分重要的，是压力容器用钢必检项目之一。

6.1.2　物理性能

金属材料的物理性能包括导热系数、线膨胀系数、密度、熔点、导电性、弹性模数及泊松比等。材料在不同的使用场合，对其物理性能要求也不相同。

（1）线膨胀系数　材料在温度变化 1℃ 时单位长度的伸缩变化量，其值可从机械设计手册中查取。异种钢的焊接，要考虑到它们的线膨胀系数是否接近，否则会因膨胀量不等而使构件过度变形而损坏。设备的衬里及组合件，应注意材料的线膨胀系数要和基体材料相同或接近，以免受热后因膨胀量不同而松动或破坏。

（2）导热系数　当温度梯度（温差与壁厚之比）为 1℃/m 时，每小时通过单位传热面积传过的热量称为导热系数，其值可从机械设计手册中查取。导热系数越大，表示材料的导热性能越好。换热设备应选用导热系数大的材料，而设备保温材料应选用导热系数较小的材料。

（3）弹性模数与泊松比　弹性模数是金属材料抵抗弹性变形的指标，是金属材料最稳定的性能之一，主要取决于金属原子结构、结晶点阵和温度等因素，而合金化、热处理和冷热加工等因素对它的影响很小。泊松比是拉伸试验中试样单位横向收缩与单位纵向伸长之比。对于各种钢材它近乎为一个常数（$\mu = 0.3$）。

6.1.3　化学性能

金属的化学性能是指材料在所处介质中的化学稳定性，即材料是否会与介质发生化学和电化学作用而引起腐蚀。金属的化学性能主要是耐腐蚀性和抗氧化性。

（1）耐腐蚀性　材料抵抗周围介质对其腐蚀破坏的能力称为材料的耐腐蚀性。耐蚀性不是材料固有不变的特性，它随材料的工作条件而改变。例如，碳钢在浓硫酸中耐蚀，而在稀硫酸中则不耐蚀；不锈钢总的来讲有较高的耐蚀性，但在盐酸中耐蚀性就差。介质的耐腐蚀性能是选材的重要依据。

（2）抗氧化性　金属材料在高温时抵抗氧化性气氛腐蚀作用的能力称为抗氧化性。在高温下，钢不仅与自由氧发生氧化腐蚀，生成容易脱落的氧化皮，还与水蒸气、CO_2、SO_2 等气体产生高温氧化和脱碳作用，使其力学性能下降。因此，高温设备必须选用耐热材料。

6.1.4　加工工艺性

材料要经过各种加工后，才能做成设备或机器的零件。材料在加工方面的物理、化学和机械性能的综合表现构成了材料的工艺性能，又叫加工性能。

化工容器和设备主要零部件的制造包括焊接、铸造、锻造、切削、冲压、弯曲和热处理工艺过程。了解材料的这些加工工艺性能，对正确选材是十分必要的。选材时必须同时考虑材料的使用与加工两方面的性能。从使用角度来看，材料的物理、化学和机械性能即使比较合适，但是如果在加工制造过程中，材料缺乏某一必备的工艺性能，那么这种材料也是无法采用的。

（1）可焊性　将两个分离的金属（或非金属）进行局部加热、使之熔融后产生结晶的过程称为焊接。材料的可焊性是指金属材料在一定条件下，通过焊接形成优质接头的可能性。焊接性好的材料易于用一般焊接方法与工艺进行焊接，不易形成裂纹、气孔、夹渣等缺陷，焊接接头强度与母材相当。低碳钢具有优良的焊接性，而铸铁、铝合金等焊接性较差。化工设备广泛采用焊接结构，因此材料焊接性是重要的工艺性能。

（2）可锻性　可锻性是指金属承受压力加工（锻造）而变形的能力。金属的可锻性决定于材料的化学组成与组织结构，同时也与加工条件有关。塑性好的材料，锻压所需外力小，可锻性好。

（3）可铸性　可铸性是指液体金属的流动性和凝固过程中的收缩和偏析倾向。流动性好的金属能充满铸型，故能浇铸较薄的与形状复杂的铸件，铸件各部位成分较均匀。常用金属材料中，灰铸铁和锡青铜铸造性能较好，合金钢和高碳钢比低碳钢偏析倾向大，铸造后要用热处理方法消除偏析。

（4）切削性　材料在切削加工时所表现的性能叫切削性。切削性好的材料，加工刀具寿命长，切屑易于折断脱落，切削后表面光洁。灰铸铁、碳钢都具有较好的切削性。

（5）成型工艺性　成型就是金属在热态或冷态下，经外力作用产生塑性变形而成为所需形状的过程。在容器和设备的制造过程中，封头的冲压、筒体的弯卷和管子的弯曲都属成型工艺。良好的成型工艺性能要求材料具有较好的塑性。

（6）热处理性能　热处理用以改善钢材的某些性能。材料适用于哪种热处理操作，主要取决于材料的化学组成。

6.2　钢铁材料

工程上，金属材料一般分为黑色金属和有色金属两大类。黑色金属是指铁及其合金，有色金属是指铁之外的金属及其合金。其中钢铁材料因其优异的力学性能、工艺性能和低成本等综合优势，占据了主导地位，达金属材料用量的 90% 以上。

钢和铸铁是工程应用最广泛、最重要的金属材料。它们是由 95% 以上的铁和 0.05% ~ 4% 的碳及 1% 左右的杂质元素所组成的合金，称为铁碳合金。一般碳含量在 0.02% ~ 2% 的称为钢，小于 0.02% 的称为工业纯铁，大于 2% 的称为铸铁。碳含量大于 4.3% 的铸铁极脆，实用价值很小。

6.2.1　钢材分类

1）按冶炼方式分类

根据冶炼方法和冶炼设备的不同，钢可以分为电炉钢和转炉钢两大类；按脱氧程度和浇注方式的不同可分为沸腾钢、半镇静钢、镇静钢和特殊镇静钢。

沸腾钢使用弱脱氧剂 Mn 脱氧，是脱氧不完全的钢，浇注时钢液在钢锭模内产生沸腾现象（CO 气体逸出）而得名。沸腾钢成材率高，生产成本低，但化学成分不均匀，杂质多。

镇静钢用 Si、Al 等强脱氧剂脱氧，是完全脱氧的钢，浇注时钢液镇静不沸腾。镇静钢化学成分均匀，力学性能较好，但有缩孔，成材率低，成本高。合金钢一般都是镇静钢。

半镇静钢的脱氧程度在镇静钢与沸腾钢之间，性能也介于它们之间。半镇静钢应用较少。

2）按化学成分分类

可分为碳素钢和合金钢。碳素钢按碳含量分为低碳钢（<0.25%）、中碳钢（0.25% ~ 0.6%）和高碳钢（>0.6%）；合金钢按合金元素总含量分为低合金钢（<5%）、中合金钢（5% ~ 10%）和高合金钢（>10%）。

3）按质量等级分类

可分为普通钢（硫含量 ≤0.035% ~ 0.05%，磷含量 ≤0.035% ~ 0.045%）、优质钢（硫、磷含量均 ≤0.035%）和高级优质钢（硫含量 ≤0.02% ~ 0.03%，磷含量 ≤0.027% ~ 0.035%），高级优质钢钢号尾部标注 A。

4）按用途分类

可分为结构钢、工具钢和特殊性能钢等三大类，进一步细分为碳素结构钢、优质碳素结构钢、低合金高强度结构钢、合金结构钢、弹簧钢、轴承钢、碳素工具钢、合金工具钢、高速工具钢、不锈耐酸钢、耐热钢和电工用硅钢等十二大类。

6.2.2 铁碳合金的组织结构

1）金属的组织与结构

金属材料固态时都属于晶体物质。在金相显微镜下看到的金属晶粒，称为金属的显微组织（简称组织），如图6-4所示。用电子显微镜可以观察到金属原子的各种规则排列，称为金属的晶体结构（简称结构）。金属内部的微观组织和结构的不同形式，影响着金属材料的性质。

纯铁在910℃以下为体心立方晶格，称为α-Fe；而在910℃以上为面心立方晶格结构，称为γ-Fe，如图6-5所示。这两种结构可相互转变，转变过程是铁原子在固态下重新排列的过程，实质上也是一种结晶过程，这也是钢进行热处理的依据。

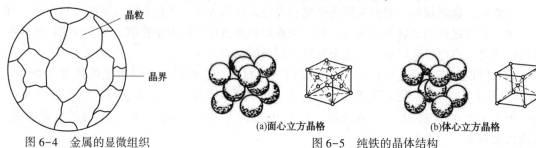

图6-4　金属的显微组织　　　　　　　　　　图6-5　纯铁的晶体结构

纯铁塑性较好，强度较低，在工业上应用很少。通常应用的钢铁，在铁元素中都含有碳等其他元素。这些元素对钢铁的组织结构与机械性能，都有很大影响。

2）碳钢的基本组织

碳钢是由铁（95%以上）和碳（0.05%~1.4%）组成的合金。碳对铁碳合金性能的影响很大，铁中加入少量的碳，强度显著增加。

碳在铁中的存在形式有固溶体（碳溶解在铁的晶格中）、化合物和混合物三种。这三种不同的存在形式，形成了不同的碳钢组织。

（1）铁素体（F）

碳溶解在α-Fe中所形成的固溶体称为铁素体。由于α-Fe的原子间隙很小，所以溶碳能力极低，在室温下仅能溶解0.006%的碳。所以铁素体的强度和硬度较低，而塑性和韧性很好。因而含铁素体的钢（如低碳钢）就表现出软而韧的性能。

（2）奥氏体（A）

碳溶解在γ-Fe中所形成的固溶体称为奥氏体。由于γ-Fe原子间隙较大，所以在γ-Fe中碳的溶解度比在α-Fe中大得多，其最大溶碳量为2.11%（1148℃）。奥氏体的性能特点是强度、硬度高，塑性低，韧性好，且没有磁性。碳钢中奥氏体只有加热到727℃（临界点）以上，组织发生转变时才存在。因此，奥氏体是铁碳合金的高温相，在室温时，钢的组织中只有铁素体和渗碳体，没有奥氏体。

（3）渗碳体（C）

渗碳体是铁与碳形成的一种间隙化合物（Fe_3C），碳含量6.69%。它的熔点约为1600℃，硬度高（约HB800），塑性几乎等于零。纯粹的渗碳体又硬又脆，无法应用。渗碳体以不同的大小、形状与分布出现于组织之中，对钢的组织与性能影响很大。在塑性很好的铁素体基体上散布着这些硬度很高的微粒，将大大提高材料的强度。渗碳体在一定条件下可以分解为铁和碳，其中碳以石墨形式出现。

铁碳合金中，当碳含量小于2%时，其组织是在铁素体中散布着渗碳体，这就是碳素钢；当碳含量大于2%时，部分碳以石墨形式存在于合金中，这就是铸铁。石墨本身的性质是质软，强度小。石墨分布在铸铁中相当于挖了许多孔洞，因而铸铁的抗拉强度和塑性都比钢低，但石墨的存在并不削弱抗压强度，且使铸铁具有一定消振能力。

（4）珠光体（P）

珠光体是铁素体和渗碳体组成的机械混合物。碳素钢中珠光体组织的平均碳含量约为0.77%。它的力学性能介于铁素体和渗碳体之间，即其强度、硬度比铁素体显著增高，塑性、韧性比铁素体要差，但比渗碳体要好得多。

（5）马氏体（M）

钢和铁从高温奥氏体状态急冷（淬火）下来，得到一种碳原子在α-Fe中过饱和的固溶体，称为马氏体。在马氏体中，过量的碳原子充塞在α-Fe的晶格间隙中，引起晶格的胀大和严重畸变，故其硬度极高，但很脆，延伸性低，几乎不能承受冲击载荷。马氏体不稳定，加热后容易分解或转变为其他组织。

6.2.3　钢的热处理

钢在固态下通过加热、保温和不同的冷却方式，改变金相组织以满足所要求的物理、化学与力学性能，这种加工工艺称为热处理。热处理工艺不仅应用于钢和铸铁，亦广泛应用于其他材料。按照应用特点，常规的热处理工艺可分为普通热处理和表面热处理。

1）钢的普通热处理

根据热处理加热和冷却条件的不同，普通热处理工艺分为退火、正火、淬火和回火等。

（1）退火与正火

退火是把工件加热到临界点以上一定温度，保温一段时间，然后随炉一起缓慢冷却下来，得到接近平衡状态组织的一种热处理方法。

正火是将工件加热至临界点以上30~50℃，保温后将工件从炉中取出置于空气中冷却下来，它的冷却速度要比退火的快一些，因而晶粒细化。

退火和正火作用相似，可以降低硬度，提高塑性，便于切削加工；调整金相组织，细化晶粒，促进组织均匀化，提高力学性能；消除部分内应力，防止工件变形。

（2）淬火与回火

淬火是将工件加热至淬火温度（临界点以上30~50℃），并保温一段时间，然后在淬火剂中冷却以得到马氏体组织的一种热处理工艺。淬火可以增加零件的硬度、强度和耐磨性。淬火时冷却速度太快，容易引起零件变形或产生裂纹，冷却速度太慢则达不到技术要求。因此，淬火常常是产品质量的关键所在。淬火剂的冷却能力按以下次序递增：空气、油、水、盐水。碳钢一般在水和盐水中淬火，合金钢导热性能比碳钢差，为防止产生过高应力，一般在油中淬火。

回火是零件淬火后进行的一种较低温度的加热与冷却热处理工艺。回火可以降低或消除零件淬火后的内应力，提高韧性；使金相组织趋于稳定，并获得技术上需要的性能。回火处理有以下几种：

① 低温回火　低温回火温度为150~250℃，回火后的组织主要是回火马氏体。低温回火是为了消除钢的部分内应力和脆性，同时保持钢在淬火后的高硬度和耐磨性。一般对需要硬度高、强度大、耐磨的零件(如刀具、量具)进行低温回火处理。

② 中温回火　中温回火温度是 350~450℃，回火后的组织主要是回火屈氏体。中温回火可减少内应力，降低硬度和提高弹性。一般对要求有一定的弹性和韧性、并有较高硬度的零件(如弹簧、轴套)采用中温回火。

③ 高温回火　高温回火温度为 500~650℃，回火后的组织主要是回火索氏体。高温回火由于加热温度过高，所以内应力消除较好，可获得塑性、韧性和强度均较高的优良综合性能。一般对要求有强度、韧性、塑性等综合性能的零件(如连杆、齿轮、受力螺栓)采用高温回火。

淬火加高温回火的操作称为调质处理，调质处理广泛应用于各种重要零件的加工中。

2) 钢的表面热处理

(1) 表面淬火

钢的表面淬火是将工件的表面通过快速加热到临界温度以上，在热量还来不及传导至中心部之前，迅速冷却来改变钢的表层组织，而中心部没有发生相变仍保持原有的组织状态。经过表面淬火，可使零件表面层比中心部具有更高的强度、硬度、耐磨性和疲劳强度，而中心部则具有一定的韧性。表面淬火一般适用于中碳钢和中碳低合金钢。

(2) 化学热处理

化学热处理是将零件放在某种化学介质中，通过加热、保温、冷却等方法，使介质中的某些元素渗入零件表面，改变表面层的化学成分和组织结构，从而改变零件表面的某些性能。

化学热处理有渗碳、渗氮(氮化)、渗铬、渗硅、渗铝、氰化(碳与氮共渗)等。其中，渗碳、氰化可提高零件的硬度和耐磨性；渗铝可提高耐热、抗氧化性；氮化与渗铬的零件表面比较硬，可显著提高耐磨和耐腐蚀性；渗硅可提高耐酸性等。

6.2.4　钢铁产品牌号(GB/T 221—2008)

钢铁产品牌号的表示，通常采用大写汉语拼音字母、化学元素符号和阿拉伯数字相结合的方法表示。采用汉语拼音字母或英文字母，原则上只取一个，一般不超过三个。产品牌号中的元素含量用质量分数表示。

1) 碳素结构钢和低合金结构钢

碳素结构钢和低合金结构钢的牌号通常由四部分组成：

第一部分：前缀符号+强度值(以 N/mm^2 或 MPa 为单位)，其中通用结构钢前缀符号为代表屈服强度的字母 Q；

第二部分(必要时)：钢的质量等级，用英文字母 A、B、C、D、E、F……表示；

第三部分(必要时)：脱氧方式表示符号，即沸腾钢、半镇静钢、镇静钢、特殊镇静钢分别以 F、b、Z、TZ 表示。镇静钢、特殊镇静钢表示符号通常可以省略；

第四部分(必要时)：产品用途、特性和工艺方法表示符号，见表 6-1。

表 6-1　产品用途、特性和工艺方法表示符号

产品名称	采用的汉字及汉语拼音或英文单词			采用字母	位置
	汉字	汉语拼音	英文单词		
锅炉和压力容器用钢	容	RONG	—	R	牌号尾
锅炉用钢(管)	锅	GUO	—	G	牌号尾
低温压力容器用钢	低容	DI RONG	—	DR	牌号尾

产品名称	采用的汉字及汉语拼音或英文单词			采用字母	位置
	汉字	汉语拼音	英文单词		
桥梁用钢	桥	QIAO	—	Q	牌号尾
耐候钢	耐候	NAI HOU	—	NH	牌号尾
高耐候钢	高耐候	GAO NAI HOU	—	GNH	牌号尾
汽车大梁用钢	梁	LIANG	—	L	牌号尾
高性能建筑结构用钢	高建	GAO JIAN	—	GJ	牌号尾
低焊接裂纹敏感性钢	低焊接裂纹敏感性	—	Crack Free	CF	牌号尾
保证淬透性钢	淬透性	—	Hardcnability	H	牌号尾
矿用钢	矿	KUANG	—	K	牌号尾
船用钢	采用国际符号				

牌号示例见表 6-2。

表 6-2 碳素结构钢和低合金结构钢牌号示例

产品名称	第一部分	第二分部	第三部分	第四部分	牌号示例
碳素结构钢	最小屈服强度 235N/mm^2	A 级	沸腾钢	—	Q235AF
低合金高强结构钢	最小屈服强度 345N/mm^2	D 级	特殊镇静钢	—	Q345D
锅炉和压力容器用钢	最小屈服强度 345N/mm^2	—	特殊镇静钢	压力容器"R"	Q345R
焊接气瓶用钢	最小屈服强度 345N/mm^2	—	—	—	HP345

根据需要，低合金高强度结构钢的牌号也可以采用二位阿拉伯数字(表示平均碳含量，以万分之几计)+元素符号+(必要时)代表产品用途、特性和工艺方法的表示符号，按顺序表示。

例如，碳含量为 0.15%~0.26%，锰含量为 1.20%~1.60%的矿用钢牌号为 20MnK。

2) 优质碳素结构钢和优质碳素弹簧钢

优质碳素结构钢牌号通常由五部分组成：

第一部分：以二位阿拉伯数字表示平均碳含量(以万分之几计)；

第二部分(必要时)：较高含锰量的优质碳素结构钢，加锰元素符号 Mn；

第三部分(必要时)：钢材冶金质量，即高级优质钢、特级优质钢分别以 A、E 表示，优质钢不用字母表示；

第四部分(必要时)：脱氧方式表示符号，即沸腾钢、半镇静钢、镇静钢分别以 F、b、Z 表示，但镇静钢表示符号通常可以省略；

第五部分(必要时)：产品用途、特性或工艺方法表示符号，见表 6-1。

牌号示例见表 6-3。

表 6-3 优质碳素结构钢和优质碳素弹簧钢牌号示例

产品名称	第一部分(碳含量)	第二部分(锰含量)	第三部分	第四部分	第五部分	牌号示例
优质碳素结构钢	0.05%~0.11%	0.25%~0.50%	优质钢	沸腾钢	—	08F
优质碳素结构钢	0.47%~0.55%	0.50%~0.80%	高级优质钢	镇静钢	—	50A
优质碳素结构钢	0.48%~0.56%	0.70%~1.00%	特级优质钢	镇静钢	—	50MnE
优质碳素弹簧钢	0.62%~0.70%	0.90%~1.20%	优质钢	镇静钢	—	65Mn

3）合金结构钢

合金结构钢牌号通常由四部分组成：

第一部分：以两位阿拉伯数字表示平均碳含量（以万分之几计）；

第二部分：合金元素含量，以化学元素符号及阿拉伯数字表示。具体表示方法为：平均含量小于1.50%时，牌号中仅标明元素，一般不标明含量；平均含量为1.50%~2.49%、2.50%~3.49%、3.50%~4.49%、4.50%~5.49%……时，在合金元素后相应写成2、3、4、5…；

注1：化学元素符号的排列顺序推荐按含量值递减排列。如果两个或多个元素的含量相等时，相应符号位置按英文字母的顺序排列。

注2：两种钢除一种主要元素外其余均相同，且这些主要元素的含量均在1.5%以下，则含量较高的加注1以相互区别。例如12CrMoV与12Cr1MoV，前者Cr=0.4%~0.6%，后者Cr=0.9%~1.3%。

第三部分：钢材冶金质量，即高级优质钢、特级优质钢分别以A、E表示，优质钢不用字母表示；

第四部分（必要时）：产品用途、特性或工艺方法表示符号，见表6-1。

牌号示例见表6-4。

表6-4　合金结构钢牌号示例

产品名称	第一部分（碳含量）	第二部分（合金元素含量）	第三部分	第四部分	牌号示例
合金结构钢	0.22%~0.29%	铬含量1.50%~1.80% 钼含量0.25%~0.35% 钒含量0.15%~0.30%	高级优质钢	—	25Cr2MoVA
锅炉和压力容器用钢	≤0.22%	锰含量1.20%~1.60% 钼含量0.45%~0.65% 铌含量0.025%~0.050%	特级优质钢	压力容器"R"	18MnMoNbER

4）不锈钢和耐热钢

（1）碳含量

用两位或三位阿拉伯数字表示碳含量最佳控制值（以万分之几或十万分之几计）。

① 规定碳含量上限者，当碳含量上限不大于0.10%时，以其上限的3/4表示碳含量；当碳含量上限大于0.10%时，以其上限的4/5表示碳含量。

例如：碳含量上限为0.08%，碳含量以06表示；碳含量上限为0.20%，碳含量以16表示；碳含量上限为0.15%，碳含量以12表示。

② 对超低碳不锈钢（即碳含量不大于0.030%），用三位阿拉伯数字表示碳含量最佳控制值（以十万分之几计）。

例如：碳含量上限为0.030%时，其牌号中的碳含量以022表示；碳含量上限为0.020%时，其牌号中的碳含量以015表示。

③ 规定上、下限者，以平均碳含量×100表示。

例如：碳含量为0.16%~0.25%时，其牌号中的碳含量以20表示。

（2）合金元素含量

以化学元素符号及阿拉伯数字表示，表示方法同合金结构钢第二部分。钢中有意加入的铌、钛、锆、氮等合金元素，虽然含量很低，也应在牌号中标出。

牌号示例见表6-5。

表 6-5　不锈钢和耐热钢牌号示例

产品名称	第一部分(碳含量)	第二部分(合金元素含量)	牌号示例
不锈钢	≤0.08%	铬含量 18.00%~20.00% 镍含量 8.00%~11.00%	06Cr19Ni10
不锈钢	≤0.030%	铬含量 16.00%~19.00% 钛含量为 0.10%~1.00%	022Cr18Ti
不锈钢	0.15%~0.25%	铬含量 14.00%~16.00% 锰含量 14.00%~16.00% 镍含量 1.50%~3.00% 氮含量 0.15%~0.30%	20Cr15Mn15Ni2N
耐热钢	≤0.25%	铬含量 24.00%~26.00% 镍含量 19.00%~22.00%	20Cr25Ni20

6.2.5　钢材的品种和规格

钢材的品种有钢板、钢管、型钢、铸钢和锻钢等。

1) 钢板

钢板分薄钢板和厚钢板两大类。薄钢板(厚度≤4mm)有冷轧与热轧两种,厚钢板(厚度 >4mm)为热轧。冷轧薄钢板的尺寸精度(指厚度允许偏差)比热轧钢板高。压力容器主要用热轧厚钢板制造。

2) 钢管

钢管分有缝钢管和无缝钢管两类。有缝钢管是用钢板及钢带卷焊制成的,适用于输送水、煤气、空气等低压流体,常用材料有 Q195、Q215、Q235 等,分镀锌(白铁管)和不镀锌(黑铁管)两种。无缝钢管是由钢锭、管坯或钢棒穿孔制成的,分冷拔和热轧两种,广泛应用于化工容器和设备中。普通无缝钢管常用材料有 10、15、20、16Mn 等。另外,还有专门用途的无缝钢管,如热交换器用钢管、化肥用高压无缝钢管、石油裂化用无缝钢管和锅炉用无缝钢管等。

3) 型钢

型钢主要有圆钢与方钢、扁钢、角钢(等边与不等边)、工字钢和槽钢等。各种型钢的尺寸和技术参数可参阅有关标准。圆钢与方钢主要用来制造各类轴件;扁钢常用作各种桨叶;角钢、工字钢及槽钢可用作各种设备的支架、塔盘支撑及各种加强结构。

4) 铸钢和锻钢

铸钢(GB/T 5613—1995)用 ZG 表示,牌号有 ZG230-450(屈服强度—抗拉强度,单位 MPa)、ZG270-500 等,用于制造各种承受重载荷的复杂零件,如泵壳、阀门、泵叶轮等。锻钢(GB/T 17107—1997)有 08、10、20、…、50 等牌号。化工容器用锻件一般采用 20、25 等材料,用以制作管板、法兰、顶盖等。

6.3　化工容器常用的钢铁材料

化工设备的种类繁多,操作条件也比较复杂。为了适应这种复杂性和多样性,适用的材料品种也很多,其中钢铁材料是一种工程应用最为广泛的金属材料。

6.3.1 碳素钢

在工业上使用的钢铁材料中，碳素钢由于价格低廉而在化工设备中得到普遍应用。

碳素钢中除碳以外，还含有少量锰(Mn)、硅(Si)、硫(S)、磷(P)、氧(O)、氮(N)和氢(H)等元素。这些元素是由矿石及冶炼过程中带入的，并非为改善钢材质量而有意加入的，通称为杂质，它们对钢材性能有一定影响。

1) 杂质元素对钢材性能的影响

① 锰　锰含量少于 0.8% 认为常存杂质。它是冶炼中引入的，锰具有很好的脱氧能力，能够与钢中的 FeO 成为 MnO 进入炉渣，从而改善钢的品质，特别是降低钢的脆性，提高钢的强度和硬度；锰还可以与硫形成高熔点(1600℃)的 MnS，一定程度上消除了硫的有害作用。因此锰是一种有益元素。在优质碳素结构钢中含锰量是 0.5%~0.8%，而较高含锰量碳钢中，可达 0.7%~1.2%。

② 硅　硅含量少于 0.5% 认为是常存杂质。它也是炼钢过程中为了脱氧而引入的，硅与钢水中的 FeO 能结成密度较小的硅酸盐炉渣而除去，因此硅也是一种有益的元素。硅在钢中溶于铁素体内使钢的强度、硬度增加，塑性、韧性降低。镇静钢中的硅含量通常在 0.1%~0.37%，沸腾钢中只有 0.03%~0.07%。由于钢中硅含量一般不超过 0.5%，对钢材性能影响不大。

③ 硫　硫来源于炼钢的矿石与燃料焦炭。硫以硫化铁(FeS)的形态存在于钢中，FeS 和 Fe 形成低熔点(985℃)化合物，它低于钢材热加工开始温度(1150~1200℃)。热加工时，由于它的过早熔化而导致工件开裂，这种现象称为热脆性。硫含量越高，热脆现象越严重。因此，硫是一种有害元素，必须控制其含量。

④ 磷　磷来源于矿石。磷虽能使钢材的强度、硬度增高，但引起塑性、韧性显著降低。特别是在低温时，它使钢材显著变脆，这种现象称冷脆性。冷脆性使钢材的冷加工及焊接性变坏，磷含量越高，冷脆性越大。因此，磷也是一种有害元素，也必须控制其含量。

⑤ 氧　氧是在炼钢过程中进入钢中的，在钢中以 MnO、SiO_2、FeO、Al_2O_3 等夹杂物形式存在，它们的熔点高，并以颗粒状存在于钢中，破坏了钢基体的连续性，从而剧烈降低钢的力学性能，使钢的强度、塑性降低。尤其是对韧性和疲劳强度等有严重影响。因此，氧也是一种有害元素，应严格控制其含量。

⑥ 氮　氮能溶于铁素体，随着温度降低，氮在铁中的溶解度急剧下降，并以 Fe_4N 形式析出。因此含氮的淬火钢易引起时效硬化，使强度、硬度升高，塑性、韧性下降。这种时效硬化现象对锅炉钢板、化工容器及深冲零件都是不利的，可造成局部区域脆化，影响锅炉及化工容器的安全使用，所以从时效的角度考虑，氮是有害元素。但是，如果钢中含有 Al、V、Nb 等合金元素时，能形成弥散度很高的 AlN、VN、NbN 等特殊氮化物，使铁素体强化并细化晶粒，此时钢的强度和韧性都可显著提高。

⑦ 氢　氢能以离子或原子形式溶入液态或固态钢中，溶入固态钢中便形成间隙固溶体。随着钢中含氢量的增加，钢的塑性、韧性急剧降低，引起氢脆。如果氢在钢中聚集成分子状态析出，在局部区域形成很高的压力，造成钢材的内部裂纹，在断口上呈现银灰色斑点(即白点)，使钢的断裂强度降低。因此氢是钢中的有害杂质。

2) 普通碳素结构钢

普通碳素结构钢含硫、磷等杂质较多，强度不高，但成本较低，可用来制造常压、低压及外压设备的壳体，也可制作设备的零部件，如支座、法兰、螺栓和螺母等。

普通碳素结构钢的牌号和化学成分以及力学性能分别见表6-6和表6-7。在化工容器与设备中承压件应用最多的是Q235B和Q235C，非承压件应用最多的是Q235A。

表6-6 普通碳素结构钢的牌号和化学成分

牌号	质量等级	化学成分(质量分数)/%，不大于					脱氧方法
		C	Mn	Si	S	P	
Q195	—	0.12	0.50	0.30	0.040	0.035	F、Z
Q215	A	0.15	1.20	0.35	0.050	0.045	F、Z
	B				0.045		
Q235	A	0.22	1.40	0.35	0.50	0.045	F、Z
	B	0.20①			0.045		
	C	0.17			0.040	0.040	Z
	D				0.035	0.035	TZ
Q275	A	0.24	1.50	0.35	0.050	0.045	F、Z
	B	0.21			0.045	0.045	Z
		0.22					
	C	0.20			0.040	0.040	Z
	D				0.035	0.035	TZ

注：①Q235B 的碳含量可不大于 0.22%。

表6-7 普通碳素结构钢的力学性能

牌号	质量等级	拉 伸 试 验												冲击试验(V 形缺口)	
		屈服点 R_{eH}/(N/mm²)						抗拉强度 $\frac{\sigma_b}{N/mm^2}$	延伸率 A/%					温度/℃	V 形冲击功(纵向)/J
		钢材厚度(直径)/mm							钢材厚度(直径)/mm						
		≤16	>16~40	>40~60	>60~100	>100~150	>150~200		≤40	>40~60	>60~100	>100~150	>150~200		
		不小于							不小于						不小于
Q195	—	195	185	—	—	—	—	315~430	33	—	—	—	—	—	—
Q215	A	215	205	195	185	175	165	335~450	31	30	29	27	26	—	—
	B													+20	27
Q235	A	235	225	215	215	195	185	375~500	26	25	24	22	21	—	—
	B													+20	27
	C													0	
	D													−20	
Q275	A	275	265	255	245	225	215	410~540	22	21	20	18	17	—	—
	B													+20	27
	C													—	
	D													−20	

3）优质碳素结构钢

优质碳素结构钢含硫、磷有害杂质元素较少，其冶炼工艺严格，钢材组织均匀，表面质量高，同时保证钢材的化学成分和力学性能，但成本较高，主要作为机械制造用钢。为了充分发挥其性能潜力，一般都须经热处理后使用。

在国家标准中，共列有 31 种优质碳素结构钢，其基本性能和应用范围主要取决于钢的碳含量。另外，钢中残余锰质量分数也有一定的影响。优质碳素结构钢的牌号、推荐热处理温度和力学性能见表 6-8。

表 6-8　优质碳素结构钢的牌号、推荐热处理温度和力学性能

钢　号	推荐热处理/℃			力学性能（≥）				
	正火	淬火	回火	$R_{eL}/N \cdot mm^{-2}$	$R_m/N \cdot mm^{-2}$	$A/\%$	$Z/\%$	A_k/J
08F	930	—	—	175	295	35	60	
08	930			195	325	33	60	
10F	930			185	315	33	55	
10	930			205	335	31	55	—
15F	920			205	355	29	55	
15	920			225	375	27	55	
20	910			245	410	25	55	
25	900	870		275	450	23	50	71
30	880	860		295	490	21	50	63
35	870	850		315	530	20	45	55
40	860	840	600	335	570	19	45	47
45	850	840		355	600	16	40	39
50	830	830		375	630	14	40	31
55	820	820		380	645	13	35	
60	810			400	675	12	35	
65	810	—	—	410	695	10	30	
70	790			420	715	9	30	
75				880	1080	7	30	—
80	—	820（油冷）	480	930	1080	6	30	
85				980	1130	6	30	
15Mn	920	—	—	245	410	26	55	
20Mn	910			275	450	24	50	
25Mn	900	870		295	490	22	50	71
30Mn	880	860		315	540	20	45	63
35Mn	870	850		335	560	19	45	55
40Mn	860	840	600	355	590	17	45	47
45Mn	850	840		375	620	15	40	39
50Mn	830	830		390	645	13	40	31
60Mn	810			410	695	11	35	
65Mn	810	—	—	430	735	9	30	—
70Mn	790			450	785	8	30	

注：表中 A_k 为调质处理值，其他力学性能多为正火处理值，试样毛坯尺寸 25mm。

优质低碳钢的强度较低，但塑性好，焊接性能好，在化工设备制造中常用作热交换器列管、设备接管、法兰的垫片包皮（08、10）；优质中碳钢的强度较高、韧性较好，但焊接性能较差，不适宜做化工设备的壳体，但可作为换热设备管板，强度要求较高的螺栓、螺母

等，45 钢常用作化工设备中的传动轴（搅拌轴）；优质高碳钢的强度与硬度均较高，60、65 钢主要用来制造弹簧，70、80 钢用来制造钢丝绳等。

6.3.2　合金钢

随着现代工业和科学技术的不断发展，对设备零件的性能要求越来越高，碳钢已不能完全满足需要。为了改善钢材的性能，在碳钢中特意加入一些合金元素，即为合金钢。目前常用的合金元素有：铬（Cr）、锰（Mn）、镍（Ni）、硅（Si）、铝（Al）、钼（Mo）、钒（V）、钛（Ti）和稀土元素（Re）等。

1）合金元素对钢的影响

① 铬　提高钢的淬透性，显著提高钢的强度、硬度和耐磨性，但使钢的塑性和韧性降低。铬是合金结构钢主加元素之一，在化学性能方面它不仅能提高金属耐腐蚀性能，也能提高抗氧化性能。当其含量达到 13% 时，能使钢的耐腐蚀能力显著提高。

② 锰　提高钢的强度，增加锰含量对提高低温韧性有好处。

③ 镍　提高淬透性，使钢具有高强度，而又保持良好的塑性和韧性，对钢铁性能有良好的作用。镍被广泛应用于不锈钢和耐热钢中，能提高耐腐蚀性和低温韧性。镍基合金具有更高的热强性能。

④ 硅　提高强度、高温疲劳强度、耐热性及耐 H_2S 等介质的腐蚀性。硅含量增加会降低钢的塑性和韧性。

⑤ 铝　显著细化晶粒，提高钢的韧性，降低冷脆性。铝还能提高钢的抗氧化性和耐热性，对抵抗 H_2S 介质腐蚀有良好作用。铝的价格比较便宜，所以在耐热钢中常用以代替铬。

⑥ 钼　使钢的晶粒细化，提高淬透性和热强性能，在高温时保持足够的强度和抗蠕变能力，还可以抑制合金钢由于淬火而引起的脆性。

⑦ 钒　提高钢的高温强度，细化晶粒，提高淬透性。铬钢中加一些钒，在保持钢的强度的情况下，能改善钢的塑性。

⑧ 钛　提高强度，细化晶粒，提高韧性，减小铸锭缩孔和焊缝裂纹等倾向，在不锈钢中起稳定碳的作用，减少铬与碳化合的机会，防止晶间腐蚀，还可提高耐热性。

⑨ 稀土元素　提高强度，改善塑性、低温脆性、耐腐蚀性及焊接性能。

2）普通低合金钢

普通低合金钢（又称低合金高强度钢）是结合我国资源条件开发的一种合金钢，是在优质碳钢的基础上加入少量锰、硅、钒、钛、铌和稀土元素等合金元素熔炼而成的。其组织多数仍为铁素体和珠光体组织。合金元素的加入，可提高钢材的强度，改善钢材耐腐蚀性能、低温性能及焊接性能。

低合金钢广泛用于制造远洋轮船、桥梁、汽车、压力容器、输油管道、锅炉等工程构件。用普通低合金钢制造的化工设备，由于强度和耐蚀性提高，可以节省设备投资，提高经济效益，往往还能简化制造工艺和提高产品性能。例如，用 Q345R 制造的化工容器，其重量比采用碳钢制造的轻 1/3。

低合金高强度钢的牌号与化学成分性能见表 6-9。

3）不锈钢（GB/T 20878—2007 和 ASTM A959—2004）❶

---

❶本节钢的牌号以中国牌号（美国牌号）表示。

不锈钢通常是不锈钢和耐酸钢的总称。不锈钢是指耐大气、蒸汽和水等弱介质腐蚀的钢，而耐酸钢则是指耐酸、碱、盐等化学介质腐蚀的钢。不锈钢与耐酸钢在合金化程度上有较大差异。不锈钢虽然具有不锈性，但并不一定耐酸，而耐酸钢一般都具有不锈性。

表 6-9　低合金高强度钢的牌号和化学成分

牌 号	质量等级	化学成分[①].[②]（质量分数）/%														
		C	Si	Mn	P	S	Nb	V	Ti	Cr	Ni	Cu	N	Mo	B	Ala
							不大于									不小于
Q345	A	≤0.20	≤0.50	≤1.70	0.035	0.035	0.07	0.15	0.20	0.30	0.50	0.30	0.012	0.10	—	—
	B				0.035	0.035										
	C				0.030	0.030										
	D	≤0.18			0.030	0.025										0.015
	E				0.025	0.020										
Q390	A	≤0.20	≤0.50	≤1.70	0.035	0.035	0.07	0.20	0.20	0.30	0.50	0.30	0.015	0.10	—	—
	B				0.035	0.035										
	C				0.030	0.030										
	D				0.030	0.025										0.015
	E				0.025	0.020										
Q420	A	≤0.20	≤0.50	≤1.70	0.035	0.035	0.07	0.20	0.20	0.30	0.80	0.30	0.015	0.20	—	—
	B				0.035	0.035										
	C				0.030	0.030										
	D				0.030	0.025										0.015
	E				0.025	0.020										
Q460	C	≤0.20	≤0.60	≤1.80	0.030	0.030	0.11	0.20	0.20	0.30	0.80	0.55	0.015	0.20	0.004	0.015
	D				0.030	0.025										
	E				0.025	0.020										
Q500	C	≤0.18	≤0.60	≤1.80	0.030	0.030	0.11	0.12	0.20	0.60	0.80	0.55	0.015	0.20	0.004	0.015
	D				0.030	0.025										
	E				0.025	0.020										
Q550	C	≤0.18	≤0.60	≤2.00	0.030	0.030	0.11	0.12	0.20	0.80	0.80	0.80	0.015	0.30	0.004	0.015
	D				0.030	0.025										
	E				0.025	0.020										
Q620	C	≤0.18	≤0.60	≤2.00	0.030	0.030	0.11	0.12	0.20	1.00	0.80	0.80	0.015	0.30	0.004	0.015
	D				0.030	0.025										
	E				0.025	0.020										
Q690	C	≤0.18	≤0.60	≤2.00	0.030	0.030	0.11	0.12	0.20	1.00	0.80	0.80	0.015	0.30	0.004	0.015
	D				0.030	0.025										
	E				0.025	0.020										

注：① 型材及棒材 P、S 含量可提高 0.005%，其中 A 级钢上限可为 0.045%。

② 当细化晶粒元素组合加入时，20(Nb+V+Ti) ≤0.22%，20(Mo+Cr) ≤0.30%。

不锈钢的种类很多，性能各异，通常按钢的组织结构分为马氏体不锈钢、铁素体不锈钢、奥氏体不锈钢、奥氏体-铁素体不锈钢和沉淀硬化型不锈钢。

（1）马氏体不锈钢

典型马氏体不锈钢主要有 Cr13 型和 Cr18 型。此类钢的淬透性良好，空冷或油冷便可得到马氏体。由于合金元素单一，故此类钢只在氧化性介质（如大气、海水、氧化性酸）中耐蚀，而在非氧化性介质（如盐酸、碱溶液等）中耐蚀性很低。马氏体不锈钢的耐蚀性随铬质量分数的降低和碳质量分数的增加而降低，但强度、硬度和耐磨性则随碳质量分数的增加而提高。与其他类型不锈钢相比，马氏体不锈钢具有价格最低、可热处理强化（即力学性能较好）的优点，但其耐蚀性较低，塑性加工与焊接性能较差。

典型钢号为 12Cr13（410）、20Cr13（420）、30Cr13（420）、40Cr13（—）、95Cr18（—）、90Cr18MoV（440B）等。工程上，12Cr13、20Cr13 主要用于制造塑、韧性要求较高的耐蚀件，如汽轮机叶片、水压机阀等；30Cr13、40Cr13 及 95Cr18 用于制造高硬度、高耐磨性和高耐蚀性结合的零件或工具，如医疗器械、量具、滚动轴承等。

（2）铁素体不锈钢

典型铁素体不锈钢有 Cr17 型、Cr25 型等。此类钢的成分特点是高铬低碳，室温组织为单相铁素体。铁素体钢强度与硬度均低于马氏体不锈钢，而塑性加工、切削加工和焊接性较优。因此铁素体不锈钢广泛用于对机械性能要求不高，但对耐蚀性要求很高的场合，如制作硝酸和氮肥工业的耐蚀件。

常见的铁素体不锈钢有 10Cr15（429）、10Cr17（430）、16Cr25N（446）等。为了进一步提高其耐蚀性，也可加入 Mo、Ti、Cu 等其他合金元素，如 019Cr19Mo2NbTi（444）。

铁素体不锈钢的成本虽略高于马氏体不锈钢，但因其不含贵金属元素 Ni，故其价格远低于奥氏体不锈钢，经济性较佳，适用于民用设备，其应用仅次于奥氏体不锈钢。

（3）奥氏体不锈钢

奥氏体不锈钢是在 Cr18Ni8（简称 18-8）钢基础上发展起来的。此类钢具有最佳的耐蚀性，但相应价格也较高。Ni 的存在使得钢在室温下为单相奥氏体组织，这不仅可进一步改善钢的耐蚀性，而且使奥氏体不锈钢具有优良的低温韧性、高的冷变形强化能力、耐热性和无磁性等特性，其冷塑性加工性和焊接性能较好，但切削加工性稍差。奥氏体不锈钢广泛应用于管线、散热器、各种钣金、焊接构件，还可以通过冷变形制造弹性元件，它是目前工业上应用最广泛的不锈钢，约占不锈钢总产量的 2/3。

典型钢号有 06Cr19Ni10（304）、06Cr18Ni11Ti（321）、12Cr18Ni9（302）、07Cr19Ni11Ti（321H）等。为了改善不锈钢在某些特殊腐蚀条件下的耐蚀性，加入 Mo、Cu、Si 等合金元素，如 06Cr17Ni12Mo2（316）、022Cr17Ni12Mo2（316L）；为了节约镍资源，国内外研制了许多节镍型和无镍型奥氏体不锈钢，如无镍型的不锈钢 26Cr18Mn12Si2N（—）和节镍型不锈钢 12Cr17Mn6Ni5N（201）、12Cr18Mn9Ni5N（202）等。

（4）奥氏体-铁素体不锈钢

奥氏体-铁素体不锈钢是在 Cr18Ni8 钢的基础上调整 Cr、Ni 质量分数，并加入适量的 Mn、Mo、W、Cu、N 等合金元素，通过合适的热处理而形成奥氏体—铁素体双相组织。双相不锈钢兼有奥氏体不锈钢和铁素体不锈钢的优点，如良好的韧性、焊接性能、较高的屈服强度和优良的耐蚀性。奥氏体—铁素体不锈钢用于制造化肥设备及管道、海水冷却的热交换设备等。

典型双相不锈钢有 03Cr25Ni6Mo3Cu2N（255）、022Cr23Ni5Mo3N（2205）、022Cr25Ni7Mo2N（2507）等。

（5）沉淀硬化不锈钢

沉淀硬化不锈钢是在各类不锈钢中单独或复合加入硬化元素（如 Ti、Al、Mo、Nb、Cu 等），并通过适当的热处理（固溶处理后时效处理）而获得高的强度、韧性并具有较好的耐蚀性。沉淀硬化不锈钢主要用作高强度、高硬度且耐腐蚀的化工机械和航天用的设备、零件等。

典型钢号有 05Cr17Ni4Cu4Nb（630）、07Cr17Ni7Al（631）、04Cr13Ni8Mo2Al（XM-13）等。

4）耐热钢

耐热钢是指在高温下有良好的化学稳定性和较高强度，能较好适应高温条件的特殊合金钢，常用于制造锅炉、汽轮机、动力机械、工业炉和航空、石油化工等部门在高温下工作的零部件。

耐热性包括抗氧化性（热稳定性）和抗热性（热强性）。抗氧化性是指在高温条件下能抵抗氧化的性能；抗热性是指在高温条件下对机械负荷的抵抗能力。在钢中加入 Cr、Al、Si 等合金元素，可以被高温气体（对耐热钢主要是氧气）氧化后生成一种致密的氧化膜，保护在钢的表面，防止氧的继续侵蚀，从而得到较好的化学稳定性。在钢中加入 Cr、Mo、V、Ti 等元素，可以强化固溶体组织，显著提高钢材的抗蠕变能力。

按耐热要求的不同，耐热钢可分为以抗氧化性为主要使用特性的抗氧化钢和以高温强度为主要使用特性的热强钢。抗氧化钢按组织可分为铁素体型抗氧化钢和奥氏体型抗氧化钢两类；热强钢按组织可分为铁素体-珠光体热强钢、马氏体热强钢、奥氏体热强钢三类。

（1）抗氧化钢

典型钢号有铁素体型抗氧化钢 1Cr13SiAl 和奥氏体型抗氧化钢 22Cr20Mn9Ni2Si2N、26Cr18Mn12Si2N 等。一般用于制作承受载荷较低而要求有高温抗氧化性的部件，如燃气轮机的燃烧室、炉管、热交换器等。

（2）珠光体热强钢

合金元素以铬、钼为主，总量一般不超过 5%。这类钢在 500~600℃有良好的高温强度及工艺性能，价格较低，广泛用于制作 600℃以下的耐热部件。如锅炉钢管、汽轮机叶轮、转子、紧固件及高压容器管道等。典型钢种有 16Mo、15CrMo、12Cr1MoV、12Cr2MoWVTiB、25Cr2Mo1V、20Cr3MoWV 等。此外，20、Q245R 也是常用的珠光体耐热钢，常用于壁温不超过 450℃的锅炉管件及主蒸汽管道等。

（3）马氏体热强钢

含铬量一般为 7%~13%，在 650℃以下有较高的高温强度、抗氧化性和耐水汽腐蚀的能力，但焊接性较差。常用的钢种有含铬 12%左右的 12Cr13、20Cr13 以及在此基础上发展出来的钢号如 14Cr11MoV、15Cr12WMoV 等，通常用来制作汽轮机叶片、轮盘、轴、紧固件等。此外，作为制造内燃机排气阀用的 42Cr9Si2、40Cr10Si2Mo 等也属于马氏体热强钢。

（4）奥氏体热强钢

含有较多的镍、锰、氮等奥氏体形成元素，在 600℃以上，有较好的高温强度和组织稳定性，焊接性能良好。通常用作在 600℃以上工作的热强材料。典型钢种有 07Cr19Ni11Ti、16Cr23Ni13、06Cr25Ni20、16Cr25Ni20Si2、45Cr14Ni14W2Mo 等。

耐热钢和不锈钢在使用范围上互有交叉，一些不锈钢兼具耐热钢特性，既可用作不锈钢，也可作为耐热钢使用。

5）低温用钢

在化工生产中，许多设备（如深冷分离、空气分离、液化天然气等）在低温（-20℃以下）条件下工作，因而其零部件必须采用能承受低温的金属材料制造。而普通碳钢在低温下韧性下降，材料变脆，无法应用。因此，对低温用钢的基本要求是：低温下有足够的强度和韧性，良好的焊接性能和冷塑性成形性能。

为了保证这些性能，低温钢要求低碳（一般<0.20%），冶炼时加入对低温韧性有利的Mn、Ni（最明显）元素，还可加入细化晶粒的 V、Ti、Nb、Al 等元素进一步改善低温韧性，同时应严格控制损害韧性的 P、S 等元素含量。

目前国外低温设备用的钢材主要是以高铬镍钢为主，也有使用镍钢、铜和铝等。我国根据资源情况，自行研制了无铬镍的低温钢 15Mn26A14 已在生产上应用。

常用低温钢的主要化学成分、热处理状态及力学性能见表 6-10。

表 6-10 常用低温钢的主要化学成分、热处理状态及力学性能

牌号	主要化学成分（质量分数）/%					热处理	常温力学性能（不小于）			低温冲击韧性	
	C	Mn	Ni	Al	其他		σ_b/MPa	σ_s/MPa	δ_5/%	温度/℃	A_{KV}/J
16MnDR	≤0.20	1.20~1.60	—	≥0.015	少量 V、Ti、Nb、Re	正火或调质	450	255	21	-40	≥24
09Mn2VDR	≤0.12	1.40~1.80	—	≥0.015	V 0.02~0.06	正火或调质	430	270	22	-50	≥27
15MnNiDR	≤0.18	1.20~1.60	0.20~0.60	≥0.015	V≤0.06	正火	460	290	20	-45	≥27
09MnNiDR	≤0.12	1.20~1.60	0.30~0.80	≥0.015	Nb≤0.04	正火或正火+回火	430	260	23	-70	≥27
07MnNiCrMoVDR	≤0.09	1.20~1.60	0.20~0.50	—	Cr 0.10~0.30 Mo 0.10~0.30 V 0.02~0.06 B≤0.0030	调质	610~740	490	17	-40	≥47
2.25Ni[①]	≤0.17	≤0.70	2.10~2.50	—	—	正火	450~590	255	24	-70	≥21
3.5Ni[①]	≤0.05	≤0.70	3.25~3.75	—	—	正火或调质	450~690	250~440	21~29	-100	≥21
9Ni[①]	≤0.13	≤0.90	8.50~9.50	—	—	调质	690~830	590	21	-196	≥41
15Mn26Al4	0.13~0.19	24.5~27.0	—	3.80~4.70	—	热轧固溶	480	200	30	-253	≥120

注：①未有国内牌号，只以平均镍含量的质量百分数与镍的元素符号表示。

6.3.3 铸铁

铸铁是碳含量约为2%~4.5%的铁碳合金，并含有较高的S、P、Si、Mn等杂质。铸铁是脆性材料，抗拉强度较低，但具有良好的铸造性、耐磨性、减振性及切削加工性。在一些介质(浓硫酸、醋酸、盐溶液、有机溶剂等)中具有相当好的耐腐蚀性能。铸铁生产成本低廉，在工业中得到普遍应用。

1) 铸铁的种类

常用的铸铁有灰铸铁、可锻铸铁、球墨铸铁、合金铸铁等。

(1) 灰铸铁(HT)

灰铸铁中的碳以自由状况的片状石墨形式存在于合金中，断口呈灰色。灰铸铁的抗压强度较大，抗拉强度很低，韧性低，可制造承受压应力及要求消振、耐磨的零件，如支架、阀体、泵体、机座、管路附件等。在化工生产中可用作烧碱生产中的熬碱锅，联碱生产中的碳化塔及淡盐水泵等。

(2) 可锻铸铁(KT)

可锻铸铁中的碳元素呈团絮状石墨形式，与灰铸铁相比有较好的塑性和韧性又比钢具有更好的铸造性能，常用于铸造截面较薄而形状复杂的轮壳、管接头等。根据组织成分和性能分为具有一定韧性和较高强度的黑心可锻铸铁(KTH)、强度较高和耐磨性好的珠光体可锻铸铁(KTZ)及韧性和加工性能均较好的白心可锻铸铁(KTB)。

(3) 球墨铸铁(QT)

球墨铸铁是在铸铁中加入少量球化剂(如镁、钙和稀土元素等)和石墨化剂(如硅铁、硅钙合金)，使碳元素呈球状。它的机械性能接近于钢，但价格低于一般钢，常用来制造曲轴、连杆、主轴、中压阀门等。

(4) 合金铸铁

合金铸铁是在铸铁中加入合金元素使之具有一些特殊性能的铸铁。合金铸铁和相似条件下使用的合金钢相比，具有生产方便，工艺简单，成本低廉等特点，因此具有更广泛的应用前景。

合金铸铁主要分为耐蚀铸铁、耐热铸铁和抗磨铸铁三类。耐蚀铸铁(HTS/QTS)在铸铁中加入硅等元素，可大幅度地提高铸铁的耐蚀性，对硫酸、室温下的盐酸、浓硝酸和有机酸等有良好的耐蚀性，用于制造阀门、管道、泵、储罐等；耐热铸铁(HTR/QTR)在铸铁中加入铬等元素，可代替耐热钢用来制作加热炉炉底板、热交换器、热处理炉内的运输链条等；抗磨铸铁(HTM/QTM)在铸铁中加入锰等元素，可用于制造轧辊、车轮、磨球、拖拉机履带板等抗磨损部件。

2) 铸铁牌号(GB/T 5612—2008)

铸铁牌号用铸铁代号+元素符号、名义含量及力学性能表示。

(1) 以化学成分表示的铸铁牌号

当以化学成分表示铸铁的牌号时，合金元素符号及名义含量排列在铸铁代号之后。

合金化元素的含量大于或等于1%时，在牌号中用整数标注；小于1%时，一般不标注，只对该合金特性有较大影响时，才标注其合金化元素符号。

(2) 以力学性能表示的铸铁牌号

当以力学性能表示铸铁的牌号时，力学性能值排列在铸铁代号之后。当牌号中有合金元素符号时，抗拉强度值排列于元素符号及含量之后，之间用"−"隔开。

牌号中代号后面有一组数字时，该组数字表示抗拉强度值，单位为 MPa。当有两组数字时，第一组表示抗拉强度值，单位为 MPa；第二组表示伸长率值，单位为%；两组数字间用"-"隔开。

例如：QT400-18 表示球墨铸铁，抗拉强度值 R_m = 400MPa，伸长率 A = 18%；QTMMn8-300 表示抗磨球墨铸铁，Mn 含量为 8%，抗拉强度值 R_m = 300MPa。

6.4 有色金属材料

有色金属及其合金的种类很多，常用的有铝、铜、铅、钛等。有色金属具有很多优越性，能够适用化工生产的腐蚀、低温、高温、高压等特殊工艺条件的要求。因此，化工设备的材质也经常使用有色金属及其合金。

6.4.1 铝及铝合金

铝是轻金属（相对密度 2.72），导电性、导热性、塑性和冷韧性都好，但强度低（经冷变形后强度可提高）。铝在大气中易形成致密的 Al_2O_3 保护膜，有很高的耐腐蚀性。铝制化工设备具有钢所没有的优越性能，在化工生产中有许多特殊用途。

（1）纯铝

工业纯铝广泛用来制作热交换器、塔、储罐、深冷设备和防止污染产品的设备，还可以用来制作浓硝酸设备。

（2）铝合金

在铝中加入铜、镁、锌、硅、锰等元素制成铝合金。铝合金的种类很多，特性各异，应用也非常广泛。在石油化工中用得较多的是铸造铝合金和防锈铝。铸造铝合金可以做泵、阀、离心机等。防锈铝的耐腐蚀性能好，有足够的塑性，强度比纯铝高得多，常用来做与液体介质相接触的零件和深冷设备中液气吸附过滤器、分离塔等。

纯铝和铝合金最高使用温度为 150℃，防锈铝使用温度不超过 66℃。熔焊的铝材在 0~196℃之间韧性不下降，因此铝和铝合金很适于做低温设备。

6.4.2 铜及铜合金

铜具有良好的导电、导热性和塑性。铜在大气、水、海水和中性盐溶液中耐蚀，在稀 H_2SO_4、HCl 等非氧化性介质中也很稳定。但在氧化性介质及有氧的碱中不耐蚀。

（1）纯铜（紫铜）

纯铜分为工业纯铜（T1、T2、T3）和磷脱氧铜（TP1、TP2）两类，牌号编号越大，纯度越低。工业纯铜主要用于配置铜合金，制作导电、导热和抗腐蚀器件，如电线、电缆、集成电路等。磷脱氧铜主要用于制作冷凝器、蒸发器和热交换器零件。

（2）黄铜

铜与锌的合金称为黄铜。化工上常用的黄铜有 H80、H68、H62 等，数字表示铜含量的百分数。H80、H68 塑性好，可在常温下冲压成形做容器的零件。H62 在室温下塑性较差，但强度较高，价格低廉，可做深冷设备的筒体、管板、法兰及螺母等。

黄铜的铸造性能良好，强度比纯铜高，价格也便宜。为了进一步改善黄铜的性能，在黄铜中加入锡、锰、铝等成为特殊黄铜，主要用于制作船舶及化工零件，如齿轮、螺旋桨等。

（3）青铜

铜与锌以外的元素组成的合金称为青铜。青铜的种类很多，其中铜与锡的合金称为锡青铜，它具有良好的耐腐蚀性、耐磨性，主要用做耐腐蚀及耐磨零件，如泵壳、阀门、轴承、蜗轮、齿轮及旋塞等。

6.4.3 铅及铅合金

铅的密度大，强度和硬度都低，不耐磨，不适于单独做化工设备。铅在许多介质中，特别是在硫酸中，具有很高的耐腐蚀性；铅还有耐辐射的特点。

（1）纯铅

纯铅的强度低，一般作设备衬里，如果用来制造储槽、管道等则需采取加强措施。

（2）铅合金

铅与锑的合金称为硬铅，强度和硬度都比纯铅高，可用来做加料管、鼓泡器、耐酸泵和阀门等零件。

铅属于有毒金属，铅及其合金不允许用于食品和医药工业。

6.4.4 钛及钛合金

钛的密度不大（相对密度4.51），强度高（2倍于铁），具有良好的塑性、低温韧性和耐腐蚀性。工业纯钛有TA1、TA2、TA3、TA4四个等级，编号越大，杂质越多，主要用于化工、造船、医药等工作温度在350℃以下、受力不大的耐蚀部件。

在钛中添加锰、铝或铬、钒等金属元素，能获得性能优良的钛合金。钛及其合金具有高强度与低密度的特点，在航空工业和化学工业中都得到了广泛的应用。

6.5 非金属材料

非金属材料原料来源丰富，品种多样，具有优良的耐腐蚀性能，是一种有着广阔发展前途的化工材料。根据材料性质，非金属材料可分为无机材料、有机材料和复合材料三类；按使用方法则可分为结构材料、衬里材料、镀层材料、涂料及浸渍材料等。

非金属材料既可以用作单独的结构材料，又能用作金属设备的保护衬里、涂层，还可做设备的密封材料、保温材料和耐火材料。非金属材料制造的化工设备，除要求有良好的耐腐蚀性外，还应该满足以下要求：足够的强度，渗透性、孔隙及吸水性要小，热稳定性好，加工制造容易，成本低以及来源丰富。

6.5.1 有机非金属材料

有机非金属材料又称高分子材料。常用的高分子材料有塑料、橡胶、胶黏剂和涂料。

塑料是以人造树脂或天然树脂为主体加入各种填充物制成的，密度不大，价格较低，具有良好的耐腐蚀性能和一定的机械强度，在化工生产中得到广泛应用。塑料的品种很多，根据受热后的变化和性能的不同，可分为热塑性和热固性两大类。热塑性塑料是由可以经受反复受热软化（或熔化）和冷却凝固的树脂为基本成分制成的塑料，如聚氯乙烯、聚乙烯等。热固性塑料是由经加热转化（或熔化）和冷却凝固后变成不溶状态的树脂为基本成分制成的，如酚醛树脂、氨基树脂等。

橡胶是以生胶为主要成分，添加各种配合剂和增强材料而制成的。它是一种具有极高弹性的高分子材料，而且回弹性好，回弹速度快，所以橡胶又称为高弹体。同时橡胶还有良好的绝缘、耐磨、抗撕裂、耐疲劳、不透水、不透气、耐酸碱等特性。橡胶的缺点是一般不耐油、不耐溶剂和强氧化性介质，而且容易老化。橡胶是常用的弹性材料、密封材料、减震防震材料、传动材料、绝缘材料和安全防护材料。

胶黏剂是以各种树脂、橡胶、淀粉等为基体材料，添加各种辅料制成的，在工业和民用中应用较广，在许多场合下胶接技术可以替代传统的螺纹连接、铆接、焊接等工艺。胶接连接可连接同种或异种的材料，用于胶接金属、陶瓷、木材、塑料、织物等。胶接结构重量轻，工艺简便，接头处应力均匀，密封性好，绝缘性好，耐腐蚀，抗疲劳。

涂料是一种高分子胶体的混合物溶液，涂在物体表面，然后固化形成薄涂层，用来保护物体免遭大气及酸、碱等介质的腐蚀，多数情况下用于涂刷设备、管道的外表面，也常用作设备内壁的防腐涂层。

在化工生产中，最常用的有机非金属材料有聚氯乙烯(PVC)、聚乙烯(PE)、耐酸酚醛(PF)、聚四氟乙烯(PTFE)。

(1) 聚氯乙烯

聚氯乙烯具有良好的耐蚀性和一定的机械强度，密度小，成型加工和焊接比较方便。聚氯乙烯能耐稀硝酸、稀硫酸、盐酸、碱、盐，其缺点是导热系数小，韧性低，耐热性较差，使用温度为 $-10 \sim 50℃$，作为非受力构件时，温度可达 $80℃$。

聚氯乙烯分软、硬两种。软聚氯乙烯一般用作设备衬里；硬聚氯乙烯可制造各种化工设备和机器，如塔器、电除尘器、离心泵、通风机、过滤机、管件和阀件等。

(2) 聚乙烯

聚乙烯是乙烯的高分子聚合物，有优良的电绝缘性、防水性、化学稳定性。在室温下，除硝酸外，它对各种酸、碱、盐溶液均稳定，对氢氟酸特别稳定，无毒。

聚乙烯可做管道、管件、阀门、泵等，也可以做设备衬里，还可涂在金属表面做防腐涂层。

(3) 耐酸酚醛

耐酸酚醛塑料是以酚醛树脂做黏结剂，以耐酸材料(石墨、玻璃纤维等)做填料的一种热固性塑料。它有良好的耐腐蚀性和耐热性，能耐多种酸、盐和有机溶剂的腐蚀，但不耐强氧化性酸的腐蚀，使用温度为 $-30 \sim 130℃$。主要缺点是韧性低，性脆，易损坏。

耐酸酚醛塑料易于挤压、卷制、模压成型和机械加工，可制成各种化工设备及零部件，如塔节、容器、搅拌器、管道、管件、旋塞、阀门、泵、设备衬里等。此外，设备在使用过程中出现裂缝或孔洞，可用酚醛胶泥修补。

(4) 聚四氟乙烯

聚四氟乙烯塑料是一种具有优异化学稳定性和很高的耐热、耐寒性的塑料，能耐强腐蚀性介质(硝酸、浓硫酸、王水、盐酸、苛性碱等)腐蚀，耐腐蚀性甚至超过贵重金属，有塑料王之称，使用温度为 $-100 \sim 250℃$。

聚四氟乙烯主要用作耐蚀、耐温的密封元件，如填料、衬垫、阀座、阀片以及管道和设备衬里，在机械密封中作摩擦副材料。

6.5.2 无机非金属材料

(1) 化工陶瓷

化工陶瓷具有优良的耐蚀性，除了氢氟酸、硅氟酸及热或浓碱液外，几乎能耐一切介质腐蚀。其最大缺点是强度低、性脆，并且导热系数小，热膨胀系数较大。因此，受机械碰撞易碎，骤冷骤热易损坏。在化工生产中，化工陶瓷主要用来制造接触强腐蚀性介质的塔器、储槽、泵、阀门、旋塞、反应器、搅拌器和管道与管件等。

（2）化工搪瓷

化工搪瓷是由高含硅量的瓷釉通过高温锻烧，使瓷釉密着于金属胎表面而制成的。它具有优良的耐蚀性，较好的耐磨性和电绝缘性，但易碎裂。搪瓷表面十分光滑，能隔离金属离子，广泛地应用于耐腐蚀、不挂料以及产品纯度要求较高的场合。化工搪瓷的热膨胀系数小，不能直接用火焰加热，骤冷骤热容易炸裂；在缓慢加热或冷却条件下，使用温度为 $-30\sim270℃$。化工搪瓷制品有反应釜、储槽、塔器、热交换器、管子等。

（3）辉绿岩铸石

辉绿岩铸石是用辉绿岩熔融后铸成，可制成板、砖等材料，用来做设备衬里，也可做管材。铸石除对氢氟酸和熔融碱不耐腐蚀外，对各种酸、碱、盐具有良好的耐腐蚀性能，耐磨性也好。

（4）耐热玻璃

常用的是硼玻璃和高铝玻璃，它们有良好的耐腐蚀性和热稳定性，但不耐冲击和振动，耐温度剧变性能差。在化工生产上主要用来做管道或管件，也可以做容器、反应器、泵、热交换器、隔膜阀等，还可以用于金属设备的衬里。

6.5.3 复合材料

（1）玻璃钢

玻璃钢是用合成树脂为黏结剂，以玻璃纤维为增强材料，按一定成型方法，在一定温度及压力下，使树脂固化而制成的制品。这种材料具有很高的强度、良好的耐蚀性以及成型加工性能，在化工生产中应用日益广泛。目前用于化工防腐方面的有环氧玻璃钢、酚醛玻璃钢（耐酸）、呋喃玻璃钢（耐腐蚀）、聚脂玻璃钢（施工方便）等。

玻璃钢在化工生产中可制成设备的衬里及非金属材料管道的增强材料，也可制成整体设备、管件、搅拌器等。

（2）不透性石墨

不透性石墨是由各种树脂浸渍石墨消除孔隙而得到的。它具有较高的化学稳定性和良好的导热性、热膨胀系数小、耐温度急变性好、不污染介质、加工性能良好和相对密度小等优点，缺点是机械强度较低、性脆。

不透性石墨常用作耐强腐蚀性介质的设备（如氯碱生产中的热交换器和盐酸合成炉），也可以制成泵和管道，还可以用作机械密封中的密封环和压力容器用的安全爆破片等。

6.6 化工设备的腐蚀与防腐措施

金属的腐蚀造成的危害十分惊人，几乎涉及到国民经济的一切领域。腐蚀不仅会使金属设备或构件报废而造成金属材料损耗，还会因装置停工及设备更换导致产品和原料流失等更大的损失，更为严重的是腐蚀还会造成诸如中毒、火灾、爆炸等严重事故和环境污染。在化工、轻工、能源等领域，约有60%的设备失效与腐蚀有关，腐蚀是影响金属设备及其构件使用寿命的主要因素之一。

化工设备正确选材和采取有效的防腐蚀措施，可以保证设备的正常运转，延长使用寿命，节约金属材料，有利于化学工业的迅速发展。

6.6.1　金属的腐蚀

腐蚀是指金属表面与周围介质相互作用，使基体逐渐破坏的现象，如铁生锈、铜发绿锈、铝生白斑点等。显然，腐蚀是金属材料与环境介质的相界面反应作用的结果，二者发生作用所形成的化合物称为腐蚀产物。

1）金属腐蚀的分类

（1）按腐蚀机理分类

按照腐蚀机理，金属的腐蚀可分为化学腐蚀和电化学腐蚀两类。

① 化学腐蚀　化学腐蚀是金属与干燥气体和非电解质溶液直接发生化学作用而引起的破坏。特点是腐蚀产物在金属的表面上，腐蚀过程中没有电流的产生。金属在高温气体中的腐蚀以及金属在四氯化碳、甲醇等介质中的腐蚀都属于化学腐蚀。

如果化学腐蚀生成的化合物很稳定，组织致密且与基体金属结合牢固，那么就具有防止基体继续氧化的作用，起到钝化作用；如果化学腐蚀生成的化合物不稳定，且与基体金属结合不牢固，则腐蚀产物就会层层脱落，这种作用称为活化作用。

② 电化学腐蚀　电化学腐蚀是指金属与电解质溶液相接触产生电化学作用引起的破坏。特点是在腐蚀过程中有电流产生，使电位较负部分（阳极）失去电子而遭受腐蚀。电化学腐蚀是一种极为普遍的腐蚀现象，金属在各种酸、碱、盐溶液、工业用水中的腐蚀，都属于电化学腐蚀。

电化学腐蚀进行的过程中必须具备三个条件：同一金属上存在有不同电位的部分或不同金属之间存在电位差；阳极和阴极互相连接；阳极和阴极处在相互连通的电解质溶液中。以上三个环节缺一不可，其中阻力较大的环节决定着整个腐蚀过程的速度。

（2）按腐蚀破坏特征分类

按照破坏特征，金属的腐蚀可分为全面腐蚀和局部腐蚀（非均匀腐蚀）两类，而局部腐蚀又可分为电偶腐蚀、小孔腐蚀、缝隙腐蚀、晶间腐蚀、应力腐蚀、腐蚀疲劳、磨损腐蚀等。

① 均匀腐蚀　均匀腐蚀是在腐蚀介质作用下金属整个表面的腐蚀破坏。这种腐蚀在金属表面以同一腐蚀速度向金属内部延伸，腐蚀速度可以预测，因此危险性较小。只要设备或零件具有一定厚度，其力学性能因腐蚀而引起的改变并不大。

② 局部腐蚀　局部腐蚀只发生在金属表面部分区域，但这种腐蚀很危险，因为整个设备或零件的强度取决于最弱的截面强度，而局部腐蚀能使局部区域强度大大降低，从而导致设备或零件的提前失效。

2）金属腐蚀的评定方法

金属腐蚀的评定方法很多，对于均匀腐蚀，常用单位时间内单位面积的腐蚀质量或单位时间的腐蚀深度来评定。

（1）按质量变化评定

根据质量变化表示金属腐蚀速度的方法应用极为广泛。它是通过实验方法测出试样在单位表面积、单位时间腐蚀而引起的质量变化。当测定试样在腐蚀前后质量变化后，可用下式表示腐蚀速度：

$$K = \frac{m_0 - m_1}{A \cdot t} \qquad (6-1)$$

式中，K 为腐蚀速度，$g/(m^2 \cdot h)$；m_0 为腐蚀前试样的质量，g；m_1 为腐蚀后试样的质量，g；A 为试样与腐蚀介质接触的面积，m^2；t 为腐蚀作用的时间，h。

这种方法只能用于均匀腐蚀，并且只有当能很好地除去腐蚀产物而不致损害试样主体金属时，结果才能准确。

（2）按腐蚀深度评定

根据质量变化表示的腐蚀速度，没有考虑金属的密度。为了表示腐蚀前后尺寸的变化，常用金属厚度的减少量，即腐蚀深度来表示腐蚀速度，由式(6-1)导出

$$K_a = \frac{24 \times 365 K}{1000\rho} = 8.76 \frac{K}{\rho} \qquad (6-2)$$

式中，K_a 为用每年金属厚度的减少量表示的腐蚀速度，mm/a；ρ 为金属密度，g/cm^3。

按腐蚀深度评定金属的耐腐蚀性能有三级标准，如表6-11所示。

表 6-11　金属腐蚀性能的三级标准

耐腐蚀性能	腐蚀速度/(mm/a)	耐腐蚀级别
耐　蚀	<0.1	1
可　用	0.1~1.0	2
不可用	>1.0	3

6.6.2　金属腐蚀的常见形式

1）金属的高温氧化

金属的高温氧化是金属与环境介质中的氧化合生成金属氧化物的过程，是一种很普遍的腐蚀形式。当碳钢和铸铁温度高于300℃时，就在其表面出现可见的氧化皮。随着温度的升高，氧化速度加快。在570℃以下氧化时，氧化层由 Fe_3O_4 和 Fe_2O_3 组成，它们的结构致密，有较好的保护作用。但在570℃以上时，生成由 FeO、Fe_3O_4 和 Fe_2O_3 组成的氧化膜，氧化层主要成分是 FeO。FeO 直接依附在铁上，结构疏松，容易剥落，即常见的氧化皮。

在碳钢和铸铁中加入 Cr、Si、Al 等元素，可以阻止 FeO 的形成，提高钢铁的抗氧化能力。

2）钢的高温脱碳

钢的高温脱碳是指在高温(700℃以上)气体作用下，钢的表面在产生氧化皮的同时，与氧化膜相连接的金属表面层发生渗碳体减少的现象。脱碳作用的化学反应式为

$$Fe_3C + O_2 \xrightarrow{\quad\quad} 3Fe + CO_2$$
$$Fe_3C + CO_2 \xrightarrow{\quad\quad} 3Fe + 2CO$$
$$Fe_3C + H_2O \xrightarrow{\quad\quad} 3Fe + CO + H_2$$

脱碳作用使钢的力学性能下降，特别是降低了表面硬度和疲劳强度。同时由于气体的析出，破坏了钢表面膜的完整性，使耐蚀性进一步降低。防止钢脱碳的有效方法是改变气体的成分以减少气体的侵蚀作用。

3）氢腐蚀

钢材在高温高压氢气中强度和塑性显著下降甚至破裂的现象称为氢腐蚀。产生氢腐蚀的钢材，裂纹很小且数目很多，从外观上很难凭肉眼直接观察，设备往往突然出现破裂，因此

氢腐蚀是一种很危险的腐蚀。

钢材的氢腐蚀过程可分为氢脆和氢腐蚀两个阶段。

① 氢脆阶段 氢与钢材直接接触时被钢材吸附，并以原子状态向钢材内部扩散，溶解在铁素体中形成固溶体。钢材受力变形时，会剧烈加速氢原子的扩散。这一阶段，溶在钢中的氢并未与钢材发生化学作用，也未改变钢材的组织，在显微镜下观察不到裂纹，钢材的抗拉强度和屈服点也无大改变。但扩散的氢原子在滑移面上会转变为分子状态，在晶间积聚产生内压力，使钢材韧性降低，材料变脆，这种脆性与氢在钢中的溶解度成正比。

② 氢侵蚀阶段 溶解在钢材中的氢气与钢中的渗碳体发生化学反应，生成甲烷气。其化学反应式为

$$Fe_3C + 2H_2 \Longrightarrow 3Fe + CH_4$$

由于甲烷的生成与聚集，形成局部高压和应力集中，在钢材中出现大量细小的晶界裂纹和气泡。同时钢材的脱碳导致体积减小，加剧了裂纹的扩展。最后裂纹形成网格，使材料机械性能大为降低，甚至开裂破坏。

钢的氢腐蚀随着压力和温度的升高而加剧，这是因为高压有利于氢气在钢中的溶解，而高温则增加氢气在钢中的扩散速度及脱碳反应的速度。通常钢材产生氢腐蚀有一起始温度和起始压力，它是衡量钢材抵抗氢腐蚀能力的一个指标。

钢中加入 Cr、Mo、W、V、Nb、Ti 等合金元素，这些元素可与钢中的碳优先结合成稳定的化合物，提高钢的抗氢腐蚀能力。

4）电偶腐蚀

两种相互接触的不同金属处于同一腐蚀性介质中，由于存在电位差，电位较负的金属的腐蚀速率加大，而电位较正的金属腐蚀减缓和受到保护，这种现象称为电偶腐蚀(图 6-6)。电偶腐蚀主要发生在两种金属接触的边线附近，而在远离边缘的区域，腐蚀程度要轻得多。例如碳钢热交换器，由于输送介质的泵采用石墨密封，摩擦副磨削下来的石墨微粒在列管内沉积，加速了碳钢管的腐蚀。

为避免电偶腐蚀，可将处于腐蚀性介质中不同金属间的连接用绝缘材料隔开，破坏电子流通的条件，使其不能构成腐蚀电池；选择相容性材料，即选择电极电位相差较小的材料；尽量避免小阳极大阴极结构。

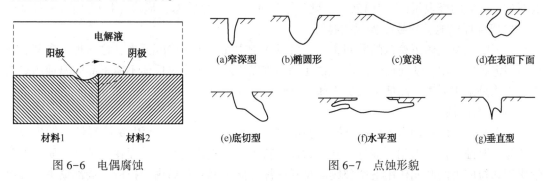

图 6-6　电偶腐蚀　　　　　　　　　　　图 6-7　点蚀形貌

5）小孔腐蚀

小孔腐蚀是指金属表面微小区域因氧化膜破损或析出相和夹杂物剥落，引起该处电极电位降低而出现小孔并向深度发展的现象，简称孔蚀或点蚀。点蚀的形貌(图 6-7)多种多样，不仅与孔内腐蚀介质的组成有关，还与金属的性质、组织有关。由于多数蚀孔很小，通常又

被腐蚀产物所遮盖，直至设备腐蚀穿孔后才被发现，所以点蚀是隐患性很大的一种腐蚀。

为防止点蚀应降低材料中有害杂质的含量和加入适量的能提高抗点蚀能力的合金元素；设法降低介质中尤其是卤素离子的浓度；结构设计时注意消除死角，防止溶液中有害物质的浓缩。

6）缝隙腐蚀

当金属与金属或金属与非金属之间存在很小的缝隙时，缝内介质不易流动而形成滞留，促使缝隙内的金属加速腐蚀，这种腐蚀称为缝隙腐蚀。缝隙腐蚀是氧的浓差电池和闭塞电池自催化效应共同作用的结果。大多数金属或合金都可能会产生缝隙腐蚀，几乎所有的腐蚀性介质也都能引起缝隙腐蚀。这种腐蚀常发生在螺纹连接、焊接接头（图6-8）、密封垫片等缝隙处。

为了防止缝隙腐蚀，结构设计时应尽量避免形成缝隙和能造成表面沉积的几何构形。

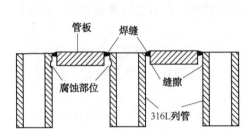

图6-8 冷凝器缝隙腐蚀

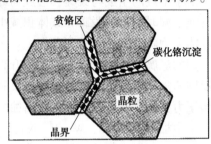

图6-9 不锈钢晶界上碳化物析出

7）晶间腐蚀

晶间腐蚀发生在晶粒边界处，并沿晶粒边缘向深处发展，使晶粒间的连接遭到破坏，降低了金属晶粒间的结合力，显著降低材料的力学性能。发生晶间腐蚀的金属在外形上没有任何变化，但内部晶体的连续性遭到破坏，严重时用锤轻轻敲击就可破碎，甚至碎成粉末。因此，晶间腐蚀是一种极其危险的腐蚀，如不能及早发现，往往会造成灾难性的事故。

不锈钢、铝合金、镁合金、镍基合金都是晶间腐蚀敏感性高的材料。典型实例就是未经稳定化处理的不锈钢焊接接头的晶间腐蚀。因为在焊接过程中，在临近焊缝的区域内温度达到450~850℃，因而在晶粒边界处析出了铬的碳化物，形成贫铬带（图6-9）。如果铬含量降低至钝化所需的极限量（Cr为12%），则贫铬带便处于活化状态，形成晶粒（阴极）—贫铬带（阳极）腐蚀原电池，导致晶界区的腐蚀。

为了防止奥氏体不锈钢的晶间腐蚀，可以在钢中加入Ti和Nb元素，这两种元素都有较好的固定碳的作用，从而使铬的碳化物在晶间难以生成。防止奥氏体不锈钢晶间腐蚀的更有效的方法是采用低碳、超低碳的奥氏体不锈钢。

8）应力腐蚀

应力腐蚀（图6-10）指金属在拉应力和腐蚀性介质联合作用下发生腐蚀裂纹。发生应力腐蚀时，腐蚀与拉应力相互促进。开始时在材料表面形成微裂纹，继而在腐蚀性介质的电化学作用和拉应力的共同作用下微裂纹向材料纵深方向扩展，最后由于拉应力局部集中，裂纹急剧生长导致材料的破坏。应力腐蚀断口呈脆性破坏，断裂面大体上与主拉应力方向垂直，在断口附近常看到许多与主断口平行的裂纹。

一般而言，在正常设计应力值范围内，腐蚀速度并没有明显改变。但是对于某些特定金属，在腐蚀介质和温度组合条件下，就可能发生应力腐蚀破裂。例如低碳钢在浓碱液中的腐

112

蚀(称为碱脆)，奥氏体不锈钢在热浓氯化物溶液中的腐蚀(称为氯脆)等。避免应力腐蚀的方法有：选择对腐蚀介质不敏感的材料；成型和焊接后采用退火热处理，消除残余应力；合理设计与加工，减少局部应力集中。

9) 腐蚀疲劳

腐蚀疲劳(图 6-11)指金属在腐蚀介质及交变应力共同作用下所引起的破坏。开始时在零件表面因腐蚀介质的作用形成腐蚀坑，然后在介质和交变应力作用下，发展为疲劳裂纹，并逐渐扩展直到零件疲劳断裂，断口保持疲劳破坏特征。与应力腐蚀不同，腐蚀疲劳能够出现在任何腐蚀环境中，并不决定于某一特定腐蚀介质和金属材料的组合。例如，汽轮机叶片、水泵零件、船舶螺旋桨轴及腐蚀介质中工作的弹簧等，均会因腐蚀疲劳而被破坏。腐蚀疲劳防护的有效办法有：通过改变设计和正确的热处理以消除或减小拉应力；表面喷丸处理产生拉应力；电镀锌、铬、镍等。

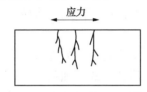 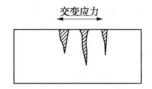

图 6-10　应力腐蚀　　　　　图 6-11　腐蚀疲劳

10) 磨损腐蚀

腐蚀性液体与金属构件以较高的速度做相对运动而引起金属的腐蚀损坏，称为磨损腐蚀，简称磨蚀。磨损腐蚀是机械磨损与介质腐蚀的联合作用造成的，磨损使金属表面保护模破坏，露出的新鲜表面在介质腐蚀下加速溶解，磨损与腐蚀相互促进导致构件的破坏。破坏形态是蚀坑、沟槽，常带有方向性，如图 6-12 所示。与流体接触的设备(如管道系统，特别是弯头、三通等管件)和高速旋转的设备(如搅拌器、泵叶轮、汽轮机叶片等)最容易发生磨损腐蚀破坏。

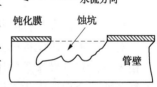

图 6-12　冷凝器内管的湍流腐蚀

流速对金属材料腐蚀的影响很大，只有当流速和流动状态影响到金属表面膜的形成、破坏和修复时，才会发生磨损腐蚀。当液体中含有悬浮固体颗粒或气泡、气体中含有微液滴时，会加剧这种破坏。避免或减缓磨损腐蚀，最有效的办法是设计合理的结构与正确选择材料。此外，采用适当的涂层或阴极保护也能减轻磨损腐蚀。

6.6.3　金属设备的防腐措施

为了防止化工生产设备被腐蚀，除选择合适的耐腐蚀材料制造设备外，还可以采用多种防腐蚀措施。

1) 表面保护覆盖层

在金属表面形成保护性覆盖层，可避免金属与腐蚀介质直接接触，或者利用覆盖层对基体金属的电化学保护或缓蚀作用，达到防止金属腐蚀的目的。

保护性覆盖层分为金属覆盖层和非金属覆盖层两大类。常见的金属覆盖层有电镀法(镀锌、镀铬等)、喷镀法及衬不锈钢衬里等；常用的非金属覆盖层有金属设备内衬非金属衬里(陶瓷、塑料、橡胶、玻璃钢等)和涂防腐涂料。

2）电化学保护

电化学保护就是使金属构件极化到免蚀区或钝化区而得到保护。电化学保护分为阴极保护和阳极保护。

阴极保护是使金属构件作为阴极，通过阴极极化来消除该金属表面的电化学不均匀性，达到保护目的。阴极保护可以通过外加电流法和牺牲阳极法两种方法实现。阴极保护是一种经济而有效的防护措施，其保护效果令人满意，主要用来保护受海水、河水腐蚀的冷却设备和输送管道，如卤化物结晶槽、制盐蒸发设备等。

阳极保护是把被保护设备与外加的直流电阳极相连，使金属表面生成钝化膜而起保护作用。阳极保护只有当金属在介质中能钝化时才能应用，且技术复杂，应用不多。

3）缓蚀剂

缓蚀剂是一些少量加入腐蚀介质中能显著减缓或阻止金属腐蚀的物质。缓蚀剂防护金属的优点在于用量少、见效快、成本较低、使用方便，目前已广泛用于机械、化工、冶金、能源等许多部门。

缓蚀剂种类很多，所加入的缓蚀剂不应该影响化工工艺过程的进行，也不应该影响产品质量。缓蚀剂有明显的选择性，应根据金属和介质选用合适的缓蚀剂。一种缓蚀剂对某种介质能起缓蚀作用，对另一种介质则可能无效，甚至有害。选择缓蚀剂的种类和用量，须根据设备所处的具体操作条件通过试验来确定。缓蚀剂的选用，除了防蚀目的外，还应考虑到工业系统运行的总效果，如冷却水系统要考虑防蚀、防垢、杀菌、冷却效率及运行通畅等。

6.7 化工设备的选材

化学工业是多品种的基础工业，为了适应化工生产的多种需要，化工设备的要求也各不同。对于某种具体设备来说，往往既有温度、压力要求，又有耐腐蚀要求，这些要求有时还互相矛盾，并且操作条件还经常发生变化。这种多样性的操作特点给化工设备选用材料带来了复杂性，合理选用化工设备材料成为化工设备设计的重要环节。

6.7.1 选材要求

在选择材料时，必须根据材料的各种性能及其应用范围，综合考虑具体的操作条件，抓住主要矛盾，遵循适用、安全和经济的原则。选用材料的一般要求是：

① 要有足够的强度、良好的塑性和韧性，对腐蚀性介质具有耐蚀性；

② 便于制造加工，焊接性能良好；

③ 材质可靠，能保证使用寿命；

④ 经济上合算；

⑤ 材料品种应符合我国资源和供应情况，因地制宜，品种应尽量少而集中，以便采购与管理。

6.7.2 选材原则

1）经济性原则

① 厚度<8mm 时，在碳素钢与低合金钢之间，应优先选用碳素钢。在以刚度设计或结构设计为主的场合，也应尽量选用普通碳素钢。

② 在以强度设计为主的场合，应根据材料对压力、温度、介质等的使用限制，依次选用 Q235B、Q235C、Q245R、Q345R、15CrMoR、18MnMoNbR 等钢板（由于 15CrMoR、18MnMoNbR 焊接性能差，焊接工艺要求严格，在较多压力容器焊接接头中发现裂纹，因此，近年来为新钢种 13MnNiMoNbR 和 07MnCrMoVR 所代替）。高压容器应优先选用低合金高、中强度钢。如选用屈服强度级别为 350MPa 和 400MPa 的低合金钢 Q345R 与 15CrMoR，价格与碳素钢相近，但强度比碳素钢（如 Q235B 和 Q245R）大 30%~60%。

③ 所需不锈钢厚度>12mm 时，应尽量采用衬里、复合、堆焊等结构形式；另外，不锈钢应尽量不用作设计温度≤500℃的耐热用钢。

④ 珠光体耐热钢应尽量不用作设计温度≤350℃的耐热用钢。在必须使用其作耐热或抗氢用途时，应尽量减少、合并钢材的品种与规格。

⑤ 温度≥-100℃的低温用钢，应尽可能采用无镍铬铁素体钢，以代替镍铬不锈钢和有色金属；中温（≤500℃）用钢可采用含钼或钒的中、高强度钢，以代替 Cr-Mo 钢。

⑥ 在有强腐蚀介质的情况下，应积极试用无镍铬或少镍铬的新型合金钢。对要求耐大气腐蚀及海水腐蚀场合，应尽量采用我国自己研制的含铜和含磷等钢种，如 16MnCu、15MnVCu、12MnPV 及 10PCuRe、16MnRe、10MnPNbRe 等。

2）材料使用原则

① 碳素钢用于介质腐蚀性不强的常、低压容器，壁厚不大的中压容器，锻件、承压钢管、非受压元件以及其他由刚性和结构因素决定厚度的场合。

② 低合金高强度钢用于介质腐蚀性不强、厚度较大（≥8mm）的受压容器。

③ 珠光体耐热钢用作抗高温氢或硫化氢腐蚀，或设计温度 350~650℃的压力容器用耐热钢。

④ 不锈钢用于介质腐蚀性较强、防铁离子污染场合的耐腐蚀用钢及设计温度>500℃ 或 <-100℃的耐热或低温用钢。

⑤ 不含稳定化元素且碳含量大于 0.03% 的奥氏体不锈钢，需经焊接或 400℃以上热加工时，不应使用于可能引起不锈钢发生晶间腐蚀的环境。

3）温度使用原则

各种钢材都有一定的允许使用温度范围（表 6-12），设计时应根据工艺条件和设备结构所确定的设计温度选择材料。钢材使用温度的下限，除奥氏体不锈钢及另有规定外，均高于 -20℃。钢材的使用温度≤-20℃时，应按规定进行夏比（V 形缺口）低温冲击试验。但奥氏体钢的使用温度≥-196℃时，可免做冲击试验。

表 6-12　各种钢材的设计温度范围

钢材种类		设计温度范围/℃	钢材种类	设计温度范围/℃
非受压容器用碳素钢	沸腾钢	0~250	碳钼钢及锰钼铌钢	~520
	镇静钢	0~350	铬钼低合金钢	~580
压力容器用碳素钢		-19~475	铁素体高合金钢	~500
低合金钢		-40~475	奥氏体高合金钢	-196~700
低温用钢		~-90		

另外，对于腐蚀性介质，要重点考虑材料的耐腐蚀性，常用材料的耐腐蚀性可参考表 6-13。

表 6-13　常用材料在酸碱液介质中的耐腐蚀性

金属材料	硝酸		硫酸		盐酸		氢氧化钠		硫酸铵		硫化氢		尿素		氨	
	c/%	t/℃	c/%	t/℃	c/%	t/℃	c/%	t/℃	c/%	t/℃	c/%	t/℃	c/%	t/℃	c/%	t/℃
灰铸铁	×	×	70~100 (80~100)	20 (70)	×	×	(任)	(480)	×	×			×	×		
高硅铸铁 STSi15R	≥40 <40	≤沸 <70	50~100	<120	(<35)	30	(34)	(100)	耐	耐	潮湿	100	耐	耐	(25)	(沸)
碳钢	×	×	70~100 (80~100)	20 (70)	×	×	≤35 ≥70 100	120 260 480	×	×	80	200	×	×		(70)
18-8 型 不锈钢	<50 (60~80) 95	沸 (沸) 40	80~100 (<10)	<40 (<40)			≤90	100	饱	250		100			溶液 与 气体	100
铝	(80~95) >95	(30) 60	×	×					10	20		100			气	300
铜	×	×	<60 (80~100)	20 (20)	(<27)	(55)	50	35	(10)	(40)					×	×
铅	×	×	<75 (96)	50 (20)	×	×	×	×	(浓)	(110)	干燥气	20			气	300
钛	任	沸	5	35	<10	<40	10	沸					耐	耐		

注：（1）此表中列出的材料耐腐蚀性的一般数据，"任"表示任意浓度，"沸"表示沸点，"饱"表示饱和浓度。

（2）带有"（　）"表示尚耐腐蚀，腐蚀速度为 0.1~1mm/a；不带"（　）"表示耐腐蚀，腐蚀速度为 0.1mm/a 以下；"×"表示不耐腐蚀或不宜用；空白为无数据。

用作设备法兰、管法兰、管件、人(手)孔、液面计等化工设备标准零部件的钢材，应符合有关零部件的国家标准、行业标准对钢材的技术要求。

6.7.3　锅炉和容力容器用钢板

在锅炉和化工压力容器制造中，经常采用专门用途的钢材。锅炉和压力容器用钢都是采用优质碳素钢，且要求钢的质地均匀，无时效倾向，因此选用杂质及有害气体含量较低的低碳镇静钢。锅炉和压力容器用钢有板材和管材。这里主要介绍制造锅炉和压力容器壳体等承压构件的钢板。

GB 713—2014《锅炉和压力容器用钢板》规定了锅炉和压力容器用钢板的订货内容、牌号表示方法、尺寸、外形、重量及允许偏差、技术要求(包括化学成分、力学和工艺性能、制造方法、交货状态、表面质量与超声检测等)、试验方法、检验规则、包装、标志和质量证明书等。标准共包含 12 种钢板，厚度为 3~250mm，适用于锅炉和中常温压力容器的受压元件。

GB 150—2011《压力容器》推荐使用的容器钢板有：①普通低碳钢 Q235B、Q235C；②优质低碳钢 Q245R；③低合金高强度钢 Q345R、12Cr2Mo1R、18MnMoNbR、07MnCrMoVR 等。

6.7.4 选材举例

1) 液氨储罐

储罐内盛装经氨压缩机压缩并被水冷凝下来的液态氨，液氨对大多数材料尚无腐蚀。正常工作温度为-80~40℃，液氨50℃时的饱和蒸汽压为1.973MPa。

根据上述操作条件的分析，该容器属于中压、低温范畴，同时温度和压力有波动。对材料的要求应是耐压、耐低温、且抗压力波动。根据选材原则，应优先选用低合金钢，如Q345R、15CrMoR等材料。

2) 浓硫酸储罐

浓硫酸储罐容积为40m³，间歇操作，通蒸汽清洗。操作温度为常温，压力为常压。

容器选材主要考虑腐蚀和制造因素。耐浓硫酸腐蚀的材料有灰铸铁、高硅铸铁、碳钢、18-8型不锈钢。其中灰铸铁和高硅铸铁质脆，抗拉强度低，不可能铸出40m³的大型设备，故不能选用；18-8型不锈钢各种性能虽好，但价格较高，焊接加工要求较高，考虑经济合理性一般不宜首选；由于储罐为间歇操作，即罐内浓硫酸时有时无，当通蒸汽清洗或空罐或遇到潮湿天气时，罐壁上的酸便吸收水分而变稀，由于碳钢不耐稀硫酸腐蚀，因此碳钢亦不能选用。综合以上分析，可选用碳钢衬里的方案，用碳钢做罐壳以满足机械强度、内部采用衬里(衬瓷砖或衬铅)以解决耐腐蚀问题。

习　题

6-1　试写出下列钢材的品种以及牌号的含义。

Q215A　　Q235AF　　45　　15Mn　12Cr13　15Mn24Al4

Q245R　　Q345R　　16MnDR　15MnNiDR　18MnMoNbR　15CrMoR

06Cr19Ni10　25Cr2MoVA　12Cr18Ni9　　06Cr17Ni12Mo2

022Cr17Ni12Mo2　026Cr18Mn12Si2N　　07Cr17Ni7Al　022Cr25Ni7Mo2N

6-2　试选择制造下列容器的材料。

(1) 氨合成塔外筒，ϕ3000mm。介质：氮、氢、少量氨；设计温度为200℃；设计压力为15MPa。

供选材料：06Cr19Ni10Ti、Q245R、Q235A、18MnMoNbR、15CrMoR、13MnNiMoR

(2) 氯化氢吸收塔。介质为：氯化氢气体、盐酸、水；设计温度为120℃；设计压力为0.2MPa。

供选材料：07Cr19Ni11Ti、铜、铝、硬聚氯乙烯塑料、酚醛树脂漆浸渍的不透性石墨

(3) 溶解乙炔气瓶蒸压釜，ϕ1500mm×15000mm。介质：水蒸气；设计温度为200℃；设计压力为15MPa。

供选材料：Q235A、06Cr19Ni10、Q245R、Q345R、18MnMoNbR、07MnCrMoVR

(4) 高温高压废热锅炉的高温气侧壳体内衬。介质：转化气(H_2、CO_2、N_2、CO、H_2O、CH_4、Ar)；设计温度为1100℃；设计压力为3.14MPa。

供选材料：18MnMoNbR、06Cr13、Q235B、Cr25Ni20、06Cr19Ni10Ti、Cr22Ni14N

第7章　化工设备设计概述

7.1　容器的结构与分类

化工设备尺寸大小不一，形状结构不同，内部构件的形式更是多种多样，但是它有一个外壳，这个外壳叫做容器，它是化工生产所用各种设备外部壳体的总称。尽管化工设备千差万别，但容器设计是所有化工设备设计的基础。

容器一般是由几个壳体(如圆筒壳、圆锥壳、椭球壳等)组合而成，再加上联接法兰、支座、接管、人孔、手孔等零部件，如图7-1所示。

容器的分类方法很多，主要按生产过程原理、容器形状、承压性质、结构材料等方法进行分类。

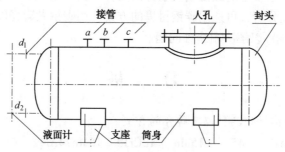

图7-1　压力容器的总体结构

7.1.1　按容器的作用原理

按照设备在生产过程中的作用原理可以分为反应设备、换热设备、分离设备和储运设备四种。

(1) 反应设备

主要是用来完成介质的物理、化学反应的设备。如反应器、发生器、反应釜、聚合釜、分解塔、合成塔、变换炉等。

(2) 换热设备

主要是用来完成介质的热量交换的设备。如热交换器、加热器、冷却器、冷凝器、蒸发器、废热锅炉等。

(3) 分离设备

主要是用来完成介质的流体压力平衡和气体净化分离等的设备。如分离器、过滤器、洗涤器、吸收塔、干燥塔等。

(4) 储运设备

主要是用来盛装生产和生活用的原料气体、液体、液化气体等的设备。如各种储罐、储槽、高位槽、计量槽、槽车等。

7.1.2 按容器形状分类

（1）方形和矩形容器

由平板组焊而成，制造简单，但承压能力差，只用作小型常压储槽。

（2）球形容器

由数块弓形板拼焊而成，承压能力好，但由于安装内件不便和制造稍难，一般多用作储罐。

（3）圆筒形容器

由圆柱形筒体和封头所组成。作为容器主体的圆柱形筒体，制造容易，安装内件方便，而且承压能力较好，因此这类容器应用最广。

7.1.3 按承压性质分类

按承压性质可将容器分为内压容器与外压容器两类。当容器内部介质压力大于外部压力时，称为内压容器；反之称为外压容器。其中，内部压力小于一个绝对大气压（0.1MPa）的外压容器，又叫真空容器。根据表压的大小，内压容器可以分为以下五类：

常压容器：$p < 0.1$ MPa

低压容器：$0.1 \leqslant p < 1.6$ MPa

中压容器：$1.6 \leqslant p < 10$ MPa

高压容器：$10 \leqslant p < 100$ MPa

超高压容器：$p \geqslant 100$MPa

7.1.4 按壁温分类

根据容器的壁温，可分为常温容器、中温容器、高温容器和低温容器，具体按下列条件划分：

（1）常温容器 指壁温在$-20 \sim 200$℃条件下工作的容器。

（2）高温容器 指壁温达到材料蠕变温度工作的容器。

对碳素钢或低合金钢容器，温度超过420℃者；对合金钢（如 Cr-Mo 钢）制容器，温度超过450℃者；对奥氏体不锈钢制容器，温度超过550℃者，均属高温容器。

（3）中温容器 指壁温介于常温和高温之间的容器。

（4）低温容器 指壁温低于-20℃条件下工作的容器。其中，低于$-20 \sim -40$℃者为浅冷容器，低于-40℃者为深冷容器。

7.1.5 按结构材料分类

从制造容器所用的材料来看，容器有金属制和非金属制两类。

金属容器中，目前应用最多的是低碳钢和普通低合金钢制的容器。在腐蚀严重或产品纯度要求高的场合，使用不锈钢、不锈复合钢板或铝、镍、钛等制的容器。在深冷操作中，可用铜或铜合金。而承压不大的塔节或容器，可用铸铁。

非金属材料既可作容器的衬里，又可作独立的构件。常用的有硬聚氯乙烯、玻璃钢、不透性石墨、化工搪瓷、化工陶瓷以及砖、板、花岗岩、橡胶衬里等。

7.1.6 按综合安全管理分类

TSG R0004—2009《固定式压力容器安全技术监察规程》中，根据容器压力的高低、介质的危害程度以及在使用中的重要性，将压力容器分为三类。压力容器类别的划分应当根据介质特性，选择不同的类别划分图，再根据设计压力 p（单位 MPa）和容积 V（单位 L），标出坐标点，确定压力容器类别。其中，盛装第一组介质的压力容器类别的划分见图 7-2(a)，盛装第二组介质的压力容器类别的划分见图 7-2(b)。

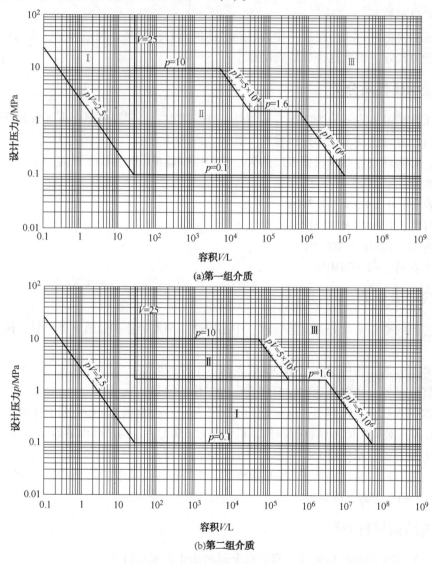

(a)第一组介质

(b)第二组介质

图 7-2 压力容器类别划分图

其中，压力容器的介质包括气体、液化气体以及最高工作温度高于或者等于标准沸点的液体，可以分为两组：毒性程度为极度危害、高度危害的化学介质，易爆介质，液化气体为第一组介质；除第一组以外的介质，为第二类介质。

在上述介质的分组中，介质危害性指压力容器在生产过程中因事故致使介质与人体大量接触，发生爆炸或者因经常泄漏引起职业性慢性危害的严重程度，用介质毒性程度和爆炸危害程度表示。

其中，毒性程度的规定如下：综合考虑急性毒性、最高容许浓度和职业性慢性危害等因素，极度危害最高容许浓度小于 0.1mg/m³；高度危害最高容许浓度 0.1～1.0mg/m³；中度危害最高容许浓度 1.0～10.0mg/m³；轻度危害最高容许浓度大于或者等于 10.0mg/m³。

易爆介质是指气体或者液体的蒸气、薄雾与空气混合形成的爆炸混合物，并且其爆炸下限小于 10%，或者爆炸上限和爆炸下限的差值大于或者等于 20% 的介质。

介质毒性危害程度和爆炸危险程度按照 HG 20660—2000《压力容器中化学介质毒性危害和爆炸危险程度分类》确定，标准中没有规定的介质，由压力容器设计单位参照 GBZ 230—2010《职业性接触毒物危害程度分级》的原则，决定介质组别。

使用图 7-2 确定容器类别时，首先根据介质列表确定选用图 7-2(a) 或者图 7-2(b)，然后根据 p 和 V 确定所处的区域。如果正好处于分界线上，则属于高一类别容器。比如当容器处在 Ⅰ 类和 Ⅱ 类容器的分界线上时，属于 Ⅱ 类容器。

7.2 容器零部件的标准化

7.2.1 标准化的意义

就广义而言，从产品的设计、制造、检验和维修等许多方面来看，标准化是组织现代化生产的重要手段之一。实现标准化，有利于成批生产，缩短生产周期、提高产品质量，降低成本，从而提高产品的竞争能力。标准化为组织专业化生产提供了有利条件。有利于合理地利用国家资源，节省原材料，能够有效地保障人民的安全与健康；采用国际性的标准化，可以消除贸易障碍提高竞争能力。实现标准化可以增加零部件的互换性，有利于设计、制造、安装和检修，提高劳动生产率。我国有关部门已经制定了一系列容器零部件的标准，例如封头、法兰、支座、人孔、手孔和视镜等。

7.2.2 容器零部件标准化的基本参数

容器零部件标准化的基本参数是公称直径 DN 和公称压力 PN。

（1）公称直径

根据 GB/T 9019—2001《压力容器公称直径》的规定，对由钢板卷制的筒体和成形封头来说，公称直径是指它们的内径，常用的公称直径系列见表 7-1；若容器直径较小，筒体可直接采用无缝钢管制作时，此时公称直径是指无缝钢管的外径，见表 7-2。

表 7-1　钢板卷制圆筒或封头的公称直径系列　　　　　　　　　　　　　　　mm

300	350	400	450	500	550	600	650	700	750
800	850	900	950	1000	1100	1200	1300	1400	1500
1600	1700	1800	1900	2000	2100	2200	2300	2400	2500
2600	2700	2800	2900	3000	3100	3200	3300	3400	3500
3600	3700	3800	3900	4000	4100	4200	4300	4400	4500
4600	4700	4800	4900	5000	5100	5200	5300	5400	5500
5600	5700	5800	5900	6000	—	—	—	—	—

表 7-2　无缝钢管做筒体的公称直径系列　　　　　　　　　　　　　mm

159	219	273	325	377	426

对管子来说，公称直径既不是它的内径，也不是外径，而是小于管子外径的一个数值。只要管子的公称直径一定，外径也就确定了。而管子的内径则根据壁厚的不同有多种尺寸，它们大都接近于管子的公称直径。钢管外径包括 A、B 两个系列，A 系列为国际通用系列（俗称英制管），B 系列为国内沿用系列（俗称公制管），其公称直径 DN 和钢管外径按照表 7-3选取。

表 7-3　钢管公称直径和外径　　　　　　　　　　　　　　　　　　mm

公称尺寸 DN		10	15	20	25	32	40	50	65	80
钢管外径	A	17.2	21.3	26.9	33.7	42.4	48.3	60.3	76.1	88.9
	B	14	18	25	32	38	45	57	76	89
公称尺寸 DN		100	125	150	200	250	300	350	400	450	500
钢管外径	A	114.3	139.7	168.3	219.1	273	323.9	355.6	406.4	457	508
	B	108	133	159	219	273	325	377	426	480	530
公称尺寸 DN		600	700	800	900	1000	1200	1400	1600	1800	2000
钢管外径	A	610	711	813	914	1016	1219	1422	1626	1829	2032
	B	630	720	820	920	1020	1220	1420	1620	1820	2020

有些零部件如法兰、支座等的公称直径是指与它相配的筒体、封头或管子的公称直径。例如，$DN200$ 管法兰是指联接公称直径为 200mm 管子的管法兰，$DN1000$ 压力容器法兰是指公称直径为 1000mm 容器筒体和封头用的法兰，$DN2000$ 鞍座是指支撑直径为 2000mm 容器的鞍式支座。

（2）公称压力

在制定零部件标准时，仅有公称直径这一个参数是不够的。因为，即使公称直径相同的筒体、封头或法兰，只要它们的工作压力不相同，那么它们的尺寸也就不会一样。所以还需要将压力容器和管子等零部件所承受的压力，也分成若干个规定的压力等级。这种规定的标准压力等级就是公称压力。不同标准规定的公称压力等级也不相同，如压力容器法兰的公称压力等级为 0.25MPa、0.6MPa、1.0MPa、1.6MPa、2.5MPa、4.0MPa、6.4MPa，而管法兰的公称压力等级为 2.5bar、6bar、10bar、16bar、25bar、40bar、63bar、100bar、160bar。

设计时，如果选用标准零部件，必须将操作温度下的最高工作压力（或设计压力）调整到规定的某一公称压力等级，然后按 PN 和 DN 选定该零部件的尺寸。如果不选用标准零部件，而是进行非标准设计，设计压力就不必符合规定的公称压力。

7.3　压力容器的安全监察

7.3.1　安全监察的重要性

压力容器是生产和生活中广泛使用的、具有爆破危险的一类设备。这类设备有的在高温高压下工作，有的盛装或运输易燃、有毒介质，如果管理不善、使用不当或者设备缺陷扩展，将会发生爆破或泄漏事故。压力容器一旦发生爆破，往往并发火灾和中毒，导致灾难性事故。不但使整个设备遭到破坏，而且将波及周围环境，破坏附近的建筑物和设备，造成严重的人身伤亡及财产损失。即使压力容器发生非灾难性事故，也往往会因其所处生产装置的高度自动化和集成化，使得整套装置因单台设备事故造成连锁停车，带来巨大的经济损失。

鉴于压力容器数量庞大、危险性高以及在经济、社会生活中的重要性，其安全问题历来受到特殊重视。对压力容器实行专门监察和管理的重要性，早已被工业发达国家所认识，也逐渐被我国的工作实践所证明。许多工业国家都将这类设备视作特殊设备，先后设置专门机构负责压力容器的安全监察工作，制定出一系列法规、规范和标准，供从事压力容器的设计、制造、销售、安装、充装、使用、检验、维修和改造等方面的工作人员共同遵循，并监督各部门对规范的执行情况，从而形成了压力容器安全监察或监督管理体制，目的是使压力容器事故控制到最低的程度。

7.3.2 压力容器相关的主要法规和标准

（1）中华人民共和国特种设备安全法

特种设备包括锅炉、压力容器、压力管道、电梯、起重机械、客运索道、大型游乐设施、场（厂）内专用机动车辆等。这些设备一般具有在高压、高温、高空、高速条件下运行的特点，易燃、易爆、易发生高空坠落等，对人身和财产安全有较大危险性。

《中华人民共和国特种设备安全法》自 2014 年 1 月 1 日起施行，该法规突出了特种设备生产、经营、使用单位的安全主体责任，明确规定：在生产环节，生产企业对特种设备的质量负责；在经营环节，销售和出租的特种设备必须符合安全要求，出租人负有对特种设备使用安全管理和维护保养的义务；在事故多发的使用环节，使用单位对特种设备使用安全负责，并负有对特种设备的报废义务，发生事故造成损害的依法承担赔偿责任。

（2）TSG R0004—2009《固定式压力容器安全技术监察规程》

国家质量监督检验检疫总局于 2009 年 8 月正式颁布了《固定式压力容器安全技术监察规程》，该规程于 2009 年 12 月 1 日正式实施。

该规程体现了法规是安全基本要求的思想，在设计、制造、安装维修改造、使用、检验等方面提出基本安全要求，并且不涉及与产品有关的技术细节。与当前节能减排降耗的基本国策相结合，提出有关的基本要求，如安全系数调整、热交换器热效率、保温保冷要求、定期检验耐压试验问题等。力争解决压力容器分类问题，引入危险性、失效模式的概念，从单一理念上对压力容器进行分类监管，突出本质安全思想。与科技工作协调，考虑吸收先进科技成果，引入风险评估 RBI 检验技术、无损检测 TOFD 方法、缺陷评定方法等成熟科技成果。该规程适用于同时具备下列条件的压力容器：

① 工作压力大于或者等于 0.1MPa；

② 工作压力与容积的乘积大于或者等于 2.5MPa·L；

③ 盛装介质为气体、液化气体以及介质最高工作温度高于或者等于其标准沸点的液体。

（3）GB 150.1~4—2011《压力容器》

GB 150—2011 是中国压力容器的核心技术标准，适用于设计温度−253~800℃、设计压力不大于 35MPa 的压力容器。该标准可供压力容器设计、制造、检验、使用、维护和监管部门的专业技术人员使用。其设计规则和通用制造要求同样适用于换热器、塔式容器、卧式容器、球形储罐以及其他金属容器。

该标准收入了 GB 150.1—2011《压力容器 第 1 部分：通用要求》、GB 150.2—2011《压

力容器 第 2 部分：材料》、GB 150.3—2011《压力容器 第 3 部分：设计》、GB 150.4—2011《压力容器 第 4 部分：制造、检验和验收》四项标准，内容涵盖压力容器的金属制压力容器材料、设计、制造、检验和验收的通用要求；压力容器受压元件用钢材允许使用的钢号及其标准，钢材的附加技术要求，钢材的使用范围(温度和压力)和许用应力；压力容器基本受压元件的设计要求；钢制压力容器的制造、检验与验收要求。

7.4 容器机械设计的基本要求

容器的总体尺寸(工艺尺寸)一般是根据工艺生产要求，通过化工工艺计算和生产经验决定的。当设备的工艺尺寸初步确定以后，就须进行零部件的结构和强度设计。对于容器零部件机械设计，应满足如下要求：

（1）强度

强度就是容器抵抗外力破坏的能力。容器应有足够的强度，保证安全生产。

（2）刚度

刚度是指构件抵抗外力使其发生变形的能力。容器及其构件必须有足够的刚度，以防止在使用、运输或安装过程中发生不允许的变形。

（3）稳定性

稳定性是指容器或构件在外力作用下维持其原有形状的能力。承受压力的容器或构件，必须保证足够的稳定性，以防止被压瘪或出现折皱。

（4）耐久性

化工设备的耐久性是根据所要求的使用年限来决定的。化工设备的设计使用年限一般为10~15 年，但实际使用年限往往超过这个数字，其耐久性大多取决于设备的腐蚀状况，在某些特殊情况下还决定于设备的疲劳、蠕变或振动等。为了保证设备的耐久性，必须选择适当的材料，使其能耐所处理介质的腐蚀，或采用必要的防腐蚀措施以及正确的施工方法。

（5）密封性

化工设备的密封性是一个十分重要的问题。设备密封的可靠性是安全生产的重要保证之一，因为化工厂中所处理的物料中很多是易燃、易爆或有毒的，设备内的物料如果泄漏出来，不但会造成生产上的损失，更重要的是会使操作人员中毒，甚至引起爆炸；如果空气进入负压设备，亦会影响工艺过程的进行或引起爆炸事故。因此，化工设备必须具有可靠的密封性，以保证安全和创造良好的劳动环境以及维持正常的操作条件。

（6）节省材料和便于制造

化工设备应在结构上保证尽可能降低材料消耗，尤其是贵重材料的消耗。同时，在考虑结构时应使其便于制造，能保证质量。应尽量减少或避免复杂的加工工序，并尽量减少加工量。在设计时应尽量采用标准设计和标准零部件。

（7）方便操作和便于运输

化工设备的结构还应当考虑到操作方便。同时还要考虑到安装、维护、检修方便。在化工设备的尺寸和形状上还应考虑到运输的方便和可能性。

（8）技术经济指标合理

化工设备的主要技术经济指标包括单位生产能力、消耗系数、设备价格、管理费用和产品总成本等五项内容。单位生产能力是指化工设备每单位体积、单位重量或单位面积在单位时间内所能完成的生产任务。一般来说，单位生产能力越高越好。

习　题

7-1　指出下列压力容器温度与压力分级范围。

温度分级	温度范围/℃	压力分级	压力范围/MPa
常温容器		低压容器	
中温容器		中压容器	
高温容器		高压容器	
低温容器		超高压容器	
浅冷容器		真空容器	
深冷容器		外压容器	

7-2　从安全管理的角度对下列容器进行分类。

序　号	容器(设备)及条件	类别
1	容积为 10 m³，设计压力为 10MPa 的管壳式余热锅炉	
2	设计压力为 0.6MPa，容积为 1m³ 的氯化氢气体储罐	
3	设计压力为 2.16MPa，容积为 20 m³ 的液氨储罐	
4	压力 10MPa，容积为 800L 的乙烯储罐	
5	压力为 4MPa，体积为 1m³ 的极度危害介质的容器	
6	容积为 10m³，设计压力为 0.6MPa，介质为非易燃和无毒的换热器	

7-3　写出下列无缝钢管的公称直径 DN。

规格	$\phi14\times3$	$\phi25\times3$	$\phi45\times3.5$	$\phi57\times3.5$	$\phi108\times4$
DN/mm					

第8章 薄壁容器的应力分析

压力容器壳体可分为薄壁壳体和厚壁壳体，其中薄壁壳体是指厚度与直径相比很小的壳体，对于圆筒形壳体，若圆筒的厚度与内径之比 $\delta/D_i \leqslant 0.2$（或外径与内径之比 $K = D_o/D_i \leqslant 1.2$），称为薄壁圆筒，反之，则称为厚壁圆筒。大多数中低压容器都属于薄壁壳体，这些薄壁壳体在气压或液压作用下将产生何种应力，有怎样的分布规律？为此，本章首先简要介绍回转薄壁壳体的几何特性，然后利用无力矩理论对回转薄壁壳体的薄膜应力进行分析，最后对回转薄壁壳体中的边缘应力进行简要的介绍。

8.1 内压薄壁圆筒的应力分析——薄膜理论

8.1.1 基本概念与基本假设

1）基本概念

工程中所用的化工设备除圆筒形容器之外还有球形、锥形、椭球形容器或它们的形状组合。这些容器虽形状各异，但大多数都属回转壳体。要想推导回转壳体应力的一般计算公式，必须了解回转壳体的相关基本概念。

（1）中间面 中间面是与壳体内外表面等距离的中曲面，内外表面间的法向距离即为壳体壁厚。

（2）回转壳体 壳体的中间面是直线或平面曲线绕其同平面内的固定轴线旋转360°而成的壳体。平面曲线形状不同，所得到的回转壳体形状也不同，如图8-1所示。对于薄壁壳体，可以用中间面来表示它的几何特性。

（3）轴对称 轴对称是指壳体的几何形状、约束条件和所受外力均对称于回转轴。压力容器通常都属于轴对称问题。

（4）母线 回转壳体的中间面是由平面曲线绕回转轴旋转一周而成的，形成中间面的平面曲线称为母线，即图8-2中的 AB 曲线。

（5）经线 过回转轴作一纵截面与壳体中间面相交所得的交线叫做经线，即图8-2中的 AB' 曲线。经线与母线的形状是完全相同的。

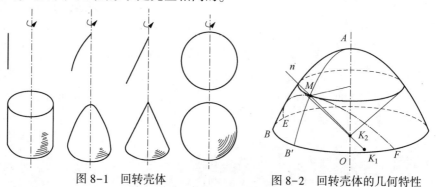

图 8-1 回转壳体   图 8-2 回转壳体的几何特性

（6）法线　过经线上任意一点 M 垂直于中间面的直线，称为中间面在该点的法线。法线的延长线必与回转轴相交。

（7）纬线　作圆锥面与壳体中间面正交，得到的交线叫做纬线；过纬线上一点 M 作垂直于回转轴的平面与中间面相割形成的圆称为平行圆，显然平行圆即是纬线。

（8）第一曲率半径　中间面上任一点 M 处经线的曲率半径叫做该点的第一曲率半径，$R_1 = MK_1$。

（9）第二曲率半径　过经线上一点 M 的法线作垂直于经线的平面与中间面相割形成的曲线 EMF，此曲线在 M 点处的曲率半径称为该点的第二曲率半径 R_2。由微分学可知，第二曲率半径的中心 K_2 落在回转轴上，$R_2 = MK_2$。

2）基本假设

这里讨论的内容都是假定壳体是完全弹性的，即材料具有连续性、均匀性和各向同性。此外，薄壁壳体还常采用以下几点假设使问题简化：

（1）小位移假设　壳体受力以后，各点的位移都远小于壁厚。壳体变形后可以用变形前的尺寸来代替。变形分析中的高阶微量可以忽略不计。

（2）直法线假设　壳体在变形前垂直于中间面的直线段，在变形后仍保持直线，并垂直于变形后的中间面。变形前后的法向线段长度不变，沿厚度各点的法向位移均相同，变形前后壳体壁厚不变。

（3）不挤压假设　壳体各层纤维变形前后相互不挤压。壳壁法向（半径方向）的应力与壳壁其他应力分量比较是可以忽略的微小量，其结果就变为平面问题。这一假设只适用于薄壁壳体。

8.1.2　经向应力计算公式——区域平衡方程式

求经向应力时，采用的假想截面不是垂直于轴线的横截面，而是与壳体正交的圆锥面。为了求得纬线上某点的经向应力，必须以该纬线为锥底作一圆锥面，其顶点在壳体轴线上，圆锥面的母线长度即是所求点的第二曲率半径 R_2，如图 8-3 所示。圆锥面将壳体分成两部分，现取其下部分（图 8-4）作分离体，分析其所受的外载荷和内力大小，并建立静力平衡方程式。

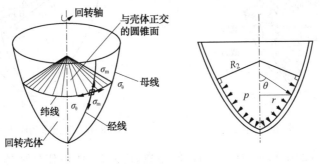

图 8-3　回转壳体上的主要应力

作用在分离体上外力在轴向的合力 P_z 为

$$P_z = \frac{\pi}{4} D^2 p$$

截面上应力的合力在 Z 轴上的投影 N_z 为

$$N_z = \sigma_m \cdot \pi D\delta \cdot \sin\theta$$

由 Z 向平衡条件 $\sum F_z = 0$，得 $P_z - N_z = 0$，即

$$\frac{\pi}{4}D^2 p - \sigma_m \pi D\delta\sin\theta = 0$$

由图可知：$R_2 = \dfrac{D}{2\sin\theta}$，即 $D = 2R_2\sin\theta$ 代入上式，得

$$\sigma_m = \frac{pR_2}{2\delta} \qquad\qquad (8-1)$$

上式为回转壳体在任意纬线上经向应力的一般计算公式，即区域平衡方程式。

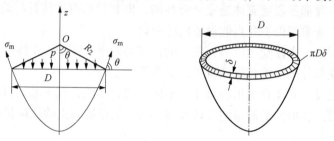

图 8-4　回转壳体上的经向应力分析

8.1.3　环向应力计算公式——微体平衡方程式

回转壳体的环向应力可以用微元体的平衡来求得。微小单元体的取法如图 8-5 所示，由三对曲面截取而得：一是壳体的内外表面；二是两个相邻的、通过壳体轴线的经线平面；三是两个相邻的、与壳体正交的圆锥面。

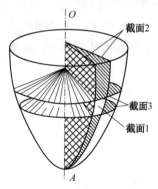

图 8-5　微元体的取法

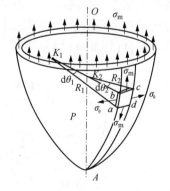

图 8-6　微元体的应力及几何参数

图 8-6 是所截取的微元体的应力和几何参数。将微元体取作分离体，其空间受力情况如图 8-7 所示。在微单元体的上下面上作用有经向应力 σ_m；内表面已知有内压 p 作用，外表面不受力；两个与纵截面相应的面上作用有环向应力 σ_θ。

此处要考虑微元体在其法线方向的平衡，故所有的外载和内力的合力都取沿微元体法线方向的分量。通过微元体法线方向的内力和外力的平衡，求解环向应力 σ_θ。

内压 p 在微元体 abcd 面积上产生的外力沿法线 n 的合力 P_n 为

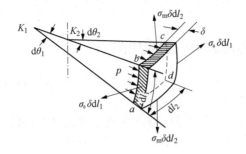

图 8-7　微元体受力分析

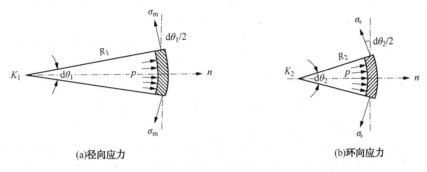

(a)径向应力　　　　　　　　　　　　(b)环向应力

图 8-8　微元体截面上的应力

$$P_n = p \mathrm{d}l_1 \cdot \mathrm{d}l_2$$

如图 8-8(a)所示，微元体经向应力 σ_m 的合力在法线方向的分量 N_{mn} 为

$$N_{mn} = 2\sigma_m \delta \mathrm{d}l_2 \cdot \sin\frac{\mathrm{d}\theta_1}{2}$$

如图 8-8(b)所示，微元体环向应力 σ_θ 的合力在法线方向的分量 $N_{\theta n}$ 为

$$N_{\theta n} = 2\sigma_\theta \delta \mathrm{d}l_1 \cdot \sin\frac{\mathrm{d}\theta_2}{2}$$

由法线 n 方向力的平衡条件 $\sum F_n = 0$，得 $p_n - N_{mn} - N_{\theta n} = 0$

$$p \mathrm{d}l_1 \cdot \mathrm{d}l_2 - 2\sigma_m \delta \mathrm{d}l_2 \cdot \sin(\frac{\mathrm{d}\theta_1}{2}) - 2\sigma_\theta \delta \mathrm{d}l_1 \cdot \sin(\frac{\mathrm{d}\theta_2}{2}) = 0$$

因 $\mathrm{d}\theta_1$ 及 $\mathrm{d}\theta_2$ 为小量，所以有

$$\sin\left(\frac{\mathrm{d}\theta_1}{2}\right) \approx \frac{\mathrm{d}\theta_1}{2} = \frac{1}{2}\frac{\mathrm{d}l_1}{R_1} \qquad\qquad \sin\left(\frac{\mathrm{d}\theta_2}{2}\right) \approx \frac{\mathrm{d}\theta_2}{2} = \frac{1}{2}\frac{\mathrm{d}l_2}{R_2}$$

代入平衡方程式，并对各项都除以 $\delta \mathrm{d}l_1 \mathrm{d}l_2$，整理得

$$\frac{\sigma_m}{R_1} + \frac{\sigma_\theta}{R_2} = \frac{p}{\delta} \tag{8-2}$$

上式即回转壳体在气体压力 p 作用下环向应力的计算公式，即微体平衡方程式。

应当指出，上述推导和分析的前提是应力沿壁厚方向均匀分布，这种情况只有当器壁较薄以及离边缘区域稍远处才是正确的。这种应力与承受内压的薄膜非常相似，称之为薄膜理论或无力矩理论。

8.1.4 轴对称回转壳体薄膜理论的应用范围

薄膜理论除适用于没有(或不大的)弯曲变形情况下的轴对称回转薄壁壳体外，还应满足下列条件：

① 回转壳体曲面在几何上是轴对称的，壳壁厚度无突变；曲率半径是连续变化的，材料是各向同性的，且物理性能(主要是 E 和 μ)应当是相同的。

② 载荷在壳体曲面上的分布是轴对称和连续的，没有突变。因此，壳体上任何有集中力作用处或壳体边缘处存在着边缘力和边缘力矩时，都将不可避免地有弯曲变形发生，薄膜理论在这些地方就不能应用。

③ 壳体边界的固定形式应该是自由支承的。否则壳体边界上的变形将受到约束，在载荷作用下势必引起弯曲变形和弯曲应力，不再保持无力矩状态。

④ 壳体的边界力应当在壳体曲面的切平面内，要求在边界上无横剪力和弯矩。

薄壁无力矩应力状态的存在，必须满足壳体是轴对称的，即几何形状、材料、载荷的对称性和连续性，同时需保证壳体应具有自由边缘，当这些条件之一不能满足时，就不能应用无力矩理论去分析发生弯曲时的应力状态。但是远离局部区域(如壳体的连接边缘、载荷变化的分界面、容器的支座附近与开孔接管处等)以外的地方，无力矩理论仍然有效。

8.2 薄膜理论的应用

8.2.1 受气体内压的圆筒形壳体

图 8-9 为一承受气体内压 p 作用的圆筒形容器。已知圆筒的平均直径为 D，壁厚为 δ，试求圆筒上任一点 A 处的经向应力和环向应力。

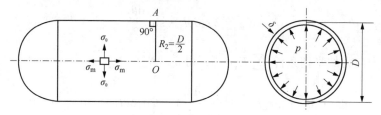

图 8-9 圆筒形壳体

根据薄膜理论公式 $\sigma_\mathrm{m} = \dfrac{pR_2}{2\delta}$ 及 $\dfrac{\sigma_\mathrm{m}}{R_1} + \dfrac{\sigma_\theta}{R_2} = \dfrac{p}{\delta}$，要想求其两向应力 σ_m 和 σ_θ，只需确定圆筒体上 A 点的第一、第二曲率半径 R_1 和 R_2。

对圆筒形壳体而言，由于其经线为直线，故有 $R_1 = \infty$，$R_2 = D/2$，代入薄膜理论公式可得

$$\sigma_\mathrm{m} = \frac{pD}{4\delta} \qquad \sigma_\theta = \frac{pD}{2\delta} \tag{8-3}$$

薄壁圆筒承受气体内压时，其环向应力为轴向应力的 2 倍，当薄壁圆筒因为超压爆破时会出现平行于轴向的断口(图 8-10)。因此，在圆筒上开设椭圆形孔时，应使椭圆孔之短轴

平行于筒体的轴线，以尽量减小纵截面的削弱程度，从而使环向应力增加少一些，如图 8-11 所示。

图 8-10　薄壁圆筒超压爆破的断口形貌

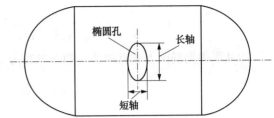

图 8-11　薄壁圆筒上开设椭圆孔的有利条件

8.2.2　受气体内压的球形壳体

化工设备中的球罐以及某些容器中的球形封头均属球壳。球形封头可视为半球壳，其中的应力除与其他部件(如圆筒)连接处外，与球壳完全一样。

图 8-12 为一球形壳体，已知其平均直径为 D，壁厚为 δ，气体内压力为 p。对于球壳，其曲面在任意点 A 处的第一曲率半径与第二曲率半径均等于球壳之半径，即 $R_1 = R_2 = D/2$，代入薄膜理论公式可得

$$\sigma_{\mathrm{m}} = \sigma_{\theta} = \frac{pD}{4\delta} \tag{8-4}$$

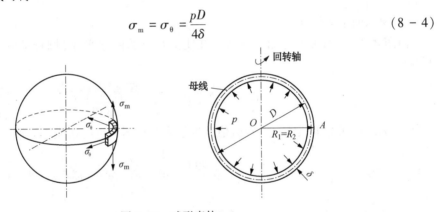

图 8-12　球形壳体

球壳的几何特点是中心对称，应力分布有两个特点：一是各处的应力均相等，二是经向应力与环向应力相等。与圆筒壳的环向应力相比，相同的内压 p 作用下，球壳的环向应力要比同直径、同壁厚的圆筒壳小一半，这是球壳的又一特点，也是球壳受力上显著的优点。

8.2.3　受气体内压的椭球壳(椭圆形封头)

工程上的椭球壳主要是椭圆形封头，它是由 1/4 椭圆曲线绕固定轴旋转而成。椭球壳上的应力，同样可以应用薄膜理论公式求得。主要的问题是确定椭球壳上任意一点的第一和第二曲率半径 R_1 和 R_2。

1) 第一曲率半径 R_1

一般曲线 $y = f(x)$ 上任意一点的曲率半径公式为

$$R_1 = \left| \frac{[1 + (y')^2]^{3/2}}{y''} \right|$$

由椭圆曲线方程 $\dfrac{x^2}{a^2} + \dfrac{y^2}{b^2} = 1$ 得

$$y' = -\frac{b^2 x}{a^2 y} = -\frac{bx}{a\sqrt{(a^2 - x^2)}} \qquad y'' = -\frac{b^4}{a^2 y^3} = -\frac{ab}{a\sqrt{(a^2 - x^2)^3}}$$

从而得出椭圆上某点的第一曲率半径为

$$R_1 = \frac{1}{a^4 b}\left[a^4 - x^2(a^2 - b^2)\right]^{3/2} \tag{8-5}$$

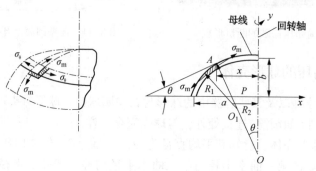

图 8-13　椭球形壳体

2）第二曲率半径 R_2

由图 8-13 几何关系可知，椭球壳纬线上某点的曲率半径（圆锥面的母线），可由下式求得

$$R_2 = \sqrt{x^2 + l^2} = \sqrt{x^2 + \left(\frac{x}{\tan\theta}\right)^2}$$

式中，θ 为圆锥面的半顶角，它在数值上等于椭圆在同一点的切线与 x 轴的夹角。因而有

$$\tan\theta = \frac{\mathrm{d}y}{\mathrm{d}x} = y'$$

所以

$$R_2 = \sqrt{x^2 + \left(\frac{x}{y'}\right)^2} = \frac{1}{b}\left[a^4 - x^2(a^2 - b^2)\right]^{1/2} \tag{8-6}$$

3）应力计算公式

将 R_1、R_2 代入薄膜应力方程，即可求得椭球壳上任一点的应力

$$\sigma_{\mathrm{m}} = \frac{p}{2\delta b}\sqrt{a^4 - x^2(a^2 - b^2)} \tag{8-7}$$

$$\sigma_{\theta} = \frac{p}{2\delta b}\sqrt{a^4 - x^2(a^2 - b^2)}\left[2 - \frac{a^4}{a^4 - x^2(a^2 - b^2)}\right] \tag{8-8}$$

4）椭圆形封头上的应力分布

椭圆壳体的极点位置 $x = 0$ 处：$\sigma_{\mathrm{m}} = \sigma_{\theta} = \dfrac{pa}{2\delta}\left(\dfrac{a}{b}\right)$

椭圆壳体的赤道位置 $x = a$ 处：$\sigma_{\mathrm{m}} = \dfrac{pa}{2\delta}$，$\sigma_{\theta} = \dfrac{pa}{2\delta}\left(2 - \dfrac{a^2}{b^2}\right)$

分析上式可得下列结论：

① 椭圆封头的中心位置 $x=0$ 处，经向应力和环向应力相等即：$\sigma_m = \sigma_\theta$；

② 经向应力 σ_m 恒为正值，即为拉应力，且最大值在 $x=0$ 处，最小值在 $x=a$ 处；

③ 环向应力 σ_θ，在 $x=0$ 处，$\sigma_\theta > 0$；在 $x=a$ 处有三种情况（图 8-14）。

a. 如果 $[2-(a/b)^2] > 0$，即 $a/b < \sqrt{2}$，$\sigma_\theta > 0$；

b. 如果 $[2-(a/b)^2] = 0$，即 $a/b = \sqrt{2}$，$\sigma_\theta = 0$；

c. 如果 $[2-(a/b)^2] < 0$，即 $a/b > \sqrt{2}$，$\sigma_\theta < 0$。

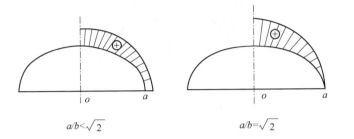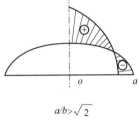

图 8-14　椭圆封头的环向应力分布

④ 标准椭圆封头（$a/b=2$）。在椭圆壳体的赤道位置 $x=0$ 处，$\sigma_m = \sigma_\theta = \dfrac{pa}{\delta}$；在椭圆壳体的极点位置 $x=a$ 处，$\sigma_m = \dfrac{pa}{2\delta}$，$\sigma_\theta = -\dfrac{pa}{\delta}$，其应力分布如图 8-15 所示。

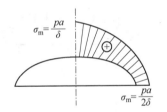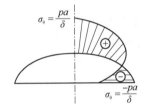

图 8-15　标准椭圆封头的应力分布

8.2.4　受气体内压的锥形壳体

单纯的锥形容器在工程上是少见的，锥形壳一般都是用以作为容器的变径过渡段，或作为容器下封头，以方便固体或粘性物料的卸出和收集。

图 8-16 所示为一锥形壳，其受均匀气体内压 p 作用。已知其壁厚为 δ，半锥角为 α。

任一点 A 处的第一曲率半径和第二曲率半径分别为 $R_1 = \infty$，$R_2 = r/\cos\alpha$。其中 r 为所求应力点 A 到回转轴的垂直距离。代入到薄膜理论公式可得

$$\sigma_m = \frac{pr}{2\delta} \cdot \frac{1}{\cos\alpha} \qquad (8-9)$$

$$\sigma_\theta = \frac{pr}{\delta} \cdot \frac{1}{\cos\alpha} \qquad (8-10)$$

因此，锥形壳中的应力随着 r 的增加而增加，在锥底处应力最大，而在锥顶处应力为零，锥壳中的应力，随半锥角 α 的增大而增大，如图 8-17 可知。在锥底处，r 等于与之相连的圆柱壳直径的一半，即 $r=D/2$，将其代入上述两式，得到锥底各点的应力为

$$\sigma_m = \frac{pD}{4\delta} \cdot \frac{1}{\cos\alpha} \qquad (8-11)$$

$$\sigma_\theta = \frac{pD}{2\delta} \cdot \frac{1}{\cos\alpha} \qquad (8-12)$$

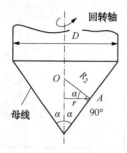

图 8-16　圆锥壳体

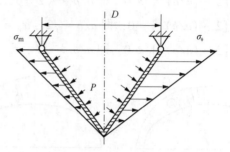

图 8-17　锥形封头的应力分布

8.2.5　受气体内压的碟形封头

碟形封头是由三部分经线曲率不同的壳体组成：$b-b$ 段是半径为 R 的球壳；$a-c$ 段是半径为 r 的圆筒；$a-b$ 段是联接球顶与圆筒的折边，是过渡半径为 r_1 的圆弧段。因此应分别用薄膜理论求出各段壳体中的薄膜应力。

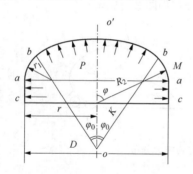

图 8-18　碟形封头

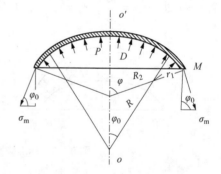

图 8-19　碟形封头过渡段的经向应力

（1）球顶部分　　$\sigma_m = \sigma_\theta = \frac{pR}{2\delta}$

（2）圆筒部分　　$\sigma_m = \frac{pD}{4\delta}$，$\sigma_\theta = \frac{pD}{2\delta}$

（3）折边部分　　$R_1 = r_1$，R_2 是个变量。由薄膜应力公式可得

$$\sigma_m = \frac{pR_2}{2\delta}, \ \sigma_\theta = \frac{pR_2}{2\delta}\left(2 - \frac{R_2}{r_1}\right) \qquad (8-13)$$

由图 8-19 可知，R_2 随 φ 角的变化而变化，由下式求得

$$R_2 = r_1 + \frac{r - r_1}{\sin\varphi} = r_1 + \frac{D/2 - r_1}{\sin\varphi} \qquad (8-14)$$

将上式代入式（8-13）可得其薄膜应力为

$$\sigma_m = \frac{p}{2\delta}\left(r_1 + \frac{D/2 - r_1}{\sin\varphi}\right) \qquad (8-15)$$

$$\sigma_\theta = \frac{p}{2\delta}\left(r_1 + \frac{D/2 - r_1}{\sin\varphi}\right)\left(1 - \frac{D/2 - r_1}{r_1\sin\varphi}\right) \tag{8-16}$$

所以，在碟形封头过渡圆弧部分的经向应力 σ_m 连续变化，而环向应力是突跃式变化且是压应力，如图 8-20 所示。

在 $R_2 = R$ 处：

$$\sigma_m = \frac{pR}{2\delta}, \quad \sigma_\theta = \frac{pR}{2\delta}\left(2 - \frac{R}{r_1}\right) \tag{8-17}$$

在 $R_2 = r$ 处：

$$\sigma_m = \frac{pr}{2\delta}, \quad \sigma_\theta = \frac{pr}{2\delta}\left(2 - \frac{r}{r_1}\right) \tag{8-18}$$

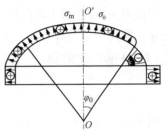

图 8-20　碟形封头的应力分布

8.2.6　承受液体内压作用的圆筒壳

1）沿底部边线支承的圆筒

如图 8-21 所示，圆筒壁上各点所受的液体压力（静压），随液体深度而变，离液面越远，液体静压越大。p_0 为液体表面上的气压，则筒壁上任一点的压力为

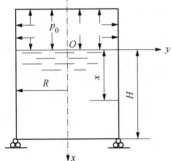

图 8-21　沿底部边线支承的圆筒

$$p = p_0 + \gamma x$$

把上式代入薄膜应力公式 $\dfrac{\sigma_m}{R_1} + \dfrac{\sigma_\theta}{R_2} = \dfrac{p}{\delta}$ 得

$$\frac{\sigma_m}{\infty} + \frac{\sigma_\theta}{R} = \frac{p_0 + \gamma x}{\delta}$$

故环向应力为

$$\sigma_\theta = \frac{(p_0 + \gamma x) \cdot R}{\delta} = \frac{(p_0 + \gamma x) \cdot D}{2\delta} \tag{8-19}$$

对底部支承来说，液体重量由支承直接传给基础，圆筒壳不受轴向力，故筒壁中因液体引起的经向应力为零，只有气压引起的经向应力，即

$$\sigma_m = \frac{p_0 R}{2\delta} = \frac{p_0 D}{4\delta} \tag{8-20}$$

若容器上方是开口的，或无气体压力时，即 $p_0 = 0$，则 $\sigma_m = 0$。

2）沿顶部边缘支承的圆筒

图 8-22 为沿上部边缘吊挂的薄壁圆筒，液体表面上的气压为 p_0。距离液面 x 处某点的液体压力为 $p = p_0 + \gamma x$，可知

$$\frac{\sigma_m}{\infty} + \frac{\sigma_\theta}{R} = \frac{p_0 + \gamma x}{\delta}$$

故环向应力为

$$\sigma_\theta = \frac{(p_0 + \gamma x) \cdot R}{\delta} = \frac{(p_0 + \gamma x) \cdot D}{2\delta}$$

最大环向应力在 $x = H$ 处

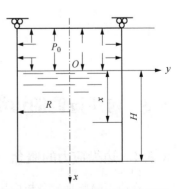

图 8-22　沿顶部边缘支承的圆筒

$$\sigma_{\theta max} = \frac{(p_0 + \gamma H) \cdot R}{\delta} = \frac{(p_0 + \gamma H) \cdot D}{2\delta}$$

经向应力 σ_m 作用于圆筒任何横截面上的轴向应力均为液体总重量引起，作用于底部液体重量经筒体传给悬挂支座，其大小为 $\pi R^2 \cdot (p_0 + \gamma H)$，列轴向力平衡方程式：$2\pi R\delta \cdot \sigma_m = \pi R^2 \cdot (p_0 + \gamma H)$，解得

$$\sigma_m = \frac{(p_0 + \gamma H) \cdot R}{2\delta} = \frac{(p_0 + \gamma H) \cdot D}{4\delta} = 常数$$

例 8-1 有一外径为 219mm 的氧气瓶，最小厚度 $\delta = 6.5mm$，材质为 40Mn2A，工作压力为 15MPa，试求氧气瓶筒壁内的应力。

解 氧气瓶筒体平均直径为 $\qquad D = D_o - \delta = 212.5mm$

经向应力 $\qquad \sigma_m = \frac{pD}{4\delta} = 122.6 \ MPa$

环向应力 $\qquad \sigma_\theta = \frac{pD}{2\delta} = 245.2 \ MPa$

例 8-2 求图 8-23(a)所示中间支承的敞口立式圆筒的筒壁应力。

解 ① 环向应力。筒壁所受液体侧向压力为 $p = \gamma x$，解得

$$\sigma_\theta = \frac{\gamma x D}{2\delta}$$

② 经向应力。支承点以上，圆筒相当于底部支承 $\sigma_m = 0$；支承点以下，圆筒相当于顶部支承 $\sigma_m = \frac{\gamma H D}{4\delta}$。两向应力沿圆筒高度方向分布如图 8-23(b)所示。

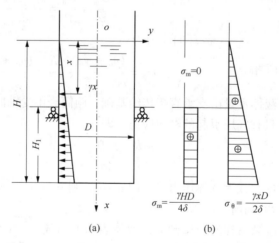

图 8-23 敞口立式圆筒

8.3 内压圆筒的边缘应力

8.3.1 边缘应力的概念

在应用薄膜理论分析内压圆筒的变形与应力时，忽略了两种变形与应力：

（1）圆周方向的变形与弯曲应力

圆筒受内压直径增大时，筒壁金属的环向"纤维"不但被拉伸了，且曲率半径由原来的 R 变到 $R+\Delta R$，如图 8-24 所示。根据力学知识可知，有曲率变化就有弯曲应力。所以在内压圆筒壁的纵向截面上，除环向拉应力外，还存在着弯曲应力。由于这一应力数值相对很小，可以忽略不计。

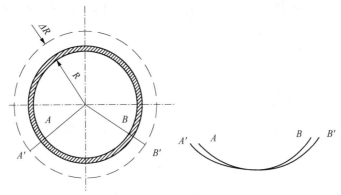

图 8-24　内压圆筒的环向弯曲变形

（2）连接边缘区的变形与应力

所谓连接边缘（图 8-25）是指壳体一部分与另一部分相连接的边缘，通常是对连接处的平行圆而言，例如圆筒与封头、圆筒与法兰、不同厚度或不同材料的筒节、裙式支座与直立壳体相连接处的平行圆等。此外，当壳体经线曲率有突变或载荷沿轴向有突变的接界平行圆，亦应视作连接边缘。

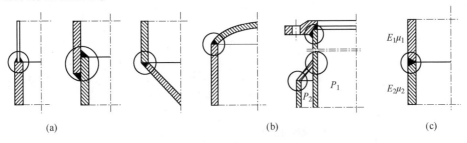

图 8-25　连接边缘

圆筒形容器受内压之后，由于封头刚性大，不易变形，而筒体刚性小，容易变形，连接处二者变形大小不同，即圆筒半径的增长值大于封头半径的增长值，如图 8-26（a）左侧虚线所示。如果让其自由变形，必因两部分的位移不同而出现边界分离现象，这显然与实际情况不符。实际上由于边缘联接并非自由，必然发生如图 8-26（a）右侧虚线所示的边缘弯曲现象，伴随这种弯曲变形，也要产生弯曲应力。因此，连接边缘附近的横截面内，除作用有轴（经）向拉伸应力外，还存在着轴（经）向弯曲应力，这就势必改变了无力矩应力状态，用无力矩理论就无法求解。

分析这种边缘弯曲的应力状态，可以将边缘弯曲现象看作是附加边缘力和弯矩作用的结果，如图 8-26（b）所示。即壳体两部分受薄膜应力后出现边界分离，只有加上边缘力和弯曲使之协调，才能满足边缘连接的连续性。因此，连接边缘处的应力就特别大。如果这种有力矩的应力状态确定，就可以简单地将薄膜应力与边缘弯曲应力叠加。

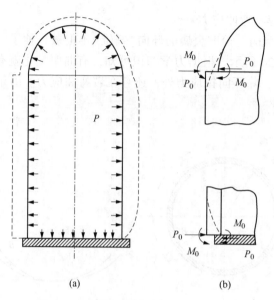

(a)   (b)

图 8-26   连接边缘的变形——边缘弯曲

8.3.2   边缘应力的特点

有一内径为 $D_i = 1000mm$，壁厚 $\delta = 10mm$ 的钢制内压圆筒，其一端为平板封头，且封头厚度远远大于筒体壁厚，内压为 $p = 1.0MPa$。经理论计算和实测，其内、外壁轴向应力（薄膜应力与边缘弯曲应力的叠加值）分布情况如图 8-27 所示。可以看出，边缘应力具有以下两个特点：

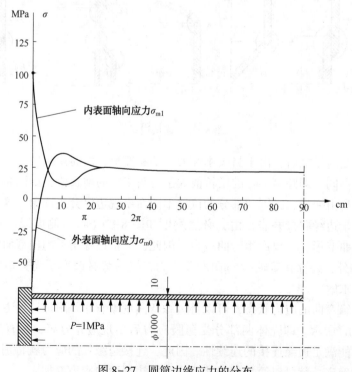

图 8-27   圆筒边缘应力的分布

（1）局部性

不同性质的联接边缘产生不同的边缘应力，但它们都有一个明显的衰减波特性。以圆筒壳为例，其沿轴向的衰减经过一个周期之后，即离开边缘距离为 $2.5\sqrt{R\delta}$ 之处边缘应力已经基本衰减完了。

（2）自限性

从根本上说，发生边缘弯曲的原因是薄膜变形不连续。当然，这是指弹性变形。当边缘两侧的弹性变形相互受到约束，则必然产生边缘力和边缘弯矩，从而产生边缘应力。但是当边缘处的局部材料发生屈服进入塑性变形阶段时，上述这种弹性约束就开始缓解，因而原来不同的薄膜变形便趋于协调，结果边缘应力就自动限制。这就是边缘应力的自限性。

边缘应力与薄膜应力不同，薄膜应力是由介质压力直接引起的，而边缘应力则是由联接边缘两部分变形协调所引起的附加应力，它具有局部性和自限性。通常把薄膜应力称为一次应力，把边缘应力称为二次应力。

8.3.3　对边缘应力的处理

① 在边缘区作局部处理。由于边缘应力具有局部性，在设计中可以在结构上只作局部处理，如图 8-28 所示。

② 只要是塑性材料，即使边缘局部某些点的应力达到或超过材料的屈服点，邻近尚未屈服的弹性区能够抑制塑性变形的发展，使塑性区不再扩展。大多数塑性较好的材料制成的容器，当承受静载荷时，除结构上作某些处理外，一般并不对边缘应力作特殊考虑。

③ 由于边缘应力具有自限性，它的危害性就没有薄膜应力大。薄膜应力随着外力的增大而增大，是非自限性的。具有自限性的应力属于二次应力。分清应力性质以后，在设计中考虑边缘应力可以不同于薄膜应力。分析设计规范规定一次应力与二次应力之和可控制在 $2\sigma_s$ 以下。

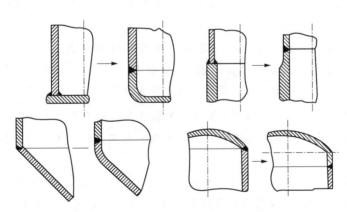

图 8-28　边缘区域结构局部处理的方式

习　题

8-1　指出图中各回转壳体上诸点的第一和第二曲率半径。

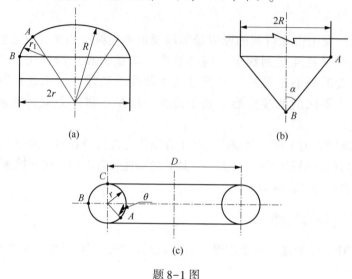

题 8-1 图

8-2　某厂生产的锅炉汽包，其工作压力为 2.5MPa，汽包圆筒的外径为 816mm，壁厚为 16mm，试求汽包圆筒壁内的薄膜应力。

8-3　现有内直径为 2000mm 的圆筒形壳体，经实测其厚度为 10.5mm。已知圆筒形壳体材料的许用应力 $[\sigma]=133$MPa。试按最大薄膜应力来判断该圆筒形壳体能否承受 1.5MPa 的压力。

8-4　有一外径为 10020mm 的球形容器，其工作压力为 0.6MPa，厚度为 20mm，试求该球形容器壁内的工作应力。

8-5　半顶角 $\alpha=30°$、厚度为 10mm 的圆锥形壳体，所受内压 $p=2$MPa，试求在经线上距顶点为 100mm 点的两向薄膜应力为多少？

8-6　一压力容器由圆筒形壳体，两端由椭圆形封头组成。已知圆筒内直径为 $D_i=$ 2000mm，厚度 $\delta=20$mm，所受内压 $p=2$MPa，试确定：

（1）圆筒形壳体上的经向应力和周向应力各是多少？

（2）如果椭圆形封头 a/b 的值分别为 2、$\sqrt{2}$ 和 3 时，封头厚度为 20mm，分别确定封头上顶点和赤道点的经向应力与周向应力的值，并确定内压力的作用范围（用角度在图上表示出来）。

（3）若封头改为半球形，与筒体等厚度，则封头上的经向应力和周向应力又为多少？

8-7　内径 $D_i=2000$mm 立式液化气储罐如图，两端配有标准椭圆封头，已知筒体和封头的有效壁厚为 $\delta_e=16$mm，气相空间的压力 $p=1.6$MPa，液化气的液相重度 $\gamma=6000$N/m^3。当液位处于 $M-M$ 位置时，求顶部标准椭圆封头中心点 A 以及液位以下 5000mm 处筒体上 B 点的薄膜应力？

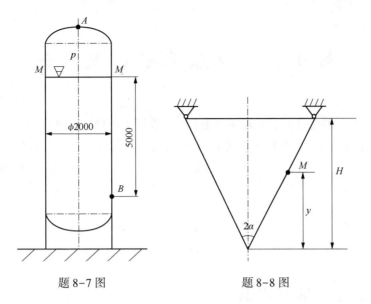

题 8-7 图   题 8-8 图

8-8 图示为一上部支承的敞口圆锥形壳体，内部充满水，$H=3\mathrm{m}$，$\delta=5\mathrm{mm}$，$2\alpha=60°$，壳体重量不计。试求：$y=2\mathrm{m}$ 处 M 点的环向应力和经向应力；壳体中最大环向应力和最大经向应力的大小和位置。

第9章 内压薄壁容器设计

目前我国压力容器常规设计(或规则设计)是依据 GB 150—2011《压力容器》进行设计的。GB 150 是我国现行的两个压力容器设计规范之一,另一个规范是以应力分析为基础的设计标准(JB 4732)。分析设计标准依靠详细的应力分析,估计各种应力对容器失效的不同影响,在此基础上将不同类型的应力分别按不同的强度准则进行限制。本章仅介绍中低压容器的常规设计方法。

对于内压薄壁容器,其强度设计的任务是:根据给定的公称直径以及设计压力和温度,确定合适的壁厚,设计出合理的结构,以保证设备安全可靠地运行。

9.1 强度设计的基本知识

9.1.1 弹性失效设计准则

该失效准则认为容器上任意一处的最大应力达到材料在设计温度下的屈服强度 σ_s,容器即发生失效。此处的失效并非指容器完全爆破,而是指其丧失了规定的工作能力。从变形的角度考虑,容器工作时的每一部分必须处于弹性变形范围内。保证器壁内的相当应力必须小于材料由单向拉伸时测得的屈服强度,即 $\sigma_{当} < \sigma_s$。

为保证结构安全可靠地工作,还必须留有一定的安全裕度,使结构中的最大工作应力与材料的许用应力之间满足一定的关系。这就是强度安全条件,即

$$\sigma_{当} \leqslant \frac{\sigma^0}{n} = [\sigma] \tag{9-1}$$

式中,$\sigma_{当}$ 可由主应力借助强度理论求得;σ^0 为极限应力,可由简单拉伸试验确定;n 为安全系数;$[\sigma]$ 为许用应力。

9.1.2 强度理论及其相应的强度条件

压力容器各点的受力大都是二向应力状态或三向应力状态(图 9-1),建立复杂应力状态的强度条件,必须借助于材料力学中的强度理论,将二向和三向应力状态转换成相当于单向拉伸应力状态的当量应力。这样就必须解决两方面的问题:一是根据应力状态确定主应

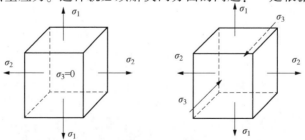

图9-1 二向与三向应力状态

力；二是确定材料的许用应力。

承受均匀内压的薄壁圆筒形容器的主应力为

$$\sigma_1 = \sigma_\theta = \frac{pD}{2\delta}, \ \sigma_2 = \sigma_m = \frac{pD}{4\delta}, \ \sigma_3 = 0$$

根据不同的强度理论，可以得到不同的强度条件：

$$\sigma_{eq}^{I} = \sigma_\theta = \frac{pD}{2\delta} \leqslant [\sigma]^t \tag{9-2}$$

$$\sigma_{eq}^{III} = \sigma_1 - \sigma_3 = \frac{pD}{2\delta} - 0 = \frac{pD}{2\delta} \leqslant [\sigma]^t \tag{9-3}$$

$$\sigma_{eq}^{IV} = \sqrt{\frac{1}{2}\left[(\sigma_1 - \sigma_2)^2 + (\sigma_2 - \sigma_3)^2 + (\sigma_3 - \sigma_1)^2\right]} = \sqrt{\sigma_1^2 + \sigma_2^2 - \sigma_1\sigma_2} = \frac{pD}{2.3\delta} \leqslant [\sigma]^t$$
$$\tag{9-4}$$

对薄壁容器而言，由于 $\sigma_3 = 0$，按第三强度理论计算的当量应力与按第一强度理论计算结果相同。因此，根据第一强度理论和第三强度理论得到的强度设计条件在形式上是一致的，但是内涵上却有本质的区别，前者为最大拉应力，而后者为最大剪应力。

由材料力学可知，对于金属材料，由于塑性较好，宜采用第三或第四强度理论。但由于第一强度理论在容器设计历史上使用最早，具有成熟的经验，而且因强度条件不同而引起的误差已考虑在安全系数内，所以在我国 GB 150 和美国的 ASME 规范中关于压力容器的常规设计仍采用第一强度理论。

9.2　内压薄壁圆筒和球壳的强度设计

9.2.1　壁厚计算公式

1）圆筒强度计算公式的推导

圆筒承受均匀内压作用时，根据第一强度理论，由式（9-2）可得

$$\frac{pD}{2\delta} \leqslant [\sigma]^t$$

对钢板卷制而成的筒体，其公称直径为内径，因此考虑将平均直径 D 转换为圆筒内径（$D = D_i + \delta$），压力换为计算压力 p_c，并考虑焊接制造因素，引入焊接接头系数 ϕ，得

$$\frac{p(D_i + \delta)}{2\delta} \leqslant [\sigma]^t \phi$$

整理可得圆筒的计算壁厚公式为

$$\delta = \frac{p_c D_i}{2[\sigma]^t \phi - p_c} \tag{9-5}$$

式中，δ 为计算厚度，mm；p_c 为计算压力，MPa；ϕ 为焊接接头系数；$[\sigma]^t$ 为材料在设计温度下的许用应力，MPa。

再考虑腐蚀裕量 C_2，得到圆筒的设计壁厚为

$$\delta_d = \frac{p_c D_i}{2[\sigma]^t \phi - p_c} + C_2 \tag{9-6}$$

式中，δ_d 为设计壁厚，mm，$\delta_d = \delta + C_2$；C_2 为腐蚀裕量，mm。

在设计壁厚的基础上再加上钢板厚度负偏差 C_1，再根据钢板标准规格向上圆整，以确定选用钢板的厚度，即名义壁厚（δ_n），也就是设计图纸上标注厚度。

$$\delta_n = \frac{p_c D_i}{2[\sigma]^t \phi - p_c} + C_1 + C_2 + \Delta \qquad (9-7)$$

式中，δ_n 为筒体的名义壁厚，mm，$\delta_n = \delta_d + C_1 + \Delta = \delta + C_1 + C_2 + \Delta$；$C_1$ 为材料厚度负偏差，mm；Δ 为圆整量，mm。

如果是钢管制作的圆筒，那么则以外径（$D = D_o - \delta$）为标准进行设计，其计算壁厚为

$$\delta = \frac{p_c D_o}{2[\sigma]^t \phi + p_c} \qquad (9-8)$$

2）圆筒强度校核与许用压力确定

圆筒的计算应力按照式（9-9）或式（9-10）进行校核

$$\sigma^t = \frac{p_c (D_i + \delta_e)}{2\delta_e} \leqslant [\sigma]^t \phi \qquad (9-9)$$

$$\sigma^t = \frac{p_c (D_o - \delta_e)}{2\delta_e} \leqslant [\sigma]^t \phi \qquad (9-10)$$

式中，δ_e 为有效壁厚，mm，$\delta_e = \delta_n - C$；C 为壁厚附加量，mm，$C = C_1 + C_2$。

设计温度下圆筒的最大允许工作压力按式（9-11）或式（9-12）计算

$$[p_w] = \frac{2\delta_e [\sigma]^t \phi}{D_i + \delta_e} \qquad (9-11)$$

$$[p_w] = \frac{2\delta_e [\sigma]^t \phi}{D_o - \delta_e} \qquad (9-12)$$

上述圆筒各个公式的适用范围是 $p \leqslant 0.4[\sigma]^t \phi$，即适合外径与内径之比 $K \leqslant 1.5$ 的内压圆筒。

3）球形容器强度公式

对于球壳，其应力状态为

$$\sigma_\theta = \sigma_m = \frac{pD}{2\delta}$$

根据第一强度理论，考虑焊接因素和内径基准，得

$$\frac{p(D_i + \delta)}{4\delta} \leqslant [\sigma]^t \phi$$

采用与圆筒计算厚度相似的推导方式，可得计算厚度为

$$\delta = \frac{p_c D_i}{4[\sigma]^t \phi - p_c} \qquad (9-13)$$

设计厚度为

$$\delta_d = \frac{p_c D_i}{4[\sigma]^t \phi - p_c} + C_2 \qquad (9-14)$$

强度校核公式为

$$\sigma^t = \frac{p_c (D_i + \delta_e)}{4\delta_e} \leqslant [\sigma]^t \phi \qquad (9-15)$$

144

设计温度下球壳的最大允许工作压力为

$$[p_w] = \frac{4[\sigma]^t \phi \delta_e}{D_i + \delta_e}$$ (9 - 16)

其中，D_i 为球形容器的内径，mm。其他符号同前。

球形容器公式的适用范围是 $p \leqslant 0.6[\sigma]^t \phi$，即外径与内径之比 $K \leqslant 1.35$。

9.2.2 设计参数的确定

1）设计压力与计算压力

实际容器在工作中不仅受内部介质压力作用，还受到包括容器及其物料和内件的重量、风载、地震载荷、温差载荷、附加外载荷等作用。设计中一般以介质压力作为确定壁厚的基本载荷，然后校核在其他载荷下器壁中的应力，使容器具有足够的安全裕度。

设计压力是指设定的容器顶部的最高压力，与相应的设计温度一起作为设计载荷条件，其值不低于工作压力。而工作压力是指在正常工作情况下，容器顶部可能达到的最高压力。根据具体条件不同，容器的设计压力可按如下规定确认：

① 装有安全阀时，根据容器的工作压力 p_w，确定安全阀的整定压力 p_z，一般取 $p_z = (1.05 \sim 1.1)p_w$；当 $p_z < 0.18$MPa 时，可以适当提高 p_z 对 p_w 的比值。然后取容器的设计压力 p 等于或稍大于整定压力 p_z，即 $p \geqslant p_z$。

② 当容器内装有爆炸介质，或由于化学反应引起压力波动大时，需设置爆破片，设计压力 p 不小于设计爆破压力 p_b 加上所选爆破片制造范围的上限。

③ 对于盛装液化气体的容器，如果具有可靠的保冷设施，在规定的装量系数范围内，设计压力应根据工作条件下容器内介质可能达到的最高温度确定。否则按相关法规确定。

④ 对于外压容器，如真空容器、埋地容器等，确定计算压力时应考虑正常工作情况下可能出现的最大内外压力差。

⑤ 由 2 个或 2 个以上压力室组成的容器，如夹套容器，应分别确定各压力室的设计压力；确定公用元件的计算压力时，应考虑相邻室之间的最大压力差。

计算压力 p_c 是指在相应的设计温度下用以确定元件厚度的压力，包括液柱静压力等附加载荷。当液柱静压力小于设计压力的 5% 时，可以忽略不计。

2）设计温度

设计温度是指容器在正常工作情况下，设定的元件金属温度(沿元件金属截面的温度平均值)。设计温度与设计压力一起作为设计载荷条件。设计温度虽不直接反映在计算公式里，但它是选择材料及确定材料许用应力时的一个基本设计参数。设计温度可按如下原则确认：

① 设计温度不得低于元件金属在工作状态可能达到的最高温度。对于 0℃ 以下的金属温度，设计温度不得高于元件金属可能达到的最低温度。

② 容器各部分在工作状态下的金属温度不同时，可分别设定每部分的设计温度。

③ 元件的金属温度通过以下方法确定：a. 传热计算求得；b. 在已使用的同类容器上测定；c. 根据容器内部介质温度并结合外部条件确定。

④ 在确定最低设计金属温度时，应当充分考虑在运行过程中，大气环境低温条件对容器壳体金属温度的影响。大气环境低温条件是指历年来月平均最低气温(指当月各天的最低气温值之和除以当月天数)的最低值。

⑤ 内壁有保温的容器，应做壁温计算或者根据相似容器的实测壁温确定设计温度。

根据设计温度选用材料时，必须注意材料适用温度的范围，各种材料的具体适用温度范围见表6-12。

3）许用应力

许用应力的选择是强度计算的关键，是容器设计的一个主要参数。许用应力是以材料强度的极限应力 σ^0 作为基础，并选择合理的安全系数，即

$$[\sigma]^{t} = \frac{\sigma^{0}}{n} \qquad\qquad (9-17)$$

（1）极限应力 σ^0 的取法

极限应力的选择取决于容器材料的判废标准。根据弹性失效设计准则，对塑性材料制造的容器一般看其是否产生过大的变形，以材料达到屈服极限作为判废标准，故采用材料的屈服强度作为计算许用应力的极限应力。但在实际应用中，往往用材料的强度极限作为计算许用应力的极限应力，这是因为有些金属材料虽然是塑性材料，但没有明显的屈服极限；另外，采用强度极限作为极限应力已有较长的历史，积累了比较丰富的经验。

考虑到温度升高对材料机械性能的影响，对于钢制中温容器，应根据设计温度下材料屈服极限及常温下的强度极限来确定该设计温度下材料的许用应力。

在高温下，金属材料除了强度极限和屈服极限下降之外，还将有蠕变现象发生。在高温下容器的失效往往是由蠕变引起的。当碳钢和低合金钢设计温度超过420℃，铬钼合金钢设计温度超过450℃，奥氏体不锈钢超过550℃时，在考虑强度极限和屈服极限的同时，还要考虑高温持久极限或蠕变极限。

（2）安全系数

安全系数的主要影响因素有：①计算方法的准确性、可靠性和受力分析的精确程度；②材料的质量和制造的技术水平；③容器的工作条件以及容器在生产中的重要性和危险性。随着科学技术的发展，计算的准确性将逐渐提高，材料的质量以及焊接检验等制造技术水平也在不断地提高，人们对设计中的未知因素认知越来越准确，安全系数会有逐渐降低的趋势。

GB 150—2011 中对不同材料的极限应力和安全系数取值如表9-1所示。其中，对奥氏体高合金钢制受压元件，当设计温度低于蠕变范围，且允许有微量的永久变形时，可适当提高作用应力至 $0.9R^t_{p0.2}$，但不超过 $R_{p0.2}/1.5$。此规定不适用于法兰或其他有微量永久变形就产生泄漏或故障的场合。

表9-1 钢材许用应力的取值

材 料	许用应力/MPa 取下列各值中的最小值
碳素钢、低合金钢	$\dfrac{R_m}{2.7}, \dfrac{R_{eL}}{1.5}, \dfrac{R^t_{eL}}{1.5}, \dfrac{R^t_D}{1.5}, \dfrac{R^t_n}{1.0}$
高合金钢	$\dfrac{R_m}{2.7}, \dfrac{R_{eL}(R_{p0.2})}{1.5}, \dfrac{R^t_{eL}(R^t_{p0.2})}{1.5}, \dfrac{R^t_D}{1.5}, \dfrac{R^t_n}{1.0}$

应当指出，上述介绍的为许用应力的确定理念和方法。设计人员在设计压力容器时只需按照相应的材料去查找 GB 150.2—2011《压力容器 第2部分：材料》即可。常见钢板的许用应力见附录1。

4）焊接接头系数

焊接容器的焊缝区域是容器强度比较薄弱的地方。焊接接头强度降低的原因主要在于：焊接焊缝时可能出现缺陷而未被发现；焊接热影响区往往形成粗大晶粒区而使强度和塑性降低；由于结构性约束造成焊接内应力过大等。焊接接头的强度依赖于熔焊金属、焊缝结构和施焊质量。焊接接头系数应根据对接接头的焊缝形式及无损检测的长度比例确定。

对于双面焊对接接头和相当于双面焊的全焊透对接接头：全部无损检测，取 $\phi = 1.0$；局部无损检测，取 $\phi = 0.85$。对于单面焊的对接接头（沿焊缝根部全长有紧贴基本金属的垫板）：全部无损检测，取 $\phi = 0.9$；局部无损检测，取 $\phi = 0.8$。

应当指出，在设计时不允许降低焊接接头系数而免除压力容器产品的无损检测。

5）厚度附加量

厚度附加量包括板材或管材厚度的负偏差 C_1 和介质的腐蚀裕量 C_2，即

$$C = C_1 + C_2 \qquad (9-18)$$

（1）钢板和钢管厚度的负偏差 C_1

国家标准允许钢板在轧制过程中存在正负偏差。以公称厚度 8mm 的钢板为例，按照标准要求厚度负偏差为 0.3mm，正偏差为 0.6mm。即实际厚度在 7.7~8.6mm 范围中均为合格。钢板和钢管的厚度负偏差，按相应的钢板或钢管标准选取。GB 713—2014《锅炉和压力容器用钢板》规定，厚度允许偏差按照 GB/T 709—2006《热轧钢板和钢带的尺寸、外形、重量及允许偏差》的 B 类偏差，B 类偏差规定：所有厚度的钢板厚度负偏差 C_1 均为 0.3mm。GB 24511—2009《承压设备用不锈钢板及钢带》规定：热轧厚板厚度负偏差为 0.3mm。

（2）腐蚀裕量 C_2

为防止容器受压元件由于腐蚀、机械磨损而导致厚度削弱减薄，应考虑腐蚀裕量，具体规定如下：①对有均匀腐蚀或磨损的元件，应根据预期的容器设计使用年限和介质对金属材料的腐蚀速率及磨蚀速率确定腐蚀裕量；②容器各元件受到的腐蚀程度不同时，可采用不同的腐蚀裕量；③介质为压缩空气、水蒸气或水的碳素钢或低合金钢制容器，腐蚀裕量不小于1mm。

筒体和封头的腐蚀裕量可参照表 9-2 选取，表中腐蚀速度数值为均匀、单面腐蚀。当腐蚀裕量超过 6mm，就应采取防腐蚀措施。

表 9-2　筒体和封头的腐蚀裕量

腐蚀程度	腐蚀速度/(mm/a)	腐蚀裕量/mm	腐蚀程度	腐蚀速度/(mm/a)	腐蚀裕量/mm
不腐蚀	<0.05	0	腐蚀	0.13~0.25	≥2
轻微腐蚀	0.05~0.13	≥1	严重腐蚀	>0.35	≥3

6）直径系列与板材厚度

压力容器的直径由生产需要确定。根据机械工业的要求，筒体和封头的直径不能是任意的，必须考虑标准化的系列尺寸（参见表 7-1~表 7-3）。

板材厚度亦是一个标准化问题，设计所需的容器壁厚必须符合冶金产品的标准。在 GB/T 709—2006 中规定，单轧钢板的公称厚度范围为 3~400mm 时，公称厚度的取法为：厚度小于 30mm 的钢板按 0.5mm 倍数的任何尺寸；厚度不小于 30mm 的钢板按 1mm 倍数的任何尺寸。这么规定，给了一个非常宽泛的钢板标准厚度系列。但是在工程上，却没有如此全面的钢板厚度，钢板的常见厚度系列如表 9-3 所示。

表 9-3　钢板的常用厚度　　　　　　　　　　　　　　　　　　　　　mm

2、3、4、(5)、6、8、10、12、14、16、18、20、22、25、28、30、32、34、36、38、40、42、46、50、55、
60、65、70、75、80、85、90、95、100、105、110、115、120

注：5mm 为不锈钢板常用厚度

9.2.3　容器的壁厚和最小壁厚

1）壁厚

压力容器的壁厚包括计算壁厚(δ)、设计壁厚(δ_d)、名义壁厚(δ_n)和有效壁厚(δ_e)共四种。各种厚度之间的关系如图 9-2 所示。

图 9-2　各种壁厚之间的关系示意图

2）最小壁厚

压力很低的容器，按强度公式计算出的壁厚很小，不能满足制造、运输和安装时的刚度要求，需规定一个最小壁厚。壳体加工成形后不包括腐蚀裕量的最小厚度为：①碳素钢、低合金钢制容器，不小于 3 mm；②高合金钢制容器，一般应不小于 2 mm。

9.2.4　耐压试验及强度校核

压力容器制成后（或检修后投入生产前），应当进行耐压试验，且合格后才能投入使用。耐压试验的目的是检验容器的宏观强度和有无渗漏现象。耐压试验分为液压试验、气压试验以及气液组合压力试验三种。

1）试验压力

液压试验

$$p_T = 1.25p \frac{[\sigma]}{[\sigma]^t} \tag{9-19}$$

气压试验或者气液组合试验

$$p_T = 1.1p \frac{[\sigma]}{[\sigma]^t} \tag{9-20}$$

式中，p_T 为试验压力，MPa；p 为设计压力，MPa；$[\sigma]$ 为试验温度下材料的许用应力，MPa；$[\sigma]^t$ 为设计温度下材料的许用应力，MPa。

计算试验压力时，还应注意：当立式容器卧置作液压试验时，试验压力应为立置时的试验压力 p_T 加液柱静压力；当容器铭牌上规定有最大允许工作压力时，公式中应以最高工作压力代替设计压力 p；当容器各元件（圆筒、封头、接管和法兰等）所用材料不同时，计算耐压试验压力应取各元件材料 $[\sigma]/[\sigma]^t$ 值中最小者；$[\sigma]^t$ 不应低于材料受抗拉强度和屈服强度控制的许用应力最小值。

2）耐压试验时的强度校核

在耐压试验前，应校核各受压元件在试验条件下的应力水平，例如对圆筒壳体应校核最大总体薄膜应力 σ_T 为

液压试验 $$\sigma_T = \frac{p_T(D_i + \delta_e)}{2\delta_e} \leq 0.9\phi R_{eL} \qquad (9-21)$$

气压试验或者气液组合试验 $$\sigma_T = \frac{p_T(D_i + \delta_e)}{2\delta_e} \leq 0.8\phi R_{eL} \qquad (9-22)$$

式中，R_{eL} 为壳体材料在试验温度下的屈服强度，MPa。

3）耐压试验的要求与试验方法

耐压试验时，如采用压力表测量试验压力，则应使用两个量程相同的、并经检定合格的压力表。压力表的量程应为 1.5~3 倍的试验压力，以试验压力的 2 倍为宜。压力表的精度不得低于 1.6 级，表盘直径不得小于 100mm。试验用压力表应安装在试验容器的顶部。耐压试验前，各容器连接部位的紧固件必须装配齐全，并紧固妥当。为进行耐压试验而装配的临时受压元件，应采取适当的措施，保证其安全性。耐压试验保压期间不得采用连续加压以维持试验压力不变，试验过程中不得带压拧紧紧固件或对受压元件施加外力。

（1）液压试验

① 试验液体　一般采用水，试验合格后应立即将水排净吹干；无法完全排净吹干时，对奥氏体不锈钢制容器，应控制水的氯离子含量不超过 25mg/L；必要时，也可采用不会导致发生危险的其试验液体，但试验时液体的温度应低于其闪点或沸点，并有可靠的安全措施。

② 试验温度　Q345R、Q370R 和 07MnMoVR 制容器进行液压试验时，液体温度不得低于 5℃；其他碳钢和低合金钢制容器进行液压试验时，液体温度不得低于 15℃；低温容器液压试验的液体温度应不低于壳体材料和焊接接头的冲击试验温度（取其高者）加 20℃；如果由于板厚等因素造成材料无塑性转变温度升高，则需相应提高试验温度；当有试验数据支持时，可使用较低温度液体进行试验，但试验时应保证试验温度比容器壁金属无塑性转变温度至少高 30℃。

③ 试验程序和步骤　试验容器内的气体应当排净并充满液体（在容器最高点设排气口），试验过程中，应保持容器观察表面的干燥；当试验容器器壁金属温度与液体温度接近时，方可缓慢升压至设计压力，确认无泄漏后继续升压至试验压力，保压时间一般不少于 30min；然后降至设计压力，保压足够时间进行检查，检查期间压力应保持不变。液压试验完毕后，应将液体排尽并用压缩空气将内部吹干。

④ 合格标准　试验过程中，容器无渗漏，无可见的变形和异常声响。

（2）气压试验和气液组合压力试验

① 试验介质　试验所用气体应为干燥洁净的空气、氮气或其他惰性气体；试验液体及试验温度与液压试验的规定相同。试验过程应有安全措施，试验单位的安全管理部门应当派人进行现场监督。

② 试验程序和步骤　试验时应先缓慢升压至规定试验压力的 10%，保压 5min，并且对所有焊接接头和连接部位进行初次检查；确认无泄漏后，再继续升压至规定试验压力的 50%；如无异常现象，其后按规定试验压力的 10% 的逐级升压，直到试验压力，保持 10min；然后降至设计压力，保压足够时间进行检查，检查期间压力应保持不变。

③ 合格标准 对于气压试验，容器无异常声响，经肥皂液或其他检漏液检查无漏气，无可见的变形；对于气液组合压力试验，应保持容器外壁干燥，经检查无液体泄漏后，再以肥皂液或其他检漏液检查无漏气，无异常声响，无可见的变形。

（3）泄漏试验

介质毒性程度为极度、高度危害或者不允许有微量泄漏的容器，应在耐压试验合格后进行泄漏试验。

容器须经耐压试验合格后，方可进行泄漏试验。泄漏试验包括气密性试验、氨检漏试验、卤素检漏试验和氦检漏试验，应按设计文件规定的方法和要求进行。

气密性试验所用气体与气压试验的规定相同，试验压力为容器的设计压力。试验时压力应缓慢上升，达到规定压力后保持足够长的时间，对所有焊接接头和连接部位进行泄漏检查。小型容器亦可浸入水中检查。试验过程中，无泄漏为合格；如有泄漏，应在修补后重新进行试验。

例 9-1 一锅炉汽包，$D_i = 1300mm$，$p_w = 15.6MPa$，装有安全阀，设计温度为 350℃，材质为 18MnMoNbR，采用双面对接接头，全部无损检测，试确定汽包的壁厚，并进行水压试验强度校核。

解 ①确定设计参数

$p = 1.1p_w = 1.1 \times 15.6 = 17.16MPa$，$D_i = 1300mm$，$\phi = 1.0$，取 $C_2 = 1mm$，$C_1 = 0.3mm$。350℃时，名义厚度为 30~100mm 的 18MnMoNbR 的许用应力 $[\sigma]^t = 211MPa$，常温下液压试验的材料 $[\sigma] = 211MPa$，屈服强度 $R_{eL} = 400MPa$。

② 厚度计算

计算壁厚 $\delta = \dfrac{p_c D_i}{2[\sigma]^t \phi - p_c} = \dfrac{17.16 \times 1300}{2 \times 211 \times 1.0 - 17.16} = 55.1mm$

名义厚度 $\delta_n = \delta + C_2 + C_1 + \Delta = 55.1 + 1.0 + 0.3 + \Delta = 60mm$

复验知，计算得到的名义厚度在 30~100mm 范围内，故 $\delta_n = 60mm$ 符合要求。

③ 液压试验强度校核

试验压力 $p_T = 1.25p \dfrac{[\sigma]}{[\sigma]^t} = 1.25 \times 17.16 \times \dfrac{211}{211} = 21.45MPa$

$\delta_e = \delta_n - C = 60 - 1.3 = 58.7mm$

$\sigma^T = \dfrac{p_T(D_i + \delta_e)}{2\delta_e} = \dfrac{21.45 \times (1300 + 58.7)}{2 \times 58.7} = 248.2MPa$

而 $0.9\phi R_{eL} = 0.9 \times 1.0 \times 400 = 360MPa$，故有 $\sigma^T < 0.9\phi R_{eL}$。

所以水压试验强度足够。

例 9-2 一旧氧气瓶，材料的 $R_m = 784.8MPa$，$R_{eL} = 510.12MPa$，$D_o = 219mm$，系无缝钢管收口而成，实测最小壁厚为 6.5mm，设计温度为常温。今预充 16MPa 的压力使用，问强度是否够？如不够，该气瓶的最大允许工作压力为多大？

解 ①确定计算参数

$p = 16MPa$，$D_o = 219mm$，$\delta_n = 6.5mm$，$\phi = 1.0$（无缝钢管），$C_2 = 1mm$，$C_1 = 0$（实测最小厚度）

$$[\sigma]_b = \dfrac{R_m}{2.7} = \dfrac{784.8}{2.7} = 290.7MPa$$

$$[\sigma]_s = \frac{R_{eL}}{1.5} = \frac{510.12}{1.5} = 341.4 \text{MPa}$$

取许用应力 $[\sigma]^t = 290.7 \text{MPa}$。

$$C = C_1 + C_2 = 0 + 1 = 1 \text{mm}$$
$$\delta_e = \delta_n - C = 6.5 - 1 = 5.5 \text{mm}$$

② 强度校核

$$\sigma^t = \frac{p(D_0 - \delta_e)}{2\delta_e \phi} = \frac{16 \times (219 - 5.5)}{2 \times 5.5 \times 1.0} = 310.5 \text{MPa} > 290.7 \text{MPa}$$

故此氧气瓶在 16MPa 的压力下使用强度不够，可降压使用。

③ 确定最高允许压力

$$[p_w] = \frac{2[\sigma]^t \phi \delta_e}{D_0 - \delta_e} = \frac{2 \times 290.7 \times 1.0 \times 5.5}{219 - 5.5} = 14.98 \text{MPa}$$

该氧气瓶的最大安全使用压力为 14.98MPa。

9.3 内压圆筒封头的设计

容器封头又称为端盖，按照形状可分为三类：凸形封头、锥形封头和平板封头。其中凸形封头有可分为半球形封头、椭圆形封头、碟形封头（带折边球形封头）和球冠形封头（无折边球形封头）四种。

9.3.1 半球形封头

半球形封头（图 9-3）是由半个球壳构成，其计算厚度公式与球壳相同，即

$$\delta = \frac{p_c D_i}{4[\sigma]^t \phi - p_c} \qquad (9-23)$$

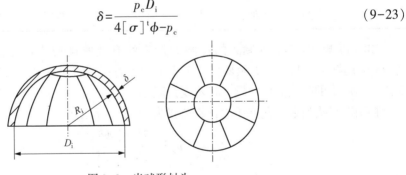

图 9-3 半球形封头

由计算公式可知，球形封头壁厚较相同直径与压力的圆筒壳减薄约一半。在实际工作中，为了焊接方便以及降低边界处的边缘压力，半球形封头常和筒体取相同的厚度。半球形封头多用于压力较高的储罐上。

9.3.2 椭圆形封头

1）结构特点

椭圆形封头（图 9-4）是由长短半轴分别为 a 和 b 的半椭球和高度为 h_0 的短圆筒（通称为直边段）两部分所构成。直边段的作用是为了保证封头的制造质量，并且避免筒体与封头间

的环向焊缝受边缘应力作用。

图 9-4　椭圆形封头

2）壁厚计算公式

前面的应力分析可知，椭球壳各点的薄膜应力是变化的，当 $m=a/b\leqslant 2$ 时，最大应力在椭圆壳的顶点。如果 $m=a/b>2$ 时，椭圆封头赤道上出现很大的环向应力，绝对值远大于顶点的应力，考虑这种情况，引入封头的形状系数 K，可得椭圆封头的计算厚度如式（9-24）或式（9-25）所示。

$$\delta_h = \frac{Kp_c D_i}{2[\sigma]^t \phi - 0.5p_c} \tag{9-24}$$

$$\delta_h = \frac{Kp_c D_o}{2[\sigma]^t \phi + (2K-0.5)p_c} \tag{9-25}$$

式中，K 为椭圆形封头的形状系数，$K=\dfrac{1}{6}\left[2+\left(\dfrac{D_i}{2h_i}\right)^2\right]$，其值见表 9-4。显然，对标准椭圆封头 $K=1$。即标准椭圆封头的计算厚度为

$$\delta_h = \frac{p_c D_i}{2[\sigma]^t \phi - 0.5p_c} \tag{9-26}$$

表 9-4　椭圆形封头的形状系数 K 值

$\dfrac{D_i}{2h_i}$	2.6	2.5	2.4	2.3	2.2	2.1	2.0	1.9	1.8
K	1.46	1.37	1.29	1.21	1.14	1.07	1.00	0.93	0.87
$\dfrac{D_i}{2h_i}$	1.7	1.6	1.5	1.4	1.3	1.2	1.1	1.0	
K	0.81	0.76	0.71	0.66	0.61	0.57	0.53	0.50	

GB 150 规定：$D_i/2h_i \leqslant 2$ 的椭圆形封头的有效厚度应不小于封头内直径的 0.15%，$D_i/2h_i>2$ 的椭圆形封头的有效厚度应不小于封头内直径的 0.30%；但当确定封头厚度时，已考虑了内压下的弹性失稳问题，可不受此限制。

椭圆形封头的最大允许压力计算公式为

$$[p_w] = \frac{2[\sigma]^t \phi \delta_{eh}}{KD_i + 0.5\delta_{eh}} \tag{9-27}$$

9.3.3　碟形封头

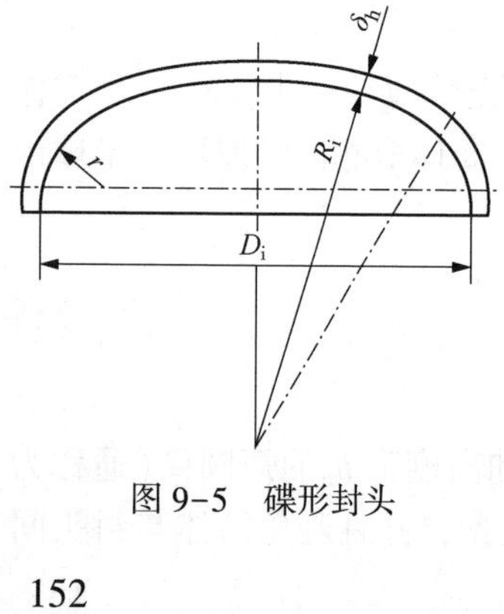

1）几何特点

碟形封头（图 9-5）由 R_i 为半径的球面，以 r 为半径的过渡圆弧和直边段三部分组成。

2）壁厚计算公式

由于碟形封头过渡圆弧与球面联接处的经线曲率有突变，在内压作用下将产生很大的边缘应力。因此，碟形封头的壁厚比相同条件下的椭圆形封头壁厚要大些。考虑碟形封头的边缘应力的影响，在设计中引入形状系数 M，其壁厚计算公式为

图 9-5　碟形封头

$$\delta_{\rm h} = \frac{Mp_{\rm c}R_{\rm i}}{2[\sigma]^{\rm t}\phi - 0.5p_{\rm c}} \tag{9-28}$$

$$\delta_{\rm h} = \frac{Mp_{\rm c}R_{\rm o}}{2[\sigma]^{\rm t}\phi + (M-0.5)p_{\rm c}} \tag{9-29}$$

式中，$R_{\rm i}$ 为碟形封头球面部分内半径；$R_{\rm o}$ 为碟形封头球面部分外半径；r 为过渡圆弧内半径；M 为碟形封头形状系数，$M = \frac{1}{4}\left(3 + \sqrt{\dfrac{R_{\rm i}}{r}}\right)$，其值见表 9-5。

表 9-5　碟形封头形状系数 M 值

$\dfrac{R_{\rm i}}{r}$	1.0	1.25	1.50	1.75	2.0	2.25	2.50	2.75
M	1.00	1.03	1.06	1.08	1.10	1.13	1.15	1.17
$\dfrac{R_{\rm i}}{r}$	3.0	3.25	3.50	4.0	4.5	5.0	5.5	6.0
M	1.18	1.20	1.22	1.25	1.28	1.31	1.34	1.36
$\dfrac{R_{\rm i}}{r}$	6.5	7.0	7.5	8.0	8.5	9.0	9.5	10.0
M	1.39	1.41	1.44	1.46	1.48	1.50	1.52	1.54

当碟形封头的球面内半径 $R_{\rm i} = 0.9D_{\rm i}$，过渡圆弧内半径 $r = 0.17D_{\rm i}$ 时，称为标准碟形封头。此时 $M = 1.325$，标准碟形封头的壁厚计算公式为

$$\delta = \frac{1.2p_{\rm c}D_{\rm i}}{2[\sigma]^{\rm t}\phi - 0.5p_{\rm c}} \tag{9-30}$$

GB 150 规定：对于 $R_{\rm i}/r \leqslant 5.5$ 的碟形封头，其有效厚度应不小于封头内直径的 0.15%，其他碟形封头的有效厚度应不小于封头内直径的 0.30%；但当确定封头厚度时已考虑了内压下的弹性失稳问题，可不受此限制。

碟形封头的许用压力公式按下式计算

$$[p_{\rm w}] = \frac{2[\sigma]^{\rm t}\phi\delta_{\rm eh}}{MR_{\rm i} + 0.5\delta_{\rm eh}} \tag{9-31}$$

9.3.4　球冠形封头

去掉碟形封头的直边及过渡圆弧部分，只留下球面部分，并直接焊在筒体上就构成了无折边球形封头，也叫球冠形封头。球冠形封头在多数情况下用作容器中两独立受压室的中间封头，也可用作端封头，如图 9-6 所示。

当承受内压时，在球形封头内应力很小，但在封头与筒壁的联接处，却存在着较大的局部边缘应力。封头与筒壁在内压作用下径向变形量不同也导致联接处附近的筒壁产生很大边缘应力。因此无折边球形封头的壁厚主要取决于这些局部应力。

受内压(凹面受压)球冠形封头的计算厚度可按内压半球形封头式(9-23)计算；对于中间封头，应考虑封头两侧最苛刻的压力组合工况；如能保证任何情况下封头两侧的压力同时作用，可以按封头两侧的压力差进行计算。

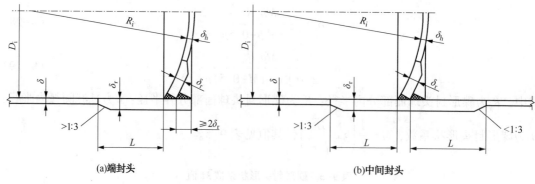

(a)端封头   (b)中间封头

图 9-6   碟形封头与筒体的连接

球冠形封头加强段的计算厚度按下式确定

$$\delta_r = \frac{Q p_c D_i}{2[\sigma]^t \phi - p_c} \tag{9-32}$$

式中，Q 为系数，对容器端封头由图 9-7 查取。

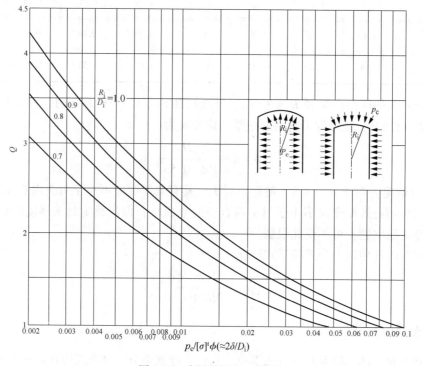

图 9-7   球冠形封头 Q 值图

GB150 规定：要求与封头连接的筒体端部厚度不得小于球冠形封头加强段厚度，否则应在圆筒端部设置加强段过渡联接；圆筒加强段计算厚度一般取封头加强段计算厚度，封头加强段长度和筒体加强段长度均应不小于 $\sqrt{2D_i \delta_r}$。

9.3.5   锥形封头

锥形封头受力状态不佳，但是锥形封头具有结构功能上的优点：便于收集与卸除设备中的固体物料，还可以作为上下部分直径不等塔设备的变径段。

154

受均匀内压的锥形封头的最大应力在锥体的大端，其值为

$$\sigma_1 = \sigma_\theta = \frac{pD}{2\delta} \cdot \frac{1}{\cos\alpha}$$

由此建立的强度条件为

$$\sigma_1 = \frac{pD}{2\delta} \cdot \frac{1}{\cos\alpha} \leqslant [\sigma]^t$$

考虑焊接接头系数并把 D 换成封头大端内径 D_c，可得计算壁厚公式为

$$\delta = \frac{p_c D_c}{2[\sigma]^t \phi - p_c} \cdot \frac{1}{\cos\alpha} \tag{9-33}$$

上式未考虑锥形封头与筒体联接处的边缘应力，因而此壁厚往往是不够的。为了降低连接处的边缘应力，往往采用两种结构形式来考虑。

1）无折边的锥形封头

将联接处附近的封头及筒体壁厚增大，这种方法叫做局部加强。如图 9-8 所示。

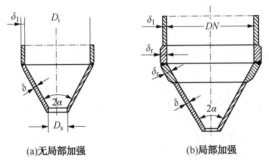

(a)无局部加强　　　　　(b)局部加强

图 9-8　无折边锥形封头

2）带折边的锥形封头

在封头与筒体间增加一个过渡圆弧，整个封头由锥体、过渡圆弧和高度为 h_0 的直边组成，如图 9-9 所示。

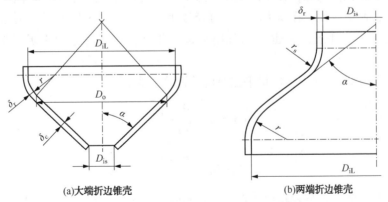

(a)大端折边锥壳　　　　　(b)两端折边锥壳

图 9-9　带折边的锥形封头

对于上述两种锥形封头有不同的计算方法，详见 GB 150.3—2011。

9.3.6　平板封头

平板封头是化工设备常用的一种封头。平板封头的几何形状有圆形、椭圆形、长圆形、

矩形和方形等，最常用的是圆形平板封头。

根据弹性力学的小挠度薄板理论，受均布载荷的平板，壁内产生两向弯曲应力：一是径向弯曲应力 σ_r，一是切向弯曲应力 σ_t，其最大应力可能在板的中心，也可能在板的边缘，主要取决于平板边缘支承情况。

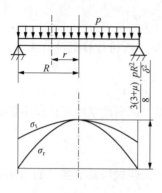

图 9-10　周边简支圆平板　　　　图 9-11　周边固支圆平板

周边简支受均布载荷的圆平板(图 9-10)，其最大应力产生在平板中心，径向弯曲应力与切向弯曲应力相等

$$\sigma_{tmax} = \mp\frac{3(3+\mu)p}{8}\left(\frac{R}{\delta}\right)^2 = \mp1.24p\left(\frac{R}{\delta}\right)^2 = \mp0.31p\left(\frac{D}{\delta}\right)^2 \tag{9-34}$$

对于周边固定(夹持)受均布载荷的圆平板(图 9-11)，其最大应力是径向弯曲应力产生在圆板的边缘

$$\sigma_{max} = \pm\frac{3}{4}p\left(\frac{R}{\delta}\right)^2 = \pm\frac{3}{16}p\left(\frac{D}{\delta}\right)^2 = \pm0.188p\left(\frac{D}{\delta}\right)^2 \tag{9-35}$$

由以上两式可知，薄板的最大弯曲应力 σ_{max} 与 $(D/\delta)^2$ 成正比，而薄壳的最大拉(压)应力 σ_{max} 与 D/δ 成正比。因此，在相同工作压力下，平板封头要比凸形封头厚得多。但是平板封头结构简单，制造方便，在压力不高，直径较小的容器中，采用平板封头比较经济简便。对于压力容器人孔、手孔盖，也广泛采用平板。此外，高压容器中平板封头也用得相当普遍。

根据强度条件 $\sigma_t \leqslant [\sigma]^t$，可得平盖厚度的计算公式。

周边简支
$$\delta_p = D_c\sqrt{\frac{0.31p_c}{[\sigma]^t\phi}} \tag{9-36}$$

周边固支
$$\delta_p = D_c\sqrt{\frac{0.188p_c}{[\sigma]^t\phi}} \tag{9-37}$$

以上两种封头的计算公式相似，只有系数不同。由于工程实际中的平板封头的边缘支撑情况比较复杂，既不属于固支，也不属于简支，往往是介于这两种情况之间。因此，在平盖的设计公式中引入结构特征系数 K，则圆形平盖厚度计算公式为

$$\delta_p = D_c\sqrt{\frac{Kp_c}{[\sigma]^t\phi}} \tag{9-38}$$

部分平盖的结构特征系数见表 9-6。

表 9-6　平盖系数 K 选择表（节自 GB 150.3—2011）

固定方法	序号	简图	结构特征系数 K	备注
与圆筒一体或对焊	1	焊缝中心　切线　δ_{ep}　L　r　δ_{ep}　D_e　δ_e　斜度1:3	0.145	仅适用于圆形平盖 $p_c \leq 0.6\text{MPa}$ $L \geq 1.1\sqrt{D_i \delta_e}$ $r \geq 3\delta_{ep}$
角焊缝或组合焊缝连接	2	f　δ_e　δ_{ep}　D_e	圆形平盖：$0.44m$（$m=\delta/\delta_e$），且不小于0.3；非圆形平盖：0.44	$f \geq 1.4\delta_e$
	3	f　f　δ_e　δ_{ep}　D_e	圆形平盖：$0.44m$（$m=\delta/\delta_e$），且不小于0.3；非圆形平盖：0.44	$f \geq 1.4\delta_e$
	4	f　f　δ_e　δ_{ep}　D_e	圆形平盖：$0.5m$（$m=\delta/\delta_e$），且不小于0.3；非圆形平盖：0.5	$f \geq 0.7\delta_e$
	5	f　δ_e　δ_{ep}　D_e		$f \geq 1.4\delta_e$
锁底对接焊缝	6	δ_1　$R6$　3　≥ 3　δ_{ep}　$30°$　3　δ_e　D_e	$0.44m$（$m=\delta/\delta_e$），且不小于0.3	仅适用于圆形平盖，且 $\delta_1 \geq \delta_e + 3\text{mm}$
	7	δ_1　$R6$　3　≥ 3　δ_{ep}　$30°$　3　δ_e　D_e	0.5	

157

固定方法	序号	简　图	结构特征系数 K	备　注
螺栓连接	8		圆形平盖或非圆形平盖 0.25	
	9		圆形平盖： 操作时：$0.3+\dfrac{1.78WL_G}{p_cD_c^3}$ 预紧时：$\dfrac{1.78WL_G}{p_cD_c^3}$	
	10		非圆形平盖： 操作时：$0.3Z+\dfrac{6WL_G}{p_cLa^2}$ 预紧时：$\dfrac{6WL_G}{p_cLa^2}$	

例 9-3　已知精馏塔的 $D_i=600$mm，材质为 Q345R，设计压力 $p=2.2$MPa，工作温度 $t=20$℃。确定该塔凸形封头和平板封头的厚度。

解　设计参数：$p_c=p=2.2$MPa，$D_i=600$mm，$[\sigma]^t=189$MPa（$3\sim16$mm），$C_2=1$mm，$C_1=0.3$mm，$\phi=1.0$。

① 选用半球形封头

计算厚度 $$\delta=\frac{p_cD_i}{4[\sigma]^t\phi-p_c}=\frac{2.2\times600}{4\times189\times1.0-2.2}=1.75\text{mm}$$

名义厚度 $$\delta_n=\delta+C_1+C_2+\Delta=1.75+0.3+1.0+\Delta=4\text{mm}$$

复验知 $\delta_n=4.0$mm 在 $3\sim16$mm 的范围内，许用应力合适。因此半球形封头的名义厚度为 4mm。

② 采用标准椭圆形封头

计算厚度 $$\delta=\frac{p_cD_i}{2[\sigma]^t\phi-0.5p_c}=\frac{2.2\times600}{2\times189\times1.0-0.5\times2.2}=3.5\text{mm}$$

名义厚度 $$\delta_n=\delta+C_1+C_2+\Delta=3.5+0.3+1.0+\Delta=6\text{mm}$$

复验知 $\delta_n=6.0$mm 在 $3\sim16$mm 的范围内，许用应力合适。因此标准椭圆形封头的名义厚度为 6mm。

③ 采用标准碟形封头

计算厚度 $$\delta=\frac{1.2p_cD_i}{2[\sigma]^t\phi-0.5p_c}=\frac{1.2\times2.2\times600}{2\times189\times1.0-0.5\times2.2}=4.2\text{mm}$$

名义厚度 $\quad\quad\quad\quad\quad\quad \delta_n = \delta + C_1 + C_2 + \Delta = 4.2 + 0.3 + 1.0 + \Delta = 6mm$

复验知 $\delta_n = 6.0mm$ 在 3~16mm 的范围内，许用应力合适。因此标准碟形封头的名义厚度为 6mm。

④ 采用平板封头（K 取 0.25）

计算厚度 $\quad\quad\quad \delta_p = D_c \sqrt{\dfrac{Kp_c}{[\sigma]^t \phi}} = 600 \sqrt{\dfrac{0.25 \times 2.2}{189 \times 1.0}} = 32.4mm$

名义厚度 $\quad\quad\quad\quad \delta_n = \delta + C_1 + C_2 + \Delta = 32.4 + 0.3 + 1.0 + \Delta = 34mm$

复验知 $\delta_n = 34mm$ 不在 3~16mm 的范围内，需要重新选择许用应力 $[\sigma]^t = 185MPa$（>16~36mm）

计算厚度 $\quad\quad\quad \delta_p = D_c \sqrt{\dfrac{Kp_c}{[\sigma]^t \phi}} = 600 \sqrt{\dfrac{0.25 \times 2.2}{185 \times 1.0}} = 32.71mm$

名义厚度 $\quad\quad\quad\quad \delta_n = \delta + C_1 + C_2 + \Delta = 32.71 + 0.3 + 1.0 + \Delta = 36mm$

复验知 $\delta_n = 36mm$ 在 >16~36mm 的范围内，许用应力合适。因此平盖的名义厚度为 36mm。

对比结论，平板封头和凸形封头相比壁厚差别非常大，考虑制造的难易程度，因此该精馏塔宜选用标准椭圆封头。

9.3.7 封头的选择

封头类型的选用主要根据设计对象的要求。对于技术经济分析和各种封头的优缺点作以下几点说明。

（1）几何方面

就单位容积的表面积来说，半球形封头为最小。椭圆形和碟形封头的容积和表面积基本相同，可以认为近似相等。锥壳的容积和表面积取决于锥顶角（2α）的大小，显然 $2\alpha = 0$ 即为圆筒体。与具有同样直径和高度的圆筒体相比较，锥形封头的容积为圆筒体的 1/3，单位容积的表面积比圆筒体大 50% 以上。

（2）力学方面

在直径、厚度和计算压力相同的条件下，半球形封头的应力最小，二向薄膜应力相等，而且沿经线的分布是均匀的。如果与壁厚相同的圆筒体连接，边缘附近的最大应力与薄膜应力并无明显不同。

椭圆形封头的应力分布均匀程度不如半球形封头，但比碟形封头要好些。由应力分析可知，椭圆形封头沿经线各点的应力是变化的，顶点处应力最大，在赤道处可能出现环向压应力。标准椭圆形封头（$D_i/2h_i = 2$）与壁厚相等的圆筒体相连接时，可以达到与圆筒体等强度。

碟形封头在力学上的最大缺点在于其具有较小的折边半径 r。这一折边的存在使得经线不连续，以致使该处产生较大的弯曲应力和环向应力。r/R 越小，则折边区的这些应力就越大，因而有可能发生环向裂纹，亦可能出现环向褶皱。因此，在设计计算中就不得不考虑应力增强系数，使整个封头增厚，而其结构将比筒体的厚度增大 40% 以上，故小折边的碟形封头实际上并不适用于压力容器。

在化工容器中采用锥形封头的目的，并非因为其在力学上有很大优点，而是锥形壳体有利于流体均匀分布和排料。锥形封头就力学特点来说，锥顶部分强度很高，故在锥顶尖开孔一般不需要补强。

(3) 制造及材料消耗方面

半球形封头通常采用冲压、爆炸成型，大型半球形封头亦可先冲压成球瓣，然后组成拼焊而成。椭圆形封头通常用冲压和旋压方法制造。碟形封头通常采用敲打、冲压或爆炸成型，大型碟形封头也有专门的滚卷机滚制的。锥形封头多数是滚制成型的，折边部分可以滚压或敲打成型。

从制造工艺分析，封头越深，直径和厚度越大，则封头制造越困难，尤其是当选用强度级别较高的钢材时更是如此。整体冲压半球形封头不如椭圆形封头好制造。椭圆形封头必须有几何形状正确的椭球面模具，人工敲打很难成形。碟形封头制造灵活性较大，既可以机械化冲压或爆炸成型，也可以土法制造。锥形封头的锥顶尖部分很难卷制。当锥顶角很小时，为了避免制造困难或减小锥体高度，可以在锥顶部分与其他封头进行组合。

习　题

9-1　某球形内压薄壁容器，内径 $D_i = 10m$，厚度 $\delta_n = 22mm$，焊接接头系数 $\phi = 1.0$，厚度附加量 $C = 2mm$，钢材许用应力 $[\sigma] = 147MPa$。试计算该球形容器的最大允许工作压力。

9-2　圆筒形锅炉汽包。设计压力为 3MPa，汽包内径为 1000mm，壁厚为 14mm，汽包材料为 Q245R，壁厚附加量 1.5mm。若汽包采用双面对接焊，全部无损检测，问汽包使用是否安全？

9-3　有一长期不用的反应釜，材质为 Q345R，实测内径为 1200mm，最小厚度为 10mm，纵向焊缝为双面焊对接接头，是否曾作检测不清楚。今欲利用该釜承受 0.6MPa 的内压，工作温度为 200℃，介质无腐蚀性，但需装设安全阀。试判断该釜能否在此条件下使用。

9-4　有一库存圆筒形容器，材料为 Q245R。实测壁厚为 10mm，内径 $D_i = 1000mm$，双面对接焊。启用前全部经无损检测，现欲利用该容器承受工作压力 1.0MPa 内压，并在 200℃下工作，取壁厚附加量 2mm，容器装有安全阀。试问该容器能否安全使用？

9-5　设计一台不锈钢(S31608)制内压圆筒形容器。最高工作压力 $p_w = 1.6MPa$，容器装爆破片防爆(已知爆破片的爆破压力 $P_b = 2.36MPa$，爆破片的制造范围上限为 0.16MPa)，工作温度为 150℃，容器直径 $D_i = 1200mm$，采用双面焊对接接头，作局部检测。试设计容器筒体壁厚。

9-6　设计一台化肥厂用甲烷反应器，直径 $D_i = 3200mm$，计算压力 $p_c = 2.6MPa$，设计温度 255℃，材质为 Q345R，采用双面焊对接接头，全部无损检测，腐蚀裕量取 $C_2 = 1.5mm$，试确定该反应器厚度并进行水压试验强度校核。

9-7　设计一化工厂用反应釜，内径为 1600mm，工作温度为 5~105℃，工作压力为 1.6MPa，釜体材料选用 Q245R，采用双面焊对接接头，局部无损检测，凸形封头上装有安全阀，腐蚀裕量取 $C_2 = 2mm$。试确定釜体厚度并进行水压试验强度校核。

9-8　有一台高压锅炉汽包，直径 $D_i = 2200mm$，工作压力为 10.5MPa，设计温度为 330℃，汽包上装有安全阀，全部焊缝采用双面焊对接接头，全部无损检测，腐蚀裕量取 $C_2 = 3mm$。试分别采用 Q345R 和 18MnMoNbR 两种材料设计汽包厚度，并作分析比较。

9-9　设计一台圆筒形容器，配有标准椭圆形封头，器顶上装有安全阀，$D_i = 1000mm$，操作温度为 200℃, 工作压力为 2.5MPa, 采用双面对接焊, 局部无损检测, 选用 S30403, 介质无腐蚀。试确定筒体和封头的壁厚。

9-10 设计一台内径为 1200mm 的圆筒形容器。工作温度为 10℃, 最高工作压力为 1.6MPa, 筒体采用双面焊对接接头, 局部无损检测, 采用标准椭圆形封头, 并用整板冲压成形, 容器装有安全阀, 材质 Q245R, 容器为单面腐蚀, 腐蚀速度为 0.2mm/a, 设计使用年限为 15 年。试设计该容器筒体及封头厚度。

9-11 有一管壳式换热器, 采用圆筒形壳体, 两端为标准椭圆封头, 内径为 1000mm, 壳程介质压力为 1.2MPa, 介质温度 180℃, 管程介质压力为 3MPa, 介质温度 340℃, 选用 S30408, 介质无腐蚀。试确定筒体和封头的壁厚。

9-12 设计容器筒体和封头厚度。已知内径 $D_i = 1400$mm, 计算压力 $p_c = 1.8$MPa, 设计温度为 40℃; 材质 Q370R, 介质无大腐蚀性; 双面焊对接接头, 100% 无损检测; 封头按半球形、标准椭圆形和标准碟形三种型式算出其所需厚度, 最后根据各有关因素进行分析, 确定一最佳方案。

第 10 章　外压容器设计

10.1　概　　述

在工程中，外部压力大于内部压力的容器称之为外压容器。在化工生产中，处于外压下操作的设备很多，如常减压系统中的减压蒸馏塔、多效蒸发中的真空冷凝器、带有蒸汽加热夹套的反应釜以及某些真空输送设备等。

10.1.1　压杆稳定性的概念

如图 10-1(a)所示，在一根细长直杆的两端逐渐施加轴向压力 P，当所加的轴向压力 P 小于某一极限值 P_{cr} 时，杆件能稳定地保持其原有的直线形状。这时，如果在压杆的中间部分作用一个微小的横向干扰力 ΔT，压杆虽会发生微小弯曲，但一旦撤去横向力 ΔT 后，压杆能很快地恢复原有的直线形状，如图 10-1(b)所示。这表明，此时压杆具有保持原有直线形状的能力，是处在一种稳定的直线平衡状态。但当轴向压力 P 达到某一极限值 P_{cr} 时，若

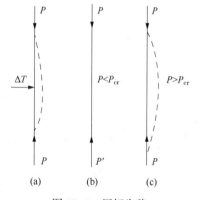

图 10-1　压杆失稳

再加一个横向干扰力 ΔT 使杆发生微小弯曲，则在撤去横向力后，压杆就不能再恢复到原有的直线形状而处于弯曲状态，如图 10-1(c)所示。这说明，此时压杆原有直线形状下的平衡已变为不稳定了。压杆的这种现象称为丧失稳定性，简称失稳。由此可见，压杆能够在直线形状下保持稳定是有条件的，它取决于轴向压力 P 是否达到极限 P_{cr}。这个极限值 P_{cr} 称为临界力或临界载荷，它是压杆由稳定平衡变为不稳定平衡的临界值，也是压杆保持直线形状下稳定平衡所能承受的最大压力。

对细长压杆来说，当轴向压力 P 达到临界力 P_{cr} 时，杆内的应力往往低于材料的屈服极限，有时甚至低于比例极限。由此可见，细长压杆丧失工作能力的原因并不是强度问题，而是失稳问题。研究压杆稳定性，主要是确定压杆的临界力 P_{cr}，只要杆件的轴向工作压力小于压杆的临界力，压杆就不会失稳。压杆的临界压力主要受杆件材料性能、杆件长度、截面形状和两端支承情况的影响。

10.1.2　外压容器的失稳

容器受外压作用时的应力计算方法与受内压时相同。对筒体而言，内压在器壁中产生拉应力，而外压则产生压应力。当外压在壳壁中的压应力达到材料的屈服极限或强度极限时，筒体发生强度破坏，但这种破坏形式是极为少见的。壳体在外压作用下，往往是壳壁的压应力还远小于筒体材料的屈服极限时，筒体就突然失去自身原来的几何形状被压扁或出现褶皱而失效，这种在外压作用下壳体突然被压瘪的现象称为失稳。失稳是外压容器失效的主要形

式，因此保证壳体的稳定性是维持外压容器正常工作的必要条件。

薄壁容器失稳时压力往往低于材料的屈服强度，这种失稳称为弹性失稳；当壳壁较厚时，其压应力超过材料屈服极限时才发生失稳，这种失稳称为弹塑性失稳。容器的失稳形式可分为侧向、轴向及局部失稳三种情况。

（1）侧向失稳　容器由于均匀侧向外压引起的失稳。侧向失稳时壳体断面由原来的圆形被压瘪而呈现波形，如图 10-2 所示。

（2）轴向失稳　薄壁圆筒在轴向外压作用下引起的失稳。失稳后仍具有圆形的环截面，但是破坏了母线的直线性，母线产生了波形，即圆筒发生了褶皱，如图 10-3 所示。

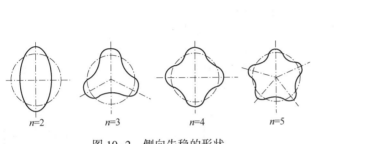

$n=2$　　　$n=3$　　　$n=4$　　　$n=5$

图 10-2　侧向失稳的形状　　　　　图 10-3　轴向失稳

（3）局部失稳　容器由于局部压应力过大而导致局部压扁或褶皱的现象。如容器在支座或其他支承处以及在安装运输中由于过大的局部压应力引起的局部失稳。

10.2　临界压力及其影响因素

10.2.1　临界压力

外压容器在失稳之前，壳体在外压作用下处于一种稳定的平衡状态。此时外压的增加并不引起壳体应力状态的改变。但当外压继续增加到某特定数值时，筒体的形状及壳壁的应力状态突然发生改变，壳壁中由单纯的压应力跃变为以弯曲应力为主的复杂应力状态，壳壁发生不能恢复的永久变形，即筒体丧失了原来的几何形状而失稳。

外压容器失稳时的压力称为临界压力，以 p_{cr} 表示。筒体在临界压力作用下，失稳前一瞬间存在的应力称为临界压应力，以 σ_{cr} 表示。

10.2.2　临界压力的影响因素

筒体临界压力的大小与筒体的几何尺寸、筒体材料性能和筒体椭圆度等因素有关。

1）筒体几何尺寸

试验证明：影响筒体临界压力的几何尺寸主要有筒体的长度 L、筒体壁厚 δ 以及筒体直径 D，并且

①长度 L 一定时，δ/D 越大，圆筒的临界压力越高；

②圆筒的 δ/D 相同，筒体越短临界压力越高；

③筒体的 δ/D 和 L/D 值均相同时，存在加强圈的筒体临界压力高。

在这里，长度 L 是指计算长度，即指两个刚性构件（如法兰、端盖、管板及加强圈等）

间的距离。对与封头相联的那段筒来说，计算长度应计入凸形封头 1/3 凸面高度。图 10-4 所示为 GB 150 中规定的部分外压容器计算长度的确定方法。

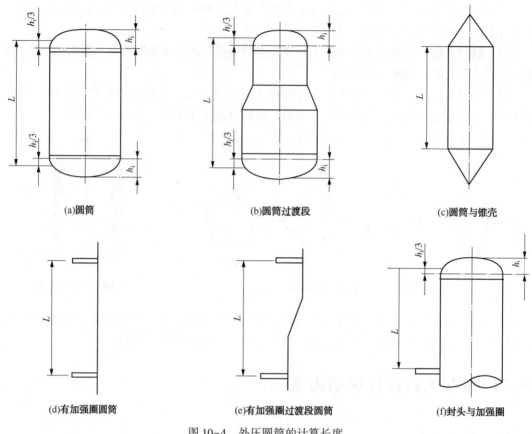

(a)圆筒   (b)圆筒过渡段   (c)圆筒与锥壳

(d)有加强圈圆筒   (e)有加强圈过渡段圆筒   (f)封头与加强圈

图 10-4　外压圆筒的计算长度

2）筒体材料性能的影响

筒体的临界压力与材料的强度没有直接关系。材料的弹性模量 E 和泊松比 μ 值越大，抵抗变形的能力就越强，因而其临界压力也就越高。

钢材的 E 和 μ 值相差不大，选用高强度钢代替一般碳钢制造外压容器，不能提高筒体的临界压力。

3）筒体椭圆度和材料不均匀

稳定性破坏主要原因不是壳体存在椭圆度或材料不均匀。即使壳体的形状很精确并且材料很均匀，当外压达到一定数值时也会失稳。壳体的椭圆度与材料的不均匀性能使其临界压力的数值降低，使失稳提前发生。除此之外，载荷不对称性和边界条件等因素也会影响临界压力 p_{cr}。

10.2.3　临界压力的理论计算公式

外压圆筒按破坏情况可分为长圆筒、短圆筒和刚性圆筒三类，这里所指的长度是指与直径 D_o、壁厚 δ_e 等有关的相对长度而非绝对长度。

1）钢制长圆筒

圆筒的 L/D_o 较大，两端的边界影响可以忽略，临界压力 p_{cr} 仅与 δ_e/D_o 有关，而与 L/D_o

无关(L 为圆筒的计算长度）。失稳时波形数 $n=2$。长圆筒的临界压力可由圆环的临界压力公式推得，即

$$p_{cr} = \frac{2E^t}{1-\mu^2}\left(\frac{\delta_e}{D_o}\right)^3 \qquad (10-1)$$

式中，p_{cr} 为临界压力，MPa；E^t 为设计温度下材料的弹性模量，MPa；δ_e 为筒体的有效壁厚，mm；D_o 为筒体的外直径，mm；μ 为材料的泊松比。

对于钢制圆筒，$\mu = 0.3$，则式（10-1）可以写成

$$p_{cr} = 2.2E^t\left(\frac{\delta_e}{D_o}\right)^3 \qquad (10-2)$$

临界压力在圆筒内引起的临界应力为

$$\sigma_{cr} \approx \frac{p_{cr}D_o}{2\delta_e} = 1.1E^t\left(\frac{\delta_e}{D_o}\right)^2 \qquad (10-3)$$

2）钢制短圆筒

钢制短圆筒两端的边界影响显著，临界压力 p'_{cr} 不仅与 δ_e/D_o 有关，而且与 L/D_o 也有关，筒失稳时波形数 n 为大于 2 的整数。

$$p'_{cr} = 2.59E^t\frac{(\delta_e/D_o)^{2.5}}{L/D_o} \qquad (10-4)$$

式中，L 为筒体的计算长度，mm。

临界压力引起的临界应力为

$$\sigma'_{cr} \approx \frac{p'_{cr}D_o}{2\delta_e} = 1.3E^t\frac{(\delta_e/D_o)^{1.5}}{L/D_o} \qquad (10-5)$$

3）刚性圆筒

对于刚性圆筒，由于圆筒的 L/D_o 较小而 δ_e/D_o 较大，所以圆筒的刚性较好，一般不会发生失稳，其破坏原因是筒体应力超过了材料的屈服点，故只需进行强度校验，强度校验公式与计算内压圆筒的公式相同。

对于长圆筒或短圆筒，要同时进行强度计算和稳定性校验，而稳定性校验更为重要。

10.2.4 临界长度

由于长圆筒与短圆筒的临界压力计算公式不同，所以要计算某一圆筒的临界压力，首先要判定该圆筒属于长圆筒还是短圆筒。相同条件下，短圆筒的临界压力 p'_{cr} 较长圆筒的临界压力 p_{cr} 大。随着长度的增加，封头对筒体壁的支撑强度减弱，短圆筒的 p'_{cr} 不断减小。当短圆筒的长度增大到某一值，封头对筒壁的支撑作用完全消失，这时候短圆筒的临界压力 p'_{cr} 下降到和长圆筒的临界压力 p_{cr} 相等。此时，所对应的长度即为长圆筒和短圆筒的临界长度 L_{cr}。

如圆筒处于临界长度 L_{cr} 时，则用长圆筒公式计算所得的临界压力 p_{cr} 和用短圆筒公式计算的临界压力 p_{cr} 值应相等，即

$$2.2E^t\left(\frac{\delta_e}{D_o}\right)^3 = 2.59E^t\frac{(\delta_e/D_o)^{2.5}}{L_{cr}/D_o}$$

整理得长圆筒与短圆筒的临界长度 L_{cr} 值为

$$L_{cr} = 1.17 D_o \sqrt{D_o / \delta_e} \tag{10-6}$$

当圆筒长度 $L > L_{cr}$ 时，p_{cr} 按长圆筒公式计算；$L < L_{cr}$ 时，p_{cr} 按短圆筒公式计算。

10.3 外压圆筒的工程设计

10.3.1 设计准则

1）许用压力

长、短圆筒的临界压力公式是按一定的理想状态下推导出来的。实际筒体往往存在几何形状不规则、材料不均匀、载荷不均匀甚至波动等。因此，决不允许工作外压力在等于或接近筒体临界压力下操作，必须引入安全系数，降低容器的许用压力，即

$$[p] = \frac{p_{cr}}{m} \tag{10-7}$$

式中，m 为稳定安全系数。GB 150 规定，对圆筒、锥壳取 $m = 3.0$，球壳、椭圆形和碟形封头取 $m = 14.52$。

2）设计准则

设计时，必须使设计压力 $p \leqslant [p]$，并接近 $[p]$，所确定的筒体壁厚才能满足外压稳定性的合理要求。

10.3.2 外压圆筒壁厚设计的图算法

由于外压圆筒壁厚的理论计算方法比较繁杂，GB 150—2011《压力容器》推荐采用图算法确定外压圆筒的壁厚，它的优点是计算简便。

1）算图的由来

在临界压力作用下，筒壁产生相应的环向应力 σ_{cr} 及应变 ε 为

$$\sigma_{cr} = \frac{p_{cr} D_o}{2\delta_e}, \quad \varepsilon = \frac{\sigma_{cr}}{E^t} = \frac{p_{cr}(D_o / \delta_e)}{2E^t} \tag{10-8}$$

将式（10-3）及式（10-5）分别代入上式，得临界压力作用下长圆筒与短圆筒内的应变 ε、ε' 分别为

$$\varepsilon = \frac{\sigma_{cr}}{E^t} = \frac{2.2 E^t (\delta_e / D_o)^3 (D_o / \delta_e)}{2E^t} = 1.1 (\delta_e / D_o)^2 \tag{10-9}$$

$$\varepsilon' = \frac{\sigma'_{cr}}{E^t} = \frac{2.59 E^t (\delta_e / D_o)^{2.5} (D_o / \delta_e)}{2E^t (L / D_o)} = 1.3 \frac{(\delta_e / D_o)^{1.5}}{L / D_o} \tag{10-10}$$

外压圆筒失稳时，筒壁的环向应变值与筒体几何尺寸（δ_e，D_o，L）之间的关系可用通式表示

$$\varepsilon = f(D_o / \delta_e, \, L / D_o) \tag{10-11}$$

对于一个壁厚和直径已经确定的筒体来说，筒体失稳时的环向应变 ε 值将只是 L / D_o 的函数。不同 L / D_o 值的圆筒体，失稳时将产生不同的 ε 值。

以 ε 为横坐标，以 L / D_o 为纵坐标，就可得到一系列具有不同 D_o / δ_e 值筒体的 ε-L / D_o 的关系曲线图，图中以外压应变系数 A 代替 ε，如图 10-5 所示。

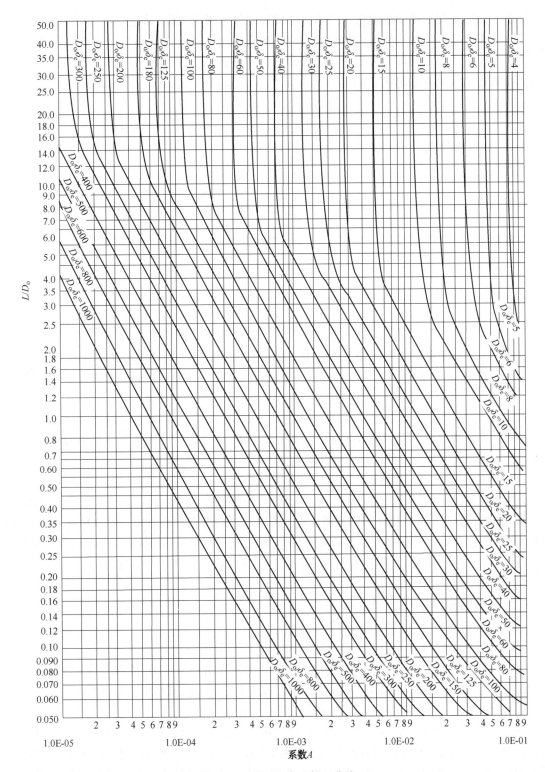

图 10-5　外压应变系数 A 曲线

图中的每一条曲线均由两部分线段组成：垂直线段（对应长圆筒）与倾斜直线（对应短圆筒）。曲线的转折点所表示的长度是该圆筒的长、短圆筒临界长度。

利用这组曲线，可以迅速找出一个尺寸已知的外压圆筒失稳时筒壁环向应变。然而，工程设计中更希望利用曲线获得外压圆筒失稳时的临界压力或安全操作时的允许工作外压力。因此，需要将失稳时的环向应变 ε 作为媒介，进一步将圆筒的尺寸(D_o、δ_e、L)与许用外压力直接通过曲线图联系起来。

根据

$$[p] = \frac{p_{cr}}{m}$$

可得

$$p_{cr} = m[p]$$

再由

$$\varepsilon = \frac{\sigma_{cr}}{E^t} = \frac{p_{cr}D_o}{2\delta_e E^t} = \frac{m[p]D_o}{2\delta_e E^t}$$

可得

$$[p] = \left(\frac{2}{m}E^t\varepsilon\right)\frac{\delta_e}{D_o}$$

令 $\frac{2}{m}E^t\varepsilon = B$，则

$$[p] = B\frac{\delta_e}{D_o} \tag{10-12}$$

对于一个已知壁厚 δ_e 与直径 D_o 的筒体，其允许工作外压力 $[p]$ 等于 B 乘以 δ_e/D_o，所以要想从 ε 找到 $[p]$，首先需要从 ε 找出 B。于是问题就转到了如何从 ε 找出 B。对于圆筒

$$B = \frac{2}{m}E^t\varepsilon = \frac{2}{3}E^t\varepsilon$$

若以 ε 为横坐标，以 B 为纵坐标，将 B 与 ε(即图 10-5 中的系数 A)关系用曲线表示出来。利用这组曲线可以方便而迅速地从 ε 找到与之相对应的系数 B，进而求出 $[p]$。

当 ε 比较小时，E 是常数，为直线(相当于比例极限以前的变形情况)。当 ε 较大时(相当于超过比例极限以后的变形情况)，E 值有很大的降低，而且不再是一个常数，为曲线。

不同的材料有不同的比例极限和屈服点，所以有一系列的 $A-B$ 曲线，如图 10-6~图 10-15 所示。此外，为了方便获取 A 值和 B 值，GB 150 给出了图 10-5 中不同 L/D_o 和 D_o/δ_e 值所对应的系数 A，见附表 2-1。同样针对不同温度和 A 值，给出了图 10-6~图 10-15 中相对应的 B 值，见附表 2-2~附表 2-11。

2) 外压圆筒和管子壁厚的图算法

(1) $D_o/\delta_e \geq 20$(薄壁)的圆筒和管子

① 假设 δ_n，计算 $\delta_e = \delta_n - C$，而后定出比值 L/D_o 和 D_o/δ_e；

② 在图 10-5 的左方找到 L/D_o 值，过此点沿水平方向右移与 D_o/δ_e 线相交(遇中间值用内插法)，若 $L/D_o > 50$，则用 $L/D_o = 50$ 查图，若 $L/D_o < 0.05$，则用 $L/D_o = 0.05$ 查图；

③ 过此交点沿垂直方向下移，在图的下方得到系数 A；

④ 根据所用材料选用图 10-6~图 10-15，在图下方找出由③所得的系数 A。若 A 值落在设计温度下材料线的右方，则过此点垂直上移，与设计温度下的材料线相交(遇中间温度值用内插法)，再过此交点沿水平方向右移，在图的右方得到系数 B。若 A 值超出设计温度曲线的最大值，则取对应温度曲线右端点的纵坐标值为 B 值。若 A 小于设计温度曲线的最小值，则按下式计算 B 值

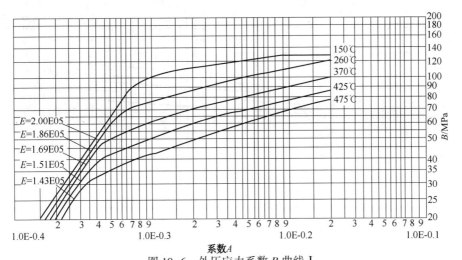

图 10-6　外压应力系数 B 曲线 I

注：用于屈服强度 $R_{eL} < 207\text{MPa}$ 的碳素钢和 S11348 钢等。

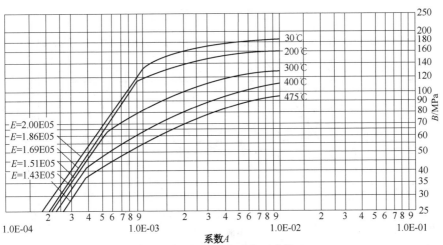

图 10-7　外压应力系数 B 曲线 II

注：用于 Q345R 钢。

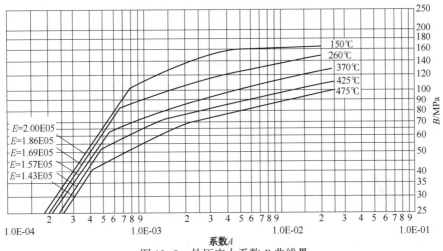

图 10-8　外压应力系数 B 曲线 III

注：用于除 Q345R 材料外，材料的屈服强度 $R_{eL} > 207\text{MPa}$ 的碳钢、低合金钢和 S11306 钢等。

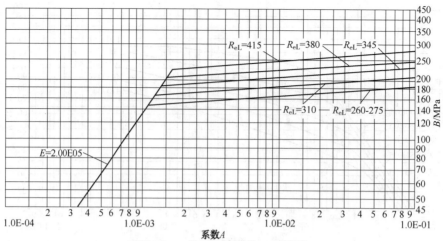

图 10-9　外压应力系数 B 曲线 Ⅳ

注：用于除 Q345R 材料外，材料的屈服强度 $R_{eL}>260MPa$ 的碳钢、低合金钢等。

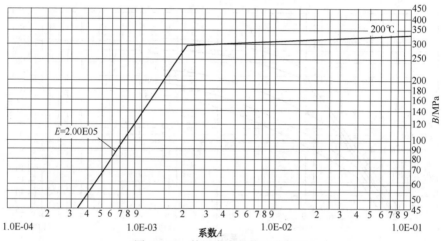

图 10-10　外压应力系数 B 曲线 Ⅴ

注：用于 07MnMoVR 钢等。

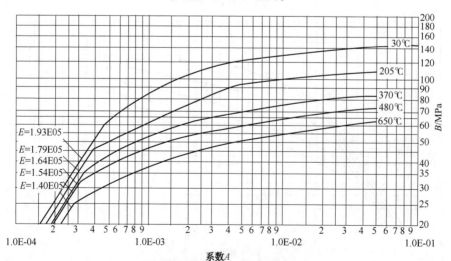

图 10-11　外压应力系数 B 曲线 Ⅵ

注：用于 S30408 钢等。

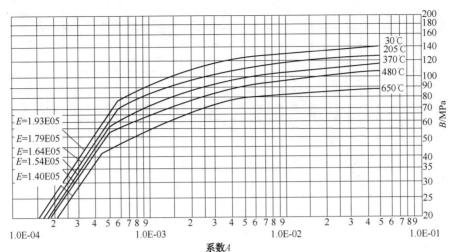

图 10-12　外压应力系数 B 曲线Ⅶ

注：用于 S31608 钢等。

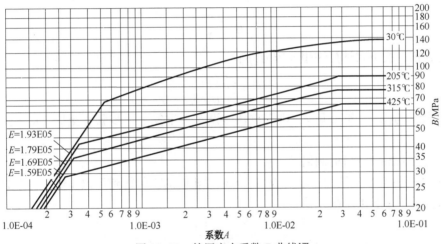

图 10-13　外压应力系数 B 曲线Ⅷ

注：用于 S304403 钢等。

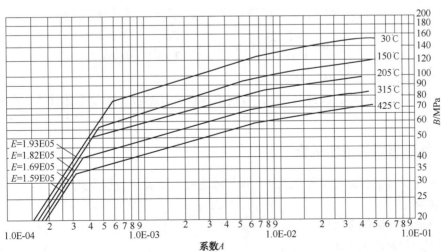

图 10-14　外压应力系数 B 曲线Ⅸ

注：用于 S31603 钢等。

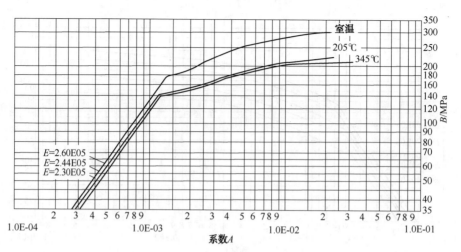

图 10-15　外压应力系数 B 曲线 X

注：用于 S21953 钢等。

$$B = \frac{2AE^t}{3}$$

根据 B 值，按下式计算许用外压力 $[p]$

$$[p] = \frac{B}{D_o/\delta_e}$$ (10-13)

⑤ 比较 p 与 $[p]$，若 $p > [p]$，则需重新假设 δ_e，重复上述步骤直至 $[p]$ 大于且接近于 p 为止。

（2）$D_o/\delta_e < 20$（厚壁）的圆筒

① 对 $D_o/\delta_e \geqslant 4.0$ 的圆筒，用与 $D_o/\delta_e \geqslant 20$ 时相同的步骤得到系数 A 值；对于 $D_o/\delta_e < 4.0$ 的圆筒和管子应按下式计算 A 值

$$A = \frac{1.1}{(D_o/\delta_e)^2}$$ (10-14)

系数 $A > 0.1$ 时，取 $A = 0.1$。

② 用与 $D_o/\delta_e \geqslant 20$ 时相同的步骤得到系数 B 值。按下式计算许用外压力

$$[p] = \min\left\{\left(\frac{2.25}{D_o/\delta_e} - 0.0625\right)B, \ \frac{2\sigma_0}{D_o/\delta_e}\left(1 - \frac{1}{D_o/\delta_e}\right)\right\}$$ (10-15)

式中，$\sigma_0 = \min\{2[\sigma]^t, \ 0.9R_{eL}^t(R_{p0.2}^t)\}$。

③ 计算得到的 $[p]$ 应大于或等于 p，否则须调整设计参数，重复上述计算，直到满足设计要求。

10.3.3　外压容器的耐压试验

外压容器和真空容器的耐压试验按内压容器进行，试验压力按下式确定

液压试验 　　　　　　　　　　$p_T = 1.25p$ (10-16)

气压试验或气液组合试验 　　　$p_T = 1.1p$ (10-17)

式中，p 为设计外压力，MPa。

对于带夹套的容器应在容器的液压试验合格后再焊接夹套。夹套也需以 1.25p 做内压试

验，这时必须事先校核该容器在夹套试压时稳定性是否足够。如果容器在该夹套试验压力下不能满足稳定性的要求时，则应在夹套试压的同时，使容器内保持一定的压力，以便在整个试压过程中使筒壁的外、内压差不超过设计值。夹套容器内筒在设计压力为正值时按内压容器试压，在设计压力为负值时按外压容器进行液压试验。

例 10-1 试确定一台外压容器的壁厚。已知设计外压力 $p = 0.18MPa$，内径 $D_i = 1800mm$，圆筒的计算长度 $L = 10350mm$，设计温度 200℃，壁厚附加量 $C = 2mm$，材质 Q345R，$E^t = 1.86×10^5 MPa$。

解 ①假设筒体名义壁厚为 $\delta_n = 18mm$；则 $D_o = 1800+2×18 = 1836mm$

筒体的有效壁厚 $\delta_e = \delta_n - C = 18-2 = 16mm$

$$L/D_o = 10350/1836 = 5.64, \quad D_o/\delta_e = 1836/16 = 114.8 \quad (D_o/\delta_e > 20)$$

② 在图 10-5 的左方找到 L/D_o 值，过此点沿水平方向右移与 $D_o/\delta_e = 114.75$ 的线相交，过交点沿垂直方向下移，在图的下方得到系数 $A = 0.00018$；

③ 在图 10-7 的下方找出 $A = 0.00018$ 所对应的点。此点落在材料温度线的左方，故用下式计算 B 值：

$$B = \frac{2AE^t}{3} = \frac{2×0.00018×1.86×10^5}{3} = 22.32MPa$$

$$[p] = \frac{B}{D_o/\delta_e} = \frac{22.32}{114.8} = 0.194MPa$$

显然 $p<[p]$，且较接近，取 $\delta_n = 18mm$ 合适。

10.4　外压球壳与凸形封头的设计

10.4.1　外压球壳和球形封头的设计

受外压的球壳和球形封头所需的壁厚，按下列步骤确定：

① 假设 δ_n，令 $\delta_e = \delta_n - C$，而后定出比值 R_o/δ_e；

② 确定外压应变系数 A。根据 R_o/δ_e，用下式计算系数 A 值

$$A = \frac{0.125}{R_o/\delta_e} \tag{10-18}$$

③ 确定外压应力系数 B。

根据所用材料选用图 10-6~图 10-15，在图的下方找出由②所得的系数 A。若 A 值落在设计温度下材料线的右方，则过此点垂直上移，与设计温度下的材料线相交（遇中间温度值用内插法），再过此交点沿水平方向右移，在图的右方得到系数 B。若 A 值超出设计温度曲线的最大值，则取对应温度曲线右端点的纵坐标值为 B 值。若 A 小于设计温度曲线的最小值，则按下式计算 B 值

$$B = \frac{2AE^t}{3}$$

并按下式计算许用外压力 $[p]$

$$[p] = \frac{B}{R_o/\delta_e} \tag{10-19}$$

④ 计算得到的 $[p]$ 应大于或等于 p，否则须调整设计参数，重复上述计算，直到满足设计要求。

10.4.2 凸面受压封头的设计

受外压(凸面受压)的椭圆形封头，球冠形封头和碟形封头所需的最小壁厚采用外压球壳的设计方法。计算过程中，对球冠形封头和碟形封头，R_o 取球面部分内半径；椭圆形封头取 $R_o = K_1 D_o$，K_1 为由椭圆形长短轴比值决定的系数，见表 10-1。标准椭圆封头取 $K_1 = 0.9$。

表 10-1 系数 K_1 值

$\dfrac{D_o}{2h_o}$	2.6	2.4	2.2	2.0	1.8	1.6	1.4	1.2	1.0
K_1	1.18	1.08	0.99	0.90	0.81	0.73	0.65	0.57	0.50

注：(1) 中间值用内插法求得；

(2) $K_1 = 0.9$ 为标准椭圆形封头；

(3) $h_o = h_i + \delta_{nh}$。

例 10-2 试设计一外压椭圆形封头的壁厚。已知设计外压力 $p = 0.4$MPa，内径 $D_i = 1800$mm，封头内壁曲面高度 $h_i = 450$mm，设计温度 $400℃$，壁厚附加量 $C = 2$mm，材质为 Q345R。

解 ① 假设筒体名义壁厚为 $\delta_n = 14$mm

$D_o = 1800 + 2 \times 14 = 1828$mm

$h_o = 450 + 14 = 464$mm

筒体的有效壁厚 $\delta_e = \delta_n - C = 14 - 2 = 12$mm

$D_o / 2h_o = 1828 / (2 \times 464) = 1.97$

查表 10-1，插值得 $K_1 = 0.887$，$R_o = K_1 \times D_o = 0.887 \times 1828 = 1621.4$mm

$R_o / \delta_e = 1621.4 / 12 = 135.1$

② 计算 A 值

$$A = \frac{0.125}{R_o / \delta_e} = \frac{0.125}{135.1} = 0.00093$$

③ 由图 10-7 查得 $B = 62$MPa

$$[p] = \frac{B}{R_o / \delta_e} = \frac{62}{135.1} = 0.46\text{MPa}$$

显然 $p < [p]$，且较接近，取 $\delta_n = 14$mm 合适。可以采用 $\delta_n = 14$mm 的 Q345R 钢制造该椭圆封头。

10.5 加强圈的设计

10.5.1 加强圈的作用与结构

设计外压圆筒时，在试算过程中，如果许用外压力 $[p]$ 小于设计外压力 p，则必须增加圆筒的壁厚或缩短圆筒的计算长度。当圆筒的直径和厚度不变时，减小圆筒的计算长度可以提高其临界压力，从而提高许用操作外压力。增加壁厚的办法来提高圆筒的许用操作外压力是不合算的，适宜的办法是在外压圆筒的外部或内部装几个加强圈，以缩短圆筒的计算长度，增加圆筒的刚性。

加强圈应有足够的刚性，通常采用扁钢、角钢、工字钢或其他型钢，因为型钢截面惯性矩较大，刚性较好。常用的加强圈结构如图10-17所示。

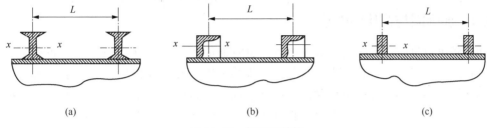

图 10-17　加强圈结构

10.5.2　加强圈的间距

钢制短圆筒的临界压力计算公式可以写作

$$p'_{\mathrm{cr}} = mp = 2.59E^{\mathrm{t}}\frac{(\delta_e/D_o)^{2.5}}{L_s/D_o} \tag{10-20}$$

式中，L_s 为加强圈的间距，mm。

由上式可以看出，当圆筒的 D_o 和 δ_e 一定时，外压圆筒临界压力和允许最大工作外压力随着筒体加强圈间距 L_s 的缩短而增加。

在设计外压圆筒时，如果加强圈间距已确定，则可按图算法确定出筒体壁厚；如果筒体的 D_o 和 δ_e 已确定，为保证筒体能够承受设计外压力，可以从下式解出所需加强圈的最大间距

$$L_s = 2.59E^{\mathrm{t}}D_o\frac{(\delta_e/D_o)^{2.5}}{mp} = 0.89E^{\mathrm{t}}\frac{D_o}{p}\left(\frac{\delta_e}{D_o}\right)^{2.5} \tag{10-21}$$

加强圈的个数等于圆筒不设加强圈的计算长度 L 除以所需加强圈间距 L_s 再减 1，即加强圈个数 $n = (L/L_s) - 1$。

10.5.3　加强圈尺寸设计

加强圈的尺寸按下列步骤确定：

① 已知 D_o、L_s 和 δ_e，根据圆筒的计算外压力，选定加强圈材料与截面尺寸，并计算其横截面积 A_s 和加强圈与壳体有效段组合截面的惯性矩 I_s。

② 用下式计算 B 值

$$B = \frac{p_c D_o}{\delta_e + A_s/L_s} \tag{10-22}$$

③ 根据所用材料，查图10-6~图10-15确定对应的外压应力系数 B 曲线图，由 B 值反查系数 A 值；若 B 值超出设计温度曲线的最大值，则取对应温度曲线右端点的横坐标值为 A 值；若 B 值小于设计温度曲线的最小值，则按下式计算 A 值

$$A = \frac{3B}{2E^{\mathrm{t}}} \tag{10-23}$$

④ 计算加强圈与壳体组合截面所需的惯性矩 I 值

$$I = \frac{D_o^2 L_s (\delta_e + A_s/L_s)}{10.9} A \qquad (10\text{-}24)$$

⑤比较 I 与 I_s，若 $I_s < I$，则必须另选一具有较大惯性矩的加强圈，重复上述步骤，直至计算所得的 I_s 大于且接近 I 为止。

10.5.4　加强圈与筒体间的连接

加强圈可以设置在容器的内部或外部。如果加强圈焊在容器的外壁，加强圈每侧间断焊接的总长应不小于圆筒外圆周长的 1/2；如果加强圈焊在容器内壁，应不小于内圆周长的 1/3。焊件尺寸不得小于焊件中较薄件的厚度。间断焊接的布置如图 10-18 所示，间断焊接可以互相错开或并排布置，最大间距 t，对外加强圈为 $8\delta_n$，对内加强圈为 $12\delta_n$。

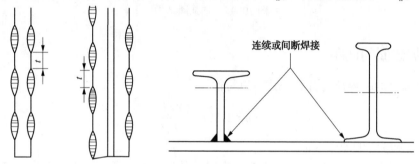

图 10-18　加强圈与壳体连接

例 10-3　一外压圆筒形容器，已知计算外压 $p_c = 0.2\text{MPa}$，内径 $D_i = 1800\text{mm}$，圆筒计算长度 L = 10350mm，设计温度 250℃，壁厚附加量 $C = 2\text{mm}$，材质为 Q345R。试问选用 14mm 厚钢板能否制造该容器？如果需要设置加强圈，则需要几个？

解　① $D_o = 1800 + 2 \times 14 = 1828\text{mm}$，$\delta_e = \delta_n - C = 14 - 2 = 12\text{mm}$

$$L/D_o = 10350/1828 = 5.66, \quad D_o/\delta_e = 1828/12 = 152.3$$

由图 10-5 查得 $A = 0.00011$；在图 10-7 的下方找出 $A = 0.00011$ 所对应的点，此点落在材料温度线的左方，故

$$[p] = \frac{2AE^t}{3D_o/\delta_e} = \frac{2 \times 0.00011 \times 1.88 \times 10^5}{3 \times 152.3} = 0.0905\text{MPa}$$

由于 $p > [p]$，故不能采用 $\delta_n = 14\text{mm}$ 的 Q345R 钢板制造该容器。

② 所需加强圈的最大间距

$$L_s = 0.89 E^t \frac{D_o}{p} \left(\frac{\delta_e}{D_o}\right)^{2.5} = 0.89 \times 1.88 \times 10^5 \times \frac{1828}{0.2} \left(\frac{1}{152.3}\right)^{2.5} = 5342\text{mm}$$

加强圈个数　　　　　$n = L/L_s - 1 = 10350/5342 - 1 = 0.94$

取整 $n = 1$，即设置 1 个加强圈。

习　题

10-1　有一台聚乙烯聚合釜，其外径为 $D_o = 1580$mm，计算长度 $L = 7060$mm，有效厚度 $\delta_e = 11$mm，材质为 S30403，设计温度为 200℃。试确定釜体的最大允许外压力。

10-2　有一台圆筒形 S30408 不锈钢反应釜，内径为 1400mm，高为 8000mm（包括封头直边），两端为标准椭圆形封头，壳体壁厚 $\delta_n = 10$mm。试问该釜在常温下能承受多大的外压？

10-3　有一容器，直径 $D_i = 600$mm，壳体厚度 $\delta_n = 6$mm，壁厚附加量 $C = 2$mm，计算长度 $L = 5000$mm，材质为 Q245R，工作温度为 200℃。试问该容器能否承受 0.1MPa 的外压力？

10-4　有一台液氮罐，直径为 $D_i = 800$mm，计算长度 $L = 1500$mm，有效厚度 $\delta_e = 2$mm。材质为 S31603，由于其密闭性能要求较高，故须进行真空试漏，试验条件为绝对压力 0.133Pa，问不设置加强圈能否被抽瘪？如果需要加强圈，则需要几个？

10-5　设计一台外压设备，已知筒体 $D_i = 1600$mm，计算长度 $L = 6000$mm，采用 6mm 的不锈钢（S31608）钢板。试校核能否满足在 370℃、真空条件下工作。若不能满足，可采取哪些措施？

10-6　已知外压筒体 $D_i = 1800$mm，计算长度为 3000mm，在 240℃下操作，最大内外压差为 0.2MPa。若采用 Q245R 制造，厚度附加量取 2mm，试确定所需壁厚。

10-7　设计一台尿素真空蒸发罐，已知直径 $D_i = 4000$mm，$L = 4300$mm（切线间长度），两端采用标准椭圆形封头，最高操作温度<200℃，材质为 S31603。试确定罐体和封头的厚度。

10-8　有一真空容器，其两端封头均为半球形。已知容器内径 $D_i = 1000$mm，圆筒长度为 2000mm，壁温≤200℃，材质 Q245R，介质轻微腐蚀。试计算筒体和半球形封头的厚度。若在该容器上安装一个加强圈，再设计筒体和封头厚度。

10-9　设计一台缩聚釜，釜体内径 $D_i = 1000$mm，计算长度为 700mm，用 S31608 钢板制造。釜体夹套内径为 1200mm，用 Q235B 钢板制造。该釜开始是常压操作，然后抽低真空，继之抽高真空，最后通 0.3MPa 的氮气。釜内物料温度≤275℃，夹套内载热体最大压力为 0.2MPa。整个釜体与夹套均采用带垫板的单面手工对焊接头，局部无损检测，介质无腐蚀性。试确定釜体和夹套厚度。

第11章 压力容器的零部件

压力容器的主体是壳体,除此之外,还有法兰、支座、接管、人孔等零部件。这些零部件的力学分析比较复杂,计算麻烦,给工程设计带来了一定困难。但由于用量较大,考虑到工程上使用安全可靠、设计优化以及降低制造成本,对一定的设计压力和尺寸范围内的压力容器零部件都已制定了标准。在设计时可根据需要,按相应标准中规定的选用方法直接查取选用,本章也主要介绍这些标准零部件的选用方法。对于标准系列中没有的零部件,可按GB 150或其他相关标准进行计算,或进行详细的应力分析后设计。

11.1 法兰连接

考虑到生产工艺要求,以及制造、运输、安装和检修方便,在筒体与筒体、筒体与封头、管道与管道、管道与阀门之间,常采用可拆卸的法兰连接。法兰连接具有密封可靠、强度足够、适应范围广等优点。

11.1.1 法兰连接结构与密封原理

法兰连接结构一般由连接件(螺栓、螺母)、被连接件(法兰)、密封元件(垫片)等组成,如图11-1所示。法兰密封失效很少是由于连接件或被连接件强度破坏引起的,多是因密封不好而造成介质泄漏。因此,法兰连接设计中主要解决的问题是防止介质泄漏,防止流体泄漏的基本原理是在连接口处增加流体流动的阻力。当压力介质通过密封口的阻力降大于密封口两侧的介质压力差时,介质就被密封住了。这种阻力的增加是依靠密封面上的密封比压来实现的。

一般来说,密封口泄漏主要有垫片渗漏和密封面泄漏两个途径。垫片渗漏取决于垫片的材质和型式,渗透性材料制成的垫片本身存在着大量的毛细管,渗漏是难免的,采用不渗透材料或用填充剂堵塞多孔性材料的孔隙可减少渗漏;密封面泄漏是密封失效的主要形式,它与密封面的结构有关,主要由密封组合面各部分的性能以及相互间的变形所决定。

图11-2给出了强制密封中垫片的变形过程。将法兰密封面和垫片材料表面的微观尺寸放大,可以看出二者表面都是凹凸不平的,如图11-2(a)所示。把法兰螺栓的螺母拧紧,螺栓力通过法兰密封面作用在垫片上。当垫片单位面积上所受的压紧力达到某值时,垫片本身被压实,法兰密封面上由机械加工形成的微隙被填满,形成了初始密封条件,如图11-2(b)所示。形成初始密封条件时在垫片单位面积上受到的压紧力,称为预紧密封比压。当通入介质压力时,螺栓被拉伸,法兰密封面沿着彼此分离的方向移动,垫片的压缩量减少,预紧密封比压下降,如图11-2(c)所示。如果垫片具有足够的回弹能力,使压缩变形的回复能补偿螺栓和密封面的变形,而使预紧密封比压值至少降到不小于某一值(这个比压值称为工作密封比压),则法兰密封面之间能够保持良好的密封状态。反之,垫片的回弹力不足,预紧密封比压下降到工作密封比压以下,甚至密封处出现缝隙,则此密封就会失效。因此,为了实现法兰连接的密封,必须使密封组合件各部分的变形与操作条件下的密封条件相适应,

即使密封元件在操作压力作用下，仍然保持一定的残余压紧力。为此，法兰和螺栓都必须具有足够大的强度和刚度，使螺栓在容器内压形成的轴向力作用下不发生过大的变形。

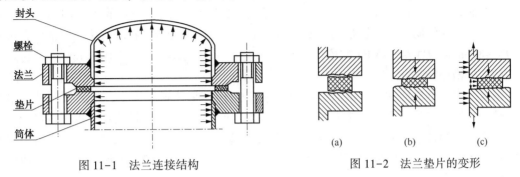

图 11-1　法兰连接结构　　　　　　　　图 11-2　法兰垫片的变形

11.1.2　法兰密封的主要影响因素

1）螺栓预紧力

螺栓预紧力是影响密封的一个重要因素。提高螺栓预紧力，可以增加垫片的密封能力。因为加大预紧力可使渗透性垫片材料的毛细管缩小，同时提高工作密封比压。预紧力必须使垫片压紧并实现初始密封条件，但预紧力过大会使垫片被压坏或挤出。

由于预紧力是通过法兰密封面传递给垫片的，要达到良好的密封，必须使预紧力均匀地作用于垫片。因此，当密封所需要的预紧力一定时，采取减小螺栓直径，增加螺栓个数的办法对密封是有利的。

2）密封面（压紧面）

密封面直接与垫片接触，它既传递螺栓力使垫片变形，又是垫片变形的表面约束。为达到预期的密封效果，密封面的形状和表面光洁度应与垫片相配合。密封面的表面决不允许有径向刀痕或划痕。密封面的平直度和密封面与法兰中心轴线垂直、同心，是保证垫片均匀压紧的前提。减小密封面与垫片的接触面积，可以有效地降低预紧力，但若减得过小，则易压坏垫片。法兰密封面的型式取决于工艺条件（压力、温度、介质等）、密封口径、垫片材料和结构。常用的法兰密封面型式如图 11-3 所示。

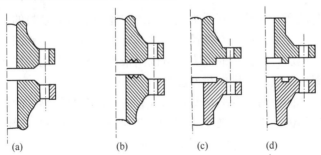

图 11-3　中低压法兰密封面形状

（1）平面型密封面

密封面表面为光滑平面，或有数条三角形断面沟槽，如图 11-3（a）、（b）所示。其优点是密封面结构简单，加工方便，且便于进行防腐衬里。缺点是密封面垫片接触面积较大，预紧时垫片容易往两边挤，不易压紧，密封性能较差。适用于压力不高（$PN<2.5MPa$）、介质

无毒的场合。

（2）凹凸型密封面

密封面是由一个凸面和一个凹面相配合组成[图11-3(c)]，垫片放置在凹面上。优点是便于对中，能够防止垫片被挤出，故可适用于压力较高的场合。在现行法兰标准中，可用于 $DN \leqslant 800mm$、$PN \leqslant 6.4MPa$ 的场合。

（3）榫槽型密封面

密封面由一个榫面和一个槽面组成[图11-3(d)]，垫片置于槽中，不会被挤动。垫片可以较窄，压紧垫片所需的螺栓力较小。即使用于压力较高之处，螺栓尺寸也不致过大。因此，它比以上两种密封面更易获得良好的密封性。缺点是结构与制造比较复杂，更换挤在槽中的垫片比较困难，榫面部分容易损坏。榫槽型密封面适用于易燃、易爆、有毒的介质以及较高压力的场合。

（4）锥形密封面

锥形密封面是和球面金属垫片(称透镜垫片)配合而成，锥角20°(图11-4)，常用于高压管件密封，使用压力超过100MPa。缺点是需要的尺寸精度和表面光洁度高，直径大时加工困难。

（5）梯形槽密封面

梯形槽密封面利用槽的内外锥面与垫片接触而形成密封，槽底不起密封作用(图11-5)。密封面一般与槽的中心线成23°，与椭圆形或八角形截面的金属垫圈配合。这种密封面密封可靠，加工比透镜垫容易，适用于高压容器和高压管道，使用压力一般为7~70MPa。

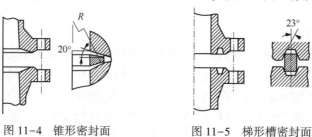

图11-4　锥形密封面　　　　图11-5　梯形槽密封面

3）垫片性能

垫片是构成密封的重要元件，其适当变形和回弹能力是形成密封的重要条件。垫片的变形包括弹性变形和塑性变形，而只有弹性变形才具有回弹能力。垫片回弹能力是指在法兰承受介质压力时垫片适应法兰面分离的能力，可以用来衡量密封性能的好坏。回弹能力大，可以适应操作压力和温度的波动，则密封性能好。

垫片的变形和回弹能力与垫片的材料和结构有关。适合制作垫片的材料，一般具备以下几个特点：①耐介质腐蚀，不污染操作介质；②良好的变形性能和回弹能力；③有一定的机械强度和适当的柔软性；④在工作温度下不易变质硬化或软化。

垫片的几何尺寸包括厚度和宽度，垫片越厚，变形量就越大，所需的密封比压越小，压力较高时，宜选较厚的垫片。但垫片太厚，其比压分布就可能不太均匀，垫片就容易被压坏或挤出。垫片越窄，越容易压紧，也就是在相同密封比压下所需的压紧力小，故一般垫片宜取较小的宽度。

常用的垫片可以分为非金属垫片、金属垫片和金属-非金属混合制垫片，垫片的种类和截面形状如图11-6所示。

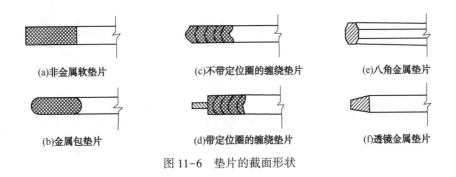

图 11-6　垫片的截面形状

(1) 非金属垫片

常用材料有橡胶、石棉橡胶、聚四氟乙烯等。普通橡胶垫仅用于低压和温度低于100℃的水和水蒸气等无腐蚀性介质；石棉橡胶垫主要用于温度低于350℃的水、油、蒸汽等场合；聚四氟乙烯垫则用于盛装腐蚀性介质的容器上。

(2) 金属垫片

金属垫片材料不要求强度高，而是要求软韧。常用金属垫片材料有软铝、铜、铁(软钢)、蒙耐尔合金钢和18-8奥氏体不锈钢等。金属垫片主要用于中、高温和中、高压的法兰连接密封。

(3) 金属-非金属混合制垫片

金属-非金属混合制垫片有金属包垫片和缠绕垫片。金属包垫片是石棉、石棉橡胶作为芯材，外包镀锌铁皮或不锈钢薄板，常用于中低压($p \leqslant 6.4\text{MPa}$)和较高温度($t \leqslant 450℃$)的场合。缠绕垫是由金属薄带与非金属填充物石棉、石墨等相间缠绕而成，常用于温度($t \leqslant 450 \sim 650℃$)和压力($p \leqslant 10\text{MPa}$)较高的场合。

选择垫片时，要综合考虑介质的性质、操作压力和温度以及需要的密封程度，也要考虑垫片的性能、密封面的型式、螺栓力的大小以及装卸要求等。其中，操作压力和温度是影响垫片密封的主要因素，也是选用垫片的主要依据。对于高温高压的情况，一般选用金属垫片；中温、中压条件可采用金属-非金属混合制垫片或非金属垫片；中、低压情况多采用非金属垫片；高真空或深冷温度下宜采用金属垫片。常用垫圈的选用参见表11-1。

表 11-1　垫圈选用表

介　质	法兰公称压力 PN/MPa	介质温度/℃	配用压紧面型式	选用垫圈	
				名　称	材料
油品，油气，液化气，氢气，硫化催化剂，溶剂(丙烷、丙酮、苯、酚、糠醛、异丙醇)浓度≤25%的尿素	≤1.6	≤200	平面型	耐油橡胶石棉垫	耐油橡胶石棉板
		201~300		缠绕式垫圈	08(15)钢带-石棉带
	2.5	≤200	平面型	耐油橡胶石棉垫	耐油橡胶石棉板
	4.0	≤200	平面型(凹凸型)	缠绕式垫圈	08(15)钢带-石棉带
	2.5~4.0	201~450		金属包石棉垫圈	马口铁-石棉板
	2.5~4.0	451~600		缠绕式合金垫圈	0Cr13(1Cr13或2Cr13)钢带-石棉带
	6.4~16	≤450	梯形槽	八角形截面垫圈	0.8(10)
		451~600			1Cr18Ni9(1Cr18Ni9Ti)

介　质	法兰公称压力 PN/MPa	介质温度/℃	配用压紧面型式	选用垫圈	
				名　称	材料
蒸汽	1.0, 1.6	≤250	平面型	石棉橡胶垫	中压石棉橡胶板
	2.5, 4.0	251~450	平面型 凹凸型	缠绕式垫圈 金属包石棉垫圈	08(15)钢带-石棉带 马口铁-石棉板
	10	450	梯形槽	八角形截面垫圈	08(10)
水	6.4~16	≤100			
盐水	≤1.6	≤60	平面型	橡胶垫圈	橡胶板
		≤150		石棉橡胶垫圈	中压石棉橡胶板
气氨 液氨	2.5	≤150	凹凸型 (榫槽型)		
空气、惰性气体	≤1.6	≤200	平面型		
≤98%的硫酸 ≤35%的盐酸	≤1.6	≤90	平面型		
45%的硝酸	0.25, 0.6	≤45	平面型	软塑料垫圈	软聚氯乙烯 聚乙烯 聚四氟乙烯
液碱	≤1.6	≤60	平面型	石棉橡胶垫圈 橡胶垫圈	中压石棉板 橡胶板

　　压力容器法兰用垫片可参照 NB/T 47024~47026—2012 进行选取，管法兰用垫片可参照 HG/T 20606~20612—2009 进行选取。

　　4）法兰刚度

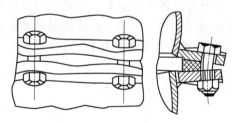

图 11-7　法兰的翘曲变形

　　法兰刚度不足而产生过大的翘曲变形（图 11-7），往往是导致密封失效的原因。法兰刚度与许多因素有关。其中，增加法兰的厚度、减小螺栓力作用的力臂（即缩小螺栓中心圆直径）和增大法兰盘外径，都能提高法兰的抗弯刚度；对于带长颈的整体和松套法兰，增大长颈部分的尺寸，将能显著提高法兰抗弯变形能力。

　　5）操作条件

　　操作条件指压力、温度及介质的物理和化学性质。单纯的压力或介质因素对泄漏的影响并不显著，只有和温度联合作用时，问题才显得严重。

　　温度对密封性能的影响主要包括：①高温介质黏度小，渗透性大，容易泄漏；②介质在高温下对垫片和法兰的溶解与腐蚀作用将加剧，增加了产生泄漏的因素；③在高温下，法兰、螺栓、垫片可能发生蠕变，致使密封面松弛，密封比压下降；④非金属垫片在高温下将加速老化或变质，甚至被烧毁；⑤在高温作用下，由于密封组合件各部分的温度不同，产生不均匀的热膨胀，增加了泄漏的可能；如果温度和压力联合作用，而且温度和压力激烈地反复变化，则密封垫片会发生"疲劳"，使密封完全失效。

11.1.3 法兰的分类

按法兰与垫片的接触面积可以分为窄面法兰和宽面法兰两类。

（1）窄面法兰

法兰与垫片的整个接触面积都位于螺栓孔包围的圆周范围内，如图 11-8(a)所示。

（2）宽面法兰

法兰与垫片接触面积位于法兰螺栓中心圆的内外两侧，如图 11-8(b)所示。

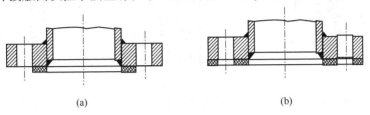

(a)   (b)

图 11-8　窄面与宽面法兰

按法兰与容器或管道的连接方式可将法兰分为整体法兰、松套法兰和螺纹法兰三类。

（1）整体法兰

与容器或管道不可拆地固定在一起的法兰称为整体法兰。常见的整体法兰有两种。

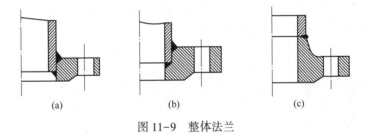

(a)   (b)   (c)

图 11-9　整体法兰

① 平焊法兰　如图 11-9(a)、(b)所示。这种法兰制造容易，应用广泛，但刚性较差。法兰受力后，法兰盘的矩形断面发生微小转动，与法兰相联的筒壁随着发生弯曲变形，于是在法兰附近筒壁的横截面上将有附加的弯曲应力产生，如图 11-10 所示。

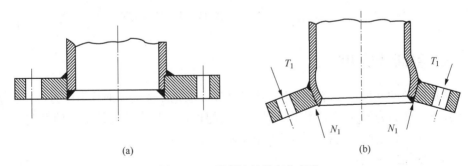

(a)   (b)

图 11-10　平焊法兰的弯曲变形

② 对焊法兰　对焊法兰又叫高颈法兰或长颈法兰，如图 11-9(c)所示。其特点为颈的存在提高了法兰刚性；同时由于颈的根部厚度比器壁厚，也降低了此处的弯曲应力；法兰与筒体采用对接焊缝，也比平焊法兰中的角焊缝强度好。

（2）松套法兰

法兰和容器或管道不直接连成一体，而是把法兰盘套在容器或管道的外面，如图 11-11 所示。法兰不需焊接，法兰盘可以采用与容器或管道不同的材料制造。法兰受力后不会对筒体或管道产生附加的弯曲应力，一般只适用于压力较低场合。

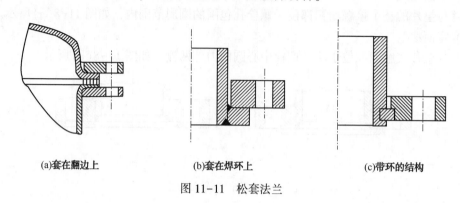

(a)套在翻边上   (b)套在焊环上   (c)带环的结构

图 11-11　松套法兰

（3）螺纹法兰

法兰与管壁通过螺纹进行连接，如图 11-12 所示。法兰对管壁产生的附加应力较小，螺纹法兰多用于高压管道上。

法兰的形状，还有方形与椭圆形，如图 11-13 所示。方形法兰有利于把管子排列紧凑。椭圆形法兰通常用于阀门和小直径的高压管上。

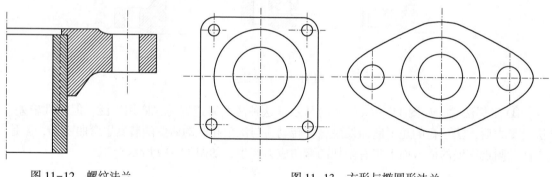

图 11-12　螺纹法兰   图 11-13　方形与椭圆形法兰

11.1.4　法兰标准与选用

为了增加法兰的互换性、降低成本，法兰已经标准化。法兰标准分为压力容器法兰标准和管法兰标准。压力容器法兰只用于容器壳体间的连接，如筒节与筒节、筒节与封头的连接，管法兰只用于管道间的连接，二者不能互换。

1）压力容器法兰标准

压力容器法兰标准为 NB/T 47020~47027—2012《压力容器法兰、垫片、紧固件》。该标准规定了压力容器法兰的分类、规格，法兰、螺柱、螺母的材料及与垫片的匹配，各级温度下最大允许工作压力，技术要求以及标记。适用于公称压力 0.25~6.40MPa，工作温度 -70~450℃的碳钢、低合金钢制压力容器法兰。

（1）压力容器法兰的类型

压力容器法兰分平焊法兰与对焊法兰两类。

平焊法兰分成甲型平焊法兰（图11-14）与乙型平焊法兰（图11-15），区别是乙型法兰有一个壁厚不小于16mm的圆筒形短节，刚性比甲型平焊法兰好。此外，甲型的焊缝开V形坡口，乙型的焊缝开U形坡口。

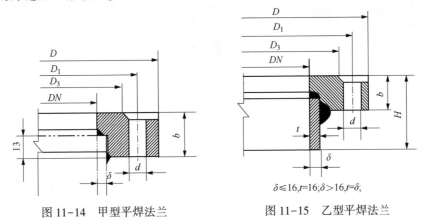

图 11-14　甲型平焊法兰　　　　　　图 11-15　乙型平焊法兰

对焊法兰（图11-16）将乙型平焊法兰中的短节，换成了一个根部加厚的"颈"，使法兰的整体强度和刚度更大。

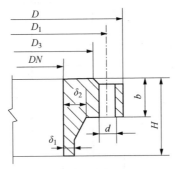

图 11-16　长颈对焊法兰

表11-2给出了甲型、乙型平焊法兰及对焊法兰适用的公称直径和公称压力的对应关系和范围。甲型平焊法兰有 $PN0.25$、0.6、1.0、$1.6MPa$ 四个压力等级，适用的公称直径范围为 $DN300 \sim 2000mm$，适用温度为 $-20 \sim 300℃$。乙型平焊法兰用于 $PN0.25$、0.6、1.0、$1.6MPa$ 四个压力等级中较大直径范围，而且还用于 $PN2.5$、$4.0MPa$ 两个压力等级中较小直径范围，适用的公称直径范围为 $DN300 \sim 3000mm$，适用温度为 $-20 \sim 350℃$。对焊法兰适用于更高压力等级（$PN0.25 \sim 6.4MPa$），适用的公称直径范围为 $DN300 \sim 2400mm$，适用温度为 $-70 \sim 450℃$。

平焊法兰与对焊法兰都有带衬环与不带衬环的两种。当容器是由不锈钢制作时，采用碳钢法兰加不锈钢衬环，可以节省不锈钢。

上述的两类法兰，甲型平焊法兰只有平面型和凹凸面型密封面，乙型和长颈法兰则有平面型、凹凸面型和榫槽型三种密封面。配合这三种密封面规定了相应的垫片尺寸标准。表11-3是采用相应垫片（包括非金属垫片、缠绕垫片及金属垫片）时所规定的垫片宽度。

185

表 11-2　压力容器法兰分类及参数表

类型	平焊法兰										对焊法兰					
	甲型				乙型						长颈					
标准号	NB/T 47021				NB/T 47022						NB/T 47023					
简图																
公称直径 DN/mm	公称压力 PN/MPa															
	0.25	0.6	1.00	1.60	0.25	0.60	1.00	1.60	2.50	4.00	0.60	1.00	1.60	2.50	4.00	6.40
300																
350	按 PN=1.00															
400																
450								—								
500																
550	按 PN															
600	=1.00						—									
650											—					
700																
800																
900						—										
1000																
1100																
1200																
1300																
1400				—												
1500			—													
1600									—							
1700		—										—				
1800																
1900																
2000								—								
2200					按 PN											
2400					=0.6		—									
2600		—														—
2800						—					—					
3000																

表 11-3 法兰垫片宽度

mm

注：软—非金属软垫片
　　缠—缠绕垫片
　　金—金属包垫片

DN/mm	PN 0.25MPa 平面型 软	缠	金	凹凸型或榫槽型 缠	金	PN 0.6MPa 平面型 软	缠	金	凹凸型或榫槽型 缠	金	PN 1.0MPa 平面型 软	缠	金	凹凸型或榫槽型 缠	金	PN 1.6MPa 平面型 软	缠	金	凹凸型或榫槽型 缠	金	PN 2.5MPa 平面型 软	缠	金	凹凸型或榫槽型 缠	金	PN 4.0MPa 平面型 软	缠	金	凹凸型或榫槽型 缠	金	PN 6.4MPa 平面型 缠	金	凹凸型或榫槽型 缠
300	17.5	14	无	14	16	17.5	14	无	14	16	17.5	14	无	14	16	20	17.5	13.5	无 14	16	20	18	13.5	14	16	无			14	16	无 22	16	14
(350)																																	
400																																	
(450)																																	
500	17.5	14				17.5	14				17.5	14																			22	16	
(550)																																	
600																																	
(650)																																	
700																																	
800																																	
900																																	
1000				16					16					16					14					16									16
(1100)																																	
1200																															26	18	
(1300)																																	
1400																																	
(1500)																																	
1600											27.5	22	16			27.5	22	16			27.5	22	16			27.5	22	16					
(1700)																																	
1800						17.5	22																										
(1900)																																	
2000	20	17.5																															
2200																																	
2400						25																											
2600	25	22	16					16																									
2800																																	
3000																																	

187

（2）压力容器法兰基本参数

法兰的基本参数为法兰公称直径 DN 与公称压力 PN。法兰的公称直径是指与法兰相配的筒体或封头的公称直径。例如，DN1000 的压力容器，应当配用 DN1000 的压力容器法兰。

法兰公称压力的确定与法兰最大工作压力、操作温度及法兰材料有关。因为在制定法兰系列和法兰厚度时，是以 Q345R 在 200℃时的力学性能为基准的。就是说，如果实际生产中使用的法兰都是由 Q345R 制造，而操作温度又都是 200℃，那么在法兰尺寸系列表中的公称压力就是法兰的最大允许工作压力。如果使用的材料比 Q345R 差，或者使用温度又比 200℃高，那么该法兰的最大允许工作压力就低于它的公称压力；反之，如果采用的法兰材料强度高于 Q345R，或者使用的温度低于 200℃，那么该法兰的最大允许工作压力就应高于它的公称压力。即法兰的最大允许工作压力是高于还是低于其公称压力，完全取决于选用的法兰材料与法兰的工作温度。表 11-4 和表 11-5 分别给出了压力容器平焊法兰和对焊法兰所适用材料及最大允许工作压力。

总之，法兰的尺寸是由法兰的公称压力和公称直径唯一确定的。因此在选用法兰时，只需知道法兰的公称压力和公称直径就可以了，不管实际使用的法兰材料是不是 Q345R，也不用管法兰的使用温度是不是 200℃，对于一定的法兰类型，只要法兰的公称压力和公称直径一定，法兰的尺寸就是一定的。甲型、乙型平焊法兰和长颈对焊法兰的结构型式及系列尺寸分别见附录中附表 3-1~附表 3-3。

表 11-4　甲型、乙型法兰适用材料及最大允许工作压力

公称压力 PN/ MPa	法兰材料		工作温度/℃				备　注
			>-20~200	250	300	350	
0.25	板材	Q235B	0.16	0.15	0.14	0.13	工作温度下限 20℃ 工作温度下限 0℃
		Q235C	0.18	0.17	0.15	0.14	
		Q245R	0.19	0.17	0.15	0.14	
		Q345R	0.25	0.24	0.21	0.20	
	锻件	20	0.19	0.17	0.15	0.14	
		16Mn	0.26	0.24	0.22	0.21	
		20MnMo	0.27	0.27	0.26	0.25	
0.60	板材	Q235B	0.40	0.36	0.33	0.30	工作温度下限 20℃ 工作温度下限 0℃
		Q235C	0.44	0.40	0.37	0.33	
		Q245R	0.45	0.40	0.36	0.34	
		Q345R	0.60	0.57	0.51	0.49	
	锻件	20	0.45	0.40	0.36	0.34	
		16Mn	0.61	0.59	0.53	0.50	
		20MnMo	0.65	0.64	0.63	0.60	
1.00	板材	Q235B	0.66	0.61	0.55	0.50	工作温度下限 20℃ 工作温度下限 0℃
		Q235C	0.73	0.67	0.61	0.55	
		Q245R	0.74	0.67	0.60	0.56	
		Q345R	1.00	0.95	0.86	0.82	

公称压力 PN/MPa	法兰材料		工作温度/℃				备 注
			>-20~200	250	300	350	
1.00	锻件	20	0.74	0.67	0.60	0.56	工作温度下限 20℃
		16Mn	1.02	0.98	0.88	0.83	工作温度下限 0℃
		20MnMo	1.09	1.07	1.05	1.00	
1.60	板材	Q235B	1.06	0.97	0.89	0.80	工作温度下限 20℃
		Q235C	1.17	1.08	0.98	0.89	工作温度下限 0℃
		Q245R	1.19	1.08	0.96	0.90	
		Q345R	1.60	1.53	1.37	1.31	
	锻件	20	1.19	1.08	0.96	0.90	
		16Mn	1.64	1.56	1.41	1.33	
		20MnMo	1.74	1.72	1.68	1.60	
2.50	板材	Q235C	1.83	1.68	1.53	1.38	工作温度下限 0℃
		Q245R	1.86	1.69	1.50	1.40	
		Q345R	2.50	2.39	2.14	2.05	
	锻件	20	1.86	1.69	1.50	1.40	DN<1400
		16Mn	2.56	2.44	2.20	2.08	DN≥1400
		20MnMo	2.92	2.86	2.82	2.73	
		20MnMo	2.67	2.63	2.59	2.50	
4.00	板材	Q245R	2.97	2.70	2.39	2.24	
		Q345R	4.00	3.82	3.42	3.27	
	锻件	20	2.97	2.70	2.39	2.24	DN<1500
		16Mn	4.09	3.91	3.52	3.33	DN≥1500
		20MnMo	4.64	4.56	4.51	4.36	
		20MnMo	4.27	4.20	4.14	4.00	

表 11-5　长颈法兰适用材料及最大允许工作压力

公称压力 PN/MPa	法兰材料（锻件）	工作温度/℃								备注
		-70~<-40	-40~-20	>-20~200	250	300	350	400	450	
0.60	20			0.44	0.40	0.35	0.33	0.30	0.27	
	16Mn			0.60	0.57	0.52	0.49	0.46	0.29	
	20MnMo			0.65	0.64	0.63	0.60	0.57	0.50	
	15CrMo			0.61	0.59	0.55	0.52	0.49	0.46	
	14Cr1Mo			0.61	0.59	0.55	0.52	0.49	0.46	
	12Cr2Mo1			0.65	063	0.60	0.56	0.53	0.50	
	16MnD		0.60	0.60	0.57	0.52	0.49			
	09MnNiD	0.60	0.60	0.60	0.60	0.57	0.53			

公称压力 PN/MPa	法兰材料（锻件）	工作温度/℃								备注
		−70~<−40	−40~−20	>−20~200	250	300	350	400	450	
1.00	20			0.73	0.66	0.59	0.55	0.50	0.45	
	16Mn			1.00	0.96	0.86	0.81	0.77	0.49	
	20MnMo			1.09	1.07	1.05	1.00	0.94	0.83	
	15CrMo			1.02	0.98	0.91	0.86	0.81	0.77	
	14Cr1Mo			1.02	0.98	0.91	0.86	0.81	0.77	
	12Cr2Mo1			1.09	1.04	1.00	0.93	0.88	0.83	
	16MnD		1.00	1.00	0.96	0.86	0.81			
	09MnNiD	1.00	1.00	1.00	1.00	0.95	0.88			
1.60	20			1.16	1.05	0.94	0.88	0.81	0.72	
	16Mn			1.60	1.53	1.37	1.30	1.23	0.78	
	20MnMo			1.74	1.72	1.68	1.60	1.51	1.33	
	15CrMo			1.64	1.56	1.46	1.37	1.30	1.23	
	14Cr1Mo			1.64	1.56	1.46	1.37	1.30	1.23	
	12Cr2Mo1			1.74	1.67	1.60	1.49	1.41	1.33	
	16MnD		1.60	1.60	1.53	1.37	1.30			
	09MnNiD	1.60	1.60	1.60	1.60	1.51	1.41			
2.50	20			1.81	1.65	1.46	1.37	1.26	1.13	
	16Mn			2.50	2.39	2.15	2.04	1.93	1.22	
	20MnMo			2.92	2.86	2.82	2.73	2.58	2.45	DN<1400
	20MnMo			2.67	2.63	2.59	2.50	2.37	2.24	DN≥1400
	15CrMo			2.56	2.44	2.28	2.15	2.04	1.93	
	14Cr1Mo			2.56	2.44	2.28	2.15	2.04	1.93	
	12Cr2Mo1			2.67	2.61	2.50	2.33	2.20	2.09	
	16MnD		2.50	2.50	2.39	2.15	2.04			
	09MnNiD	2.50	2.50	2.50	2.50	2.37	2.20			
4.00	20			2.90	2.64	2.34	2.19	2.01	1.81	
	16Mn			4.00	3.82	3.44	3.26	3.08	1.96	
	20MnMo			4.64	4.56	4.51	4.36	4.13	3.925	DN<1500
	20MnMo			4.27	4.20	4.14	4.00	3.80	3.59	DN≥1500
	15CrMo			4.09	3.91	3.64	3.44	3.26	3.08	
	14Cr1Mo			4.09	3.91	3.64	3.44	3.26	3.08	
	12Cr2Mo1			4.26	4.18	4.00	3.73	3.53	3.35	
	16MnD		4.00	4.00	3.82	3.44	3.26			
	09MnNiD	4.00	4.00	4.00	4.00	3.79	3.52			
6.40	20			4.65	4.22	3.75	3.51	3.22	2.89	
	16Mn			6.40	3.12	5.50	5.21	4.93	3.13	
	20MnMo			7.42	7.30	7.22	6.98	6.61	6.27	DN<400
	20MnMo			6.82	6.73	6.63	6.40	6.07	5.75	DN≥400
	15CrMo			6.54	6.26	5.83	5.50	5.21	4.93	
	14Cr1Mo			6.54	6.26	5.83	5.50	5.21	4.93	
	12Cr2Mo1			6.82	6.68	6.40	5.97	5.64	5.36	
	16MnD		6.40	6.40	6.12	5.50	5.21			
	09MnNiD	6.40	6.40	6.40	6.40	6.06	5.64			

（3）压力容器法兰的标记方法

压力容器法兰的标记方法为

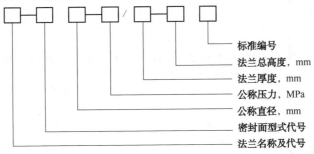

- 标准编号
- 法兰总高度，mm
- 法兰厚度，mm
- 公称压力，MPa
- 公称直径，mm
- 密封面型式代号
- 法兰名称及代号

法兰名称及代号中，无衬环的法兰直接标注为"法兰"，带衬环的法兰标注为"法兰 C"。法兰密封面型式代号如表 11-6 所示。

表 11-6　法兰密封面型式代号

密封面型式		代　号
平面密封面	平密封面	RF
凹凸密封面	凹密封面	FM
	凸密封面	M
榫槽密封面	榫密封面	T
	槽密封面	G

当法兰厚度及法兰总高度均采用标准值时，这两部分标记可省略。为扩充应用标准法兰，允许修改法兰厚度 δ 和法兰总高度 H，但必须满足 GB 150 中的法兰强度计算要求。如有修改，两尺寸均应在法兰标记中标明。

标记示例

① 公称压力 1.6MPa，公称直径 800mm 的衬环榫槽密封面乙型平焊法兰的榫面法兰，且考虑腐蚀裕量为 3mm（即短节厚度应增加 2mm，δ_t 值改为 18mm）。

标记：法兰 C-S　800-1.6/48-200　NB/T 47022—2012，并在图样明细表备注栏中注明 $\delta_t = 18mm$。

② 公称压力 2.5MPa，公称直径 1000mm 的平面密封面长颈对焊法兰，其中法兰厚度改为 78mm，法兰总高度仍为 155mm。

标记：法兰-RF　1000-2.5/78-155　NB/T 47023—2012

（4）压力容器法兰的选用

为一台内径为 D_i，设计压力为 p，设计温度为 t 的容器筒体或封头选配法兰，可以按下列步骤进行：

① 根据容器 D_i（DN）和设计压力 p，参照表 11-2 确定法兰的结构类型；

② 根据选定的法兰类型和容器的设计压力、设计温度以及法兰材料，用表 11-4 或表 11-5 的推荐数据确定法兰的公称压力 PN。将所确定的公称压力 PN 和公称直径 DN 用表 11-2 进行复核，判定 PN 与 DN 是否在所选定的法兰类型适用范围之内；

③ 根据所确定的 PN 与 DN 从相应的尺寸表（附表 3-1~附表 3-3）中选定法兰各部分的尺寸；

④ 根据法兰类型、法兰材料和设计温度，参照表 11-1、表 11-3 和表 11-7 选取相应的垫片、螺栓和螺母的材料及尺寸。

表 11-7 法兰、垫片、螺柱、螺母材料匹配表

法兰类型	垫片		匹配	法兰		匹配	螺柱与螺母		
	种类	适用温度范围/℃		材料	适用温度范围/℃		螺柱材料	螺母材料	适用温度范围/℃
甲型法兰	非金属软垫片 橡胶 石棉橡胶 聚四氟乙烯 柔性石墨	按 NB/T 47024 表1	可选配右列法兰材料	板材 GB/T 3274 Q235B、C	Q235B：20~300 Q235C：0~300	可选配右列螺柱螺母材料	GB/T 69920	GB/T 70015	-20~350
				板材 GB 713 Q235R Q345R	-20~450		GB/T 69935	20	0~350
								GB/T 69925	0~350
乙型法兰与长颈法兰	非金属软垫片 橡胶 石棉橡胶 聚四氟乙烯 柔性石墨	按 NB/T 47024 表1	可选配右列法兰材料	板材 GB/T 3274 Q235B，C	Q235B：20~300 Q235C：0~300	按表3选定右列螺柱材料后选定螺母材料	35	20 25	0~350
				板材 GB 713 Q245R Q345R	-20~450		GB/T 3077 40MnB 40Cr 40MnVB	45 40Mn	0~400
				锻件 NB/T 47008 20 16Mn	-20~450				
	缠绕垫片 石棉或石墨填充带 聚四氟乙烯填充带 非石棉纤维填充带	按 NB/T 47025 表1、表2	可选配右列法兰材料	板材 GB 713 Q245R Q345R	-20~450	按表4选定右列螺柱材料后选定螺母材料	40MnB 40Cr 40MnVB	45 40Mn	-10~400
				锻件 NB/T 47008 20 16Mn	-20~450				
				15CrMo 14Cr1Mo	0~450		GB/T 3077 35CrMoA	GB/T 3077 30CrMoA 35CrMoA	-70~500
				锻件 NB/T 47009 16MnD	-40~350				
				09MnNiD	-70~350				
	金属包垫片 铜、铝包覆材料 低碳钢、不锈钢包覆材料	按 NB/T 47026 表1、表2	可选配右列法兰材料	锻件 NB/T 47008 12Cr2Mo1	0~450	按表5选定右列螺柱材料后选定螺母材料	40MnVB	45 40Mn	0~400
							35CrMoA	45、40Mn	-10~400
								30CrMoA 35CrMoA	-70~500
							GB/T 3077 25Cr2MoVA	30CrMoA 35Cr2MoVA	-20~500
								25Cr2MoVA	-20~550
				锻件 NB/T 47008 20MnMo	0~450	PN≥2.5	25Cr2MoVA	30CrMoA 35CrMoA	-20~500
								25Cr2MoVA	-20~550
						PN<2.5	35CrMoA	30CrMoA	-70~550

注：（1）乙型法兰材料按表列板材及锻件选用，但不宜采用 Cr-Mo 钢制作。相匹配的螺柱、螺母材料按表列规定。

（2）长颈法兰材料按表列锻件选用，相匹配的螺柱、螺母材料按表列规定。

例 11-1 试为一台精馏塔配一对连接塔身和封头的法兰。已知塔内径 $D_i = 1000\text{mm}$，$\delta_n = 4\text{mm}$，操作温度 280℃，设计压力 $p = 0.2\text{MPa}$，材质为 Q235B，处理介质无腐蚀性及其他危害。

解 ① 确定法兰类型

根据 $DN = 1000\text{mm}$，$p = 0.2\text{MPa}$，按表 11-2 可知应选用甲型平焊法兰。

② 确定法兰的公称压力

根据 $p = 0.2\text{MPa}$，$t = 280℃$（设计温度取 300℃），查表 11-4。法兰材料用 Q235B，当取 PN = 0.25MPa 时，300℃ 的 $[p] = 0.14\text{MPa}$，小于设计压力 $p = 0.2\text{MPa}$，所以法兰公称压力 PN 应提高一个等级，确定法兰的公称压力 PN = 0.6MPa，此时 $[p] = 0.33\text{MPa}$，大于设计压力 $p = 0.2\text{MPa}$。

根据表 11-2 复验知，$DN = 1000\text{mm}$，$PN = 0.6\text{MPa}$ 时仍然可选甲型平焊法兰。

③ 确定法兰的结构尺寸

根据 $DN = 1000\text{mm}$，$PN = 0.6\text{MPa}$ 和 $PN = 0.25\text{MPa}$ 查附表 3-1 确定材料为 Q235B 时法兰各部分的尺寸，绘制于图 11-17。

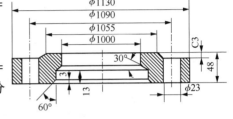

图 11-17　例 11-1 附图

④ 确定垫片、螺栓或螺母

根据表 11-1，对于设计温度为 300℃，材料为 Q235B 的法兰，可采用平面型密封面，查表 11-3，确定垫片宽度为 20mm；连接螺栓为 M20，共 36 个，由表 11-7 确定螺栓材料为 35，螺母材料为 20。

2）管法兰标准

在化工和石油化工行业中，常用的管法兰标准是行业标准 HG/T 20592～20635—2009《钢制管法兰、垫片、紧固件》。管法兰标准包含 PN 系列（欧洲体系）和 Class 系列（美洲体系）两个部分，本书只介绍 PN 系列。

除了行业标准以外，管法兰标准还有 GB/T 9112～9124—2010《钢制管法兰》。上述两个标准所规定的法兰尺寸等基本相同。同一体系内部各国的法兰标准之间可以互相配用，但体系之间不能互相配用，主要是因为公称压力等级不同。TSG R0004—2009《固定式压力容器安全技术监察规程》指出，钢制压力容器管法兰、垫片、紧固件的设计应当参照行业标准 HG/T 20592～20635 系列标准的规定。

管法兰的形式除了平焊法兰、对焊法兰外，还有松套法兰、螺纹法兰和法兰盖等。管法兰标准的查选方法、步骤与压力容器法兰相同。在此仅对管法兰的参数和型式（HG/T 20592—2009）作简要的介绍。

（1）公称压力

在 PN 系列中，管法兰标准中公称压力单位改用 bar，压力级别分为 PN2.5、6、10、16、25、40、63、100、160bar 九个系列。

（2）公称直径

管法兰及配管的公称直径见表 7-3，表中列举了常用钢管公称直径和外径，钢管外径包括 A、B 两个系列。其中，A 为国际通用系列（即英制管），B 为国内沿用系列（即公制管）。

（3）法兰类型及代号

HG/T 20592—2009 标准中管法兰类型及其代号如图 11-18 所示。

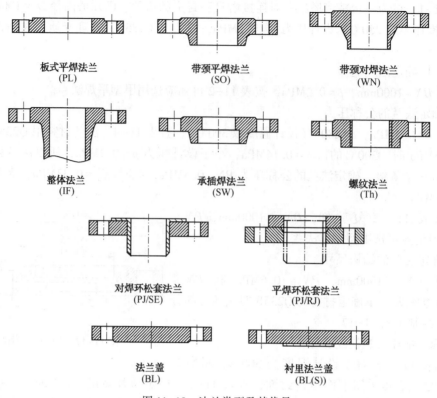

板式平焊法兰　　　　　带颈平焊法兰　　　　　带颈对焊法兰
(PL)　　　　　　　　　(SO)　　　　　　　　　(WN)

整体法兰　　　　　　　承插焊法兰　　　　　　螺纹法兰
(IF)　　　　　　　　　(SW)　　　　　　　　　(Th)

对焊环松套法兰　　　　　　平焊环松套法兰
(PJ/SE)　　　　　　　　　(PJ/RJ)

法兰盖　　　　　　　　衬里法兰盖
(BL)　　　　　　　　　(BL(S))

图 11-18　法兰类型及其代号

（4）公称直径和公称压力范围

板式平焊法兰、带颈平焊法兰、带颈对焊法兰使用的公称直径和公称压力范围见表 11-8。

表 11-8　管法兰类型和适用范围

法兰类型	板式平焊法兰（PL）						带颈平焊法兰（SO）						带颈对焊法兰（WN）					
适用钢管外径系列	A 和 B						A 和 B						A 和 B					
公称尺寸 DN	公称压力 PN						公称压力 PN						公称压力 PN					
	2.5	6	10	16	25	40	6	10	16	25	40	10	16	25	40	63	100	160
10	×	×	×	×	×	×	×	×	×	×	×	×	×	×	×	×	×	×
15	×	×	×	×	×	×	×	×	×	×	×	×	×	×	×	×	×	×
20	×	×	×	×	×	×	×	×	×	×	×	×	×	×	×	×	×	×
25	×	×	×	×	×	×	×	×	×	×	×	×	×	×	×	×	×	×
32	×	×	×	×	×	×	×	×	×	×	×	×	×	×	×	×	×	×
40	×	×	×	×	×	×	×	×	×	×	×	×	×	×	×	×	×	×
50	×	×	×	×	×	×	×	×	×	×	×	×	×	×	×	×	×	×
65	×	×	×	×	×	×	×	×	×	×	×	×	×	×	×	×	×	×
80	×	×	×	×	×	×	×	×	×	×	×	×	×	×	×	×	×	×
100	×	×	×	×	×	×	×	×	×	×	×	×	×	×	×	×	×	×
125	×	×	×	×	×	×	×	×	×	×	×	×	×	×	×	×	×	×
150	×	×	×	×	×	×	×	×	×	×	×	×	×	×	×	×	×	×
200	×	×	×	×	×	×	×	×	×	×	×	×	×	×	×	×	×	×

法兰类型	板式平焊法兰(PL)						带颈平焊法兰(SO)						带颈对焊法兰(WN)					
适用钢管外径系列	A和B						A和B						A和B					
公称尺寸 DN / 公称压力 PN	2.5	6	10	16	25	40	6	10	16	25	40	10	16	25	40	63	100	160
250	×	×	×	×	×	×	×	×	×	×	×	×	×	×	×	×	×	×
300	×	×	×	×	×	×	×	×	×	×	×	×	×	×	×	×	×	×
350	×	×	×	×	×	×	—	×	×	×	×	×	×	×	×	×	×	—
400	×	×	×	×	×	×	—	×	×	×	×	×	×	×	×	×	—	—
450	×	×	×	×	×	×	—	×	×	×	×	×	×	×	—	—	—	—
500	×	×	×	×	×	×	—	—	×	×	×	×	×	×	—	—	—	—
600	×	×	×	×	×	×	×	×	×	×	×	×	×	—	—	—	—	—
700	×	—	—	—	—	—	—	—	—	—	—	×	×	—	—	—	—	—
800	×	—	—	—	—	—	—	—	—	—	—	×	×	—	—	—	—	—
900	×	—	—	—	—	—	—	—	—	—	—	×	×	—	—	—	—	—
1000	×	—	—	—	—	—	—	—	—	—	—	×	×	—	—	—	—	—
1200	×	—	—	—	—	—	—	—	—	—	—	×	×	—	—	—	—	—
1400	×	—	—	—	—	—	—	—	—	—	—	×	×	—	—	—	—	—
1600	×	—	—	—	—	—	—	—	—	—	—	×	×	—	—	—	—	—
1800	×	—	—	—	—	—	—	—	—	—	—	×	×	—	—	—	—	—
2000	×	—	—	—	—	—	—	—	—	—	—	×	×	—	—	—	—	—

（5）密封面形式

管法兰密封面形式及其代号如图 11-19 所示。法兰类型、密封面形式及其适用的公称压力等级见表 11-9。

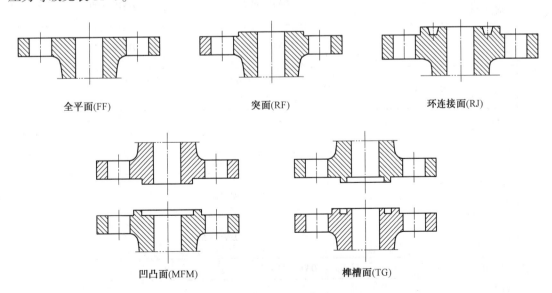

全平面(FF)　　　　突面(RF)　　　　环连接面(RJ)

凹凸面(MFM)　　　　榫槽面(TG)

图 11-19　管法兰密封面形式及其代号

表 11-9 各类管法兰的密封面形式及其适用范围

法兰类型	密封面形式	公称压力 PN								
		2.5	6	10	16	25	40	63	100	160
板式平焊法兰（PL）	突面（RF）	DN10~2000	DN10~600					—		
	全平面（FF）	DN10~2000	DN10~600			—				
带颈平焊法兰（SO）	突面（RF）	—	DN10~300	DN10~600				—		
	凹面（FM）凸面（M）	—	DN10~600					—		
	榫面（T）槽面（G）	—	DN10~600					—		
	全平面（FF）	—	DN10~300	DN10~600		—				
带颈对焊法兰（WN）	突面（RF）	—		DN10~2000		DN10~600		DN10~400	DN10~350	DN10~300
	凹面（FM）凸面（M）	—		DN10~600				DN10~400	DN10~350	DN10~300
	榫面（T）槽面（G）	—		DN10~600				DN10~400	DN10~350	DN10~300
	全平面（FF）	—		DN10~2000				—		
	环连接面（RJ）	—						DN15~400		DN15~300
整体法兰（IF）	突面（RF）	—	DN10~2000			DN10~1200	DN10~600	DN10~400		DN10~300
	凹面（FM）凸面（M）	—	DN10~600					DN10~400		DN10~300
	榫面（T）槽面（G）	—	DN10~600					DN10~400		DN10~300
	全平面（FF）	—	DN10~2000			—				
	环连接面（RJ）	—						DN15~400		DN15~300
承插焊法兰（SW）	突面（RF）	—		DN10~50				—		
	凹面（FM）凸面（M）	—		DN10~50				—		
	榫面（T）槽面（G）	—		DN10~50				—		
螺纹法兰（Th）	突面（RF）	—	DN10~150					—		
	全平面（FF）	—	DN10~150			—				

法兰类型	密封面形式	公称压力 PN								
		2.5	6	10	16	25	40	63	100	160
对焊环松套法兰(PJ/SE)	突面(RF)	—	DN10~600					—		
平焊环松套法兰(PJ/RJ)	突面(RF)	—	DN10~600		—					
	凹面(FM)凸面(M)	—		DN10~600		—				
	榫面(T)槽面(G)	—		DN10~600		—				
法兰盖(BL)	突面(RF)	DN10~2000		DN10~1200		DN10~600		DN10~400		DN10~300
	凹面(FM)凸面(M)	—		DN10~600				DN10~400		DN10~300
	榫面(T)槽面(G)	—		DN10~600				DN10~400		DN10~300
	全平面(FF)	DN10~2000		DN10~1200		—				
	环连接面(RJ)	—						DN15~400		DN15~300
衬里法兰盖(BL(S))	突面(RF)	—	DN40~600					—		
	凸面(FM)	—		DN40~600				—		
	槽面(T)	—		DN40~600				—		

（6）管法兰的标记为

HG/T 20592 法兰（或法兰盖）$\boxed{b}\boxed{c}-\boxed{d}\boxed{e}\boxed{f}\boxed{g}\boxed{h}$

其中，b 为法兰类型代号；c 为法兰公称尺寸 DN 与使用钢管外径系列。整体法兰、法兰盖、衬里法兰盖、螺纹法兰，适用于钢管外径系列的标记可省略。适用于本标准 A 系列钢管的法兰，适用钢管外径系列的标记可省略。适用于本标准 B 系列钢管的法兰，标记为 DN×××(B)；d 为法兰公称压力等级 PN；e 为密封面型式代号；f 为钢管壁厚，由用户提供。对于带颈对焊法兰、堆焊环（松套法兰）应标注钢管壁厚；g 为材料牌号；h 表示其他，如附加要求或采用与标准规定不一致的要求等。

标记示例

① 公称尺寸 DN1200、公称压力 PN6、配用公制管的突面板式平焊钢制管法兰，材料为 Q235A。

标记： HG/T 20592 法兰 PL1200(B)-6 RF Q235A

② 公称尺寸 DN300、公称压力 PN25、配用英制管的凸面带颈平焊钢制管法兰，材料为 20 钢。

标记： HG/T 20592 法兰 SO 300-25 M 20

③ 公称尺寸 DN100、公称压力 PN100、配用公制管的凹面带颈对焊钢制管法兰，材料为 16Mn，钢管壁厚为 8mm。

标记： HG/T 20592 法兰 WN100(B)-100 FM δ=8mm 16Mn

11.2 容器支座

容器支座用来支承其重量，并使其固定在一定的位置上。支座有时还要承受振动、地震载荷和风载荷等。按照所支承容器型式的不同，容器支座可分为卧式容器支座和立式容器支座两大类。

11.2.1 卧式容器支座

典型的卧式容器的支座有鞍座、圈座和支腿三种，如图 11-20 所示。

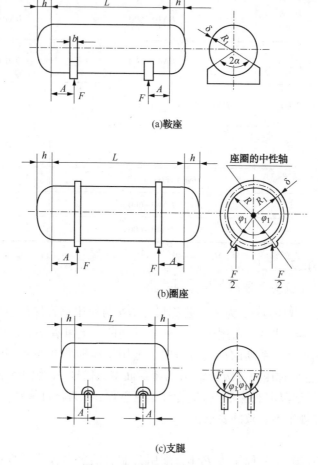

(a)鞍座

(b)圈座

(c)支腿

图 11-20 卧式容器的典型支座

1）鞍式支座

鞍式支座(简称鞍座)如图 11-20(a)所示，常用于卧式容器、大型卧式储槽和热交换器。置于支座上的卧式容器，其情况与梁相似，筒体上部的应力可能会出现压应力。如果壳体的刚性不足，鞍座上部的筒壁就产生局部变形，即"扁塌"现象。为避免这种现象的发生，可利用

198

刚性较大的封头，对筒体起局部加强作用；或使支座靠近封头，以充分利用封头的加强作用。

鞍座的结构见图 11-21，它由横向直立筋板、轴向直立筋板和底板焊接而成。与容器筒体连接处，有带加强垫板和不带加强垫板的两种结构。加强垫板的材料应与容器壳体材料相同。

容器受热会伸长，为防止容器器壁中产生热应力，在操作时要加热的容器，总是将一个支座做成固定式的，另一个做成活动式的，使容器与支座间可以有相对的位移，如图 11-21 所示。活动式支座有滑动式和滚动式两种。

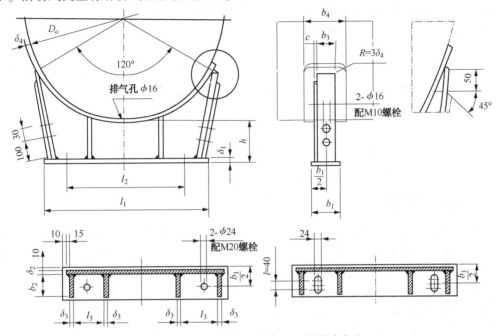

图 11-21　轻型带垫板包角 120°的鞍式支座

根据底板上螺栓孔形状的不同，每种型式的鞍座又分为 F 型(固定支座)和 S 型(活动支座)，F 型和 S 型底板的各部尺寸，除地脚螺柱孔外，其余均相同。

鞍式支座标准(JB/T 4712.1—2007)将鞍座分为轻型(A 型)和重型(B 型)两大类，重型又分为 BⅠ～BⅤ五种型号。一台卧式容器的鞍座，一般为两个。如果鞍座过多，而各鞍座水平高度出现差异，就会造成各支座的受力不均，引起容器筒壁内的不利应力。

选用鞍座时，可根据公称直径和鞍座实际承载的大小，确定选用轻型(A 型)或重型(BⅠ、BⅡ、BⅢ、BⅣ、BⅤ型)鞍座，然后再根据容器圆筒强度确定选用 120°或 150°包角的鞍座。

鞍座标记方法为

注：(1)若鞍座高度 h，垫板宽度 b_4，垫板厚度 δ_4，底板滑动长孔长度 l 与标准尺寸不同，则应在设备图样零件名称栏或备注栏注明。如：$h=450$，$b_4=200$，$\delta_4=12$，$l=30$。

(2)鞍座材料应在设备图样的材料栏内填写，表示方法为：支座材料/垫板材料。无垫板时只注支座材料。

标记示例

① DN325mm，120°包角，重型不带垫板的标准尺寸的弯制固定式鞍座，鞍座材料为Q235A。

标记：　JB/T4712.1—2007，支座 BⅤ325-F

材料栏内注：Q235A

② DN1600mm，150°包角，重型滑动鞍座，鞍座材料为 Q235A，垫板材料为 06Cr19Ni10，鞍座高度为 400mm，垫板厚度为 12mm，滑动长孔长度为 60mm。

标记：　JB/T4712.1—2007，支座 BⅡ1600-S，$h=400$，$\delta_4=12$，$l=60$。

材料栏内注：Q235A/06Cr19Ni10

2）圈式支座

圈式支座（简称圈座）如图 11-20（b）所示。圈座适用的范围是：对于大直径薄壁容器和真空操作的容器，因自身重量而可能造成严重挠曲的薄壁容器；多于两个支承的长容器。支承数多于两个时，采用圈座比鞍座受力情况更好。

3）支腿

支腿如图 11-20（c）所示，支腿与容器壁连接处存在较大的局部应力，故只适用于小型容器（DN≤1500，L≤5m）。

11.2.2　立式容器支座

立式容器的支座主要有耳式支座、腿式支座、支承式支座和裙式支座四种。中、小型直立容器常采用前三种支座，高大的塔设备则广泛采用裙式支座，裙式支座目前还没有标准，其结构和设计详见第 13 章。本节主要介绍耳式支座、腿式支座和支承式支座。

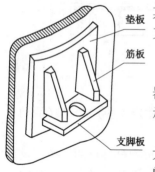

　　1）耳式支座

耳式支座又称为悬挂式支座，这种支座广泛用于中小型直立容器的支承。典型的悬挂式支座如图 11-22 所示，它由两块支座支承。容器通常是通过支座搁置在钢梁、混凝土基础或其他容器上。

耳式支座结构简单，制造方便，但在与支座连接处的器壁存在较大的局部主力，故对直径较大或器壁较薄的容器，应在器壁与支座之间加一块垫板。对于不锈钢容器，所加垫板必须采用不锈钢过渡，这

图 11-22　耳式支座

样可避免不锈钢壳体与支座焊接而降低壳体焊缝区域的耐蚀性。

耳式支座已经标准化（JB/T 4712.3—2007），分 A 型、AN 型（不带垫板）和筋板比较厚的 B 型、BN 型（不带垫板）四种。AN、BN 型用于一般立式钢制焊接容器；A 型、B 型适用于带保温层的立式焊接容器。

选用耳式时，可根据容器的公称直径 DN 和支座所需承受载荷的估计值选取标准支座，然后根据标准计算支座承受的实际载荷 Q 及支座处圆筒所受的支座弯矩 M_L，并满足

$$Q \leqslant [Q] \tag{11-1}$$

$$M_L \leqslant [M_L] \tag{11-2}$$

式中，[Q]为支座本体允许载荷，kN；[M_L]为支座处筒体的许用弯矩，kN·m。

耳式支座的标记方法为

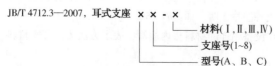

注：（1）若垫板厚度 δ_3 与标准尺寸不同，则在设备图样零件名称或备注栏注明。如：$\delta_3 = 12$。

（2）支座及垫板的材料应在设备图样的材料栏内填写，表示方法为：支座材料/垫板材料。

标记示例

① A 型，3 号耳式支座，支座材料为 Q235A，垫板材料为 Q235A。

标记：JB/T 4712.3—2007，耳式支座 A3-Ⅰ

材料栏内注：Q235A

② B 型，3 号耳式支座，支座材料为 Q345R，垫板材料为 06Cr19Ni10，垫板厚 12mm。

标记：JB/T 4712.3—2007，耳式支座 A3-Ⅰ

材料栏内注：Q345R/06Cr19Ni10

2）支承式支座

支承式支座可以用钢管、角钢、槽钢来制作，也可以用数块钢板焊成，如图 11-23 所示。它们的形式、结构、尺寸及所用材料应符合 JB/T 4712.4—2007《容器支座 第 4 部分：支承式支座》的要求。

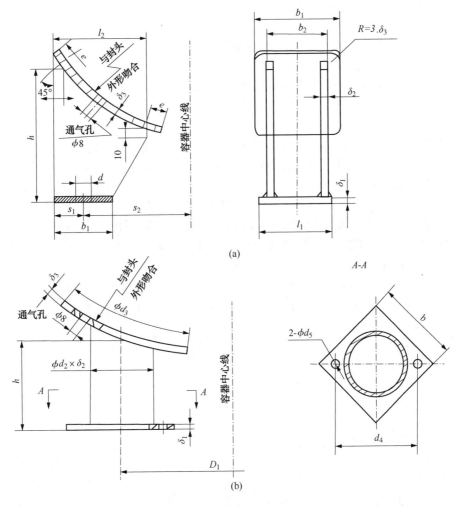

图 11-23 A 型和 B 型支承式支座

(a)1~4 号 A 型支承式支座；(b)1~8 号 B 型支承式支座

201

支承式支座分为 A 型和 B 型。A 型支座筋板和底板材料均为 Q235A；B 型支座钢管材料为 10 号钢，底板材料为 Q235A。支座尺寸可以从标准中查出。因此，当容器壳体的刚度较小，壳体和支座的材料差异或温度差异较大时，或壳体需焊后热处理时，在支座和壳体之间应设置加强板。加强板的材料应和壳体材料相同或相似。

支承式支座的标记方法为

JB/T 4712.4—2007，支座 ××

                      ━━ 支座号(1~8)

                      ━━ 支座型号(A,B)

注：（1）若支座高度 h，垫板厚度 δ_3 与标准尺寸不同，则在设备图样零件名称或备注栏注明。如：$h=450$，$\delta_3=12$。

（2）支座及垫板材料应在设备图样的材料栏内填写，表示方法为：支座材料/垫板材料。

标记示例

① 钢板焊制的 3 号支承式支座，支座材料和垫板材料为 Q235A 和 Q235B。

标记：JB/T 4712.4—2007，支座 A3

材料栏内注：Q235A/Q235B

② 钢管制做的 4 号支承式支座，支座高度为 600mm。垫板厚度为 12mm。钢管材料为 10 号钢，底板为 Q235A，垫板为 06Cr19Ni10。

标记：JB/T 4712.4—2007，支座 B4，$h=600$，$\delta_3=12$

材料栏内注：10，Q235A/06Cr19Ni10

3）腿式支座

腿式支座适用于直接安装在刚性地基上且符合下列条件的容器：①公称直径 $DN400\sim1600$mm；②圆筒切线长度 L 与公称直径 DN 之比不大于 5；③容器总高度 H_1：对角钢支柱与钢管支柱不大于 5000mm；对 H 型钢支柱不大于 8000mm；④设计温度 $t=200℃$；⑤设计基本风压值 $q_0=800$Pa，地面粗糙度为 A 类；⑥设计地震设防烈度为 8 度(Ⅱ类场地土)，设计基本地震加速度 0.2g。不适用于通过管线直接与产生脉动载荷的机器容器刚性连接的容器。

图 11-24 是支腿布置图，容器直径较小时采用三个支腿，容器直径较大时采用四个支腿。腿式支座的设计应符合 JB/T 4712.2—2007《容器支座　第 2 部分：腿式支座》的要求。

腿式支座分为角钢支柱 A 型、AN 型(不带垫板)，钢管支柱 B 型、BN 型(不带垫板)和 H 型钢支柱 C 型、CN 型(不带垫板)六种。其中，角钢支柱及 H 型钢支柱的材料应为

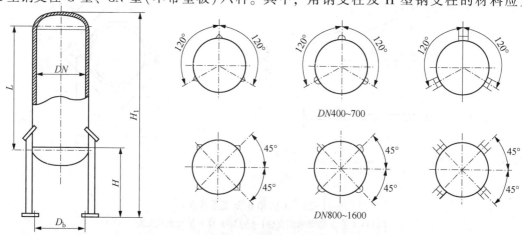

图 11-24　支腿布置

Q235A；钢管支柱应为 20 号钢；底板、盖板材料均应为 Q235A。如果需要，可以改用其他材料，但其性能不得低于 Q235A 或 20 钢的性能指标，且应具有良好的焊接性能。垫板材料应与容器壳体材料相同。

腿式支座的标记方法为

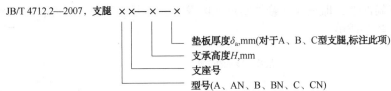

标记示例

① 容器公称直径 DN800mm，角钢支柱支腿，不带垫板，支承高度 H 为 900mm。

标记：JB/T 4712.2—2007，支腿 AN3-900

② 容器公称直径 DN1200mm，钢管支柱支腿，带垫板，垫板厚度 δ_a 为 10mm，支承高度 H 为 1000mm。

标记：JB/T 4712.2—2007，支腿 B4-1000-10

③ 容器公称直径 DN1600mm，H 型钢支柱支腿，不带垫板，支承高度 H 为 2000mm。

标记：JB/T 4712.2—2007，支腿 CN10-2000

11.3　容器的开孔补强

11.3.1　开孔应力集中现象及其原因

1）应力集中的定义

容器开孔之后，在孔边附近的局部地区，应力会达到很大的数值，这种局部的应力增长现象，叫做"应力集中"。在应力集中区域的最大应力值，称之为应力峰值，通常以 σ_{max} 表示。

图 11-25 为一球壳（未经补强）接管后的实测应力曲线，σ 为球壳薄膜应力，σ_θ 与 σ_ϕ 分别为实测环向应力与经向应力。实际应力与相应的薄膜应力的比值，称为"应力集中系数"。工程上一般都是用应力集中系数来表示应力集中程度。壳体和接管尺寸不同，应力集中系数也不同。

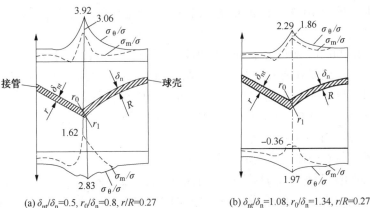

(a) δ_{nt}/δ_n=0.5, r_0/δ_n=0.8, r/R=0.27　　(b) δ_{nt}/δ_n=1.08, r_0/δ_n=1.34, r/R=0.27

图 11-25　球壳接管后应力实测曲线

2) 应力集中产生的根本原因

如图 11-26 所示，由于结构的连续性被破坏，在开口接管处，壳体和接管的变形不一致。为了使二者在连接之后的变形协调一致，连接处便产生了附加的内力，主要是附加弯矩。由此产生的附加弯曲应力，便形成了连接处局部地区的应力集中。应力集中与边界效应一样，也具有局部性，即只在连接处附近地区发生，离开连接处稍远处，弯曲变形与弯曲应力很快衰减并趋于消失。

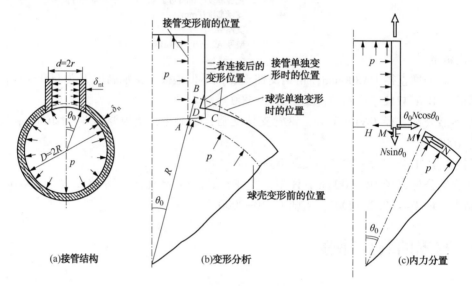

图 11-26　应力集中产生的原因分析示意图

11.3.2　开孔补强设计的原则与补强结构

1) 补强设计原则

（1）等面积法

该方法规定局部补强的金属截面积必须等于或大于开孔所减去的壳体截面积，其含义在于补强壳壁的平均强度，用与开孔等截面的外加金属来补偿被削弱的壳壁强度。其缺点在于不能完全解决应力集中问题，当补强金属集中于开孔接管的根部时，补强效果良好；当补强金属比较分散时，即使 100% 等面积补强，仍不能有效地降低应力集中系数。

（2）分析法

分析法是 GB 150.3—2011 中新加入的内容，是根据我国自主研究的薄壳理论解得到的应力分析方法，该理论得到前人数十个实验结果的验证，并得到国际压力容器界的认可。图 11-27 是等面积法与分析法的适用范围，与传统的等面积法相比，分析法将开孔补强设计的适用范围扩大至开孔率 0.9，大大扩展了圆柱壳开孔补强的适用范围。

2) 不另行补强的最大开孔直径

壳体开孔不另行补强需同时满足下述条件：①设计压力 $p \leqslant 2.5 \text{MPa}$；②当相邻开孔中心的间距（对曲面间距以弧长计算）应不小于两孔直径之和的两倍；对于 3 个或以上相邻开孔，任意两孔中心的间距应不小于该两孔直径之和的 2.5 倍；③接管外径 $\leqslant 89 \text{mm}$；④接管最小壁厚满足表 11-10 要求，表中接管壁厚的腐蚀裕量为 1mm，需要加大腐蚀裕量时，应相应增加壁厚。

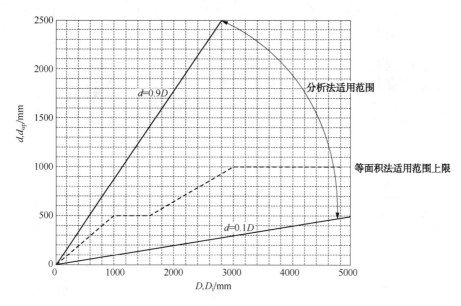

图 11-27　圆筒开孔补强分析法与等面积法适用范围

表 11-10　接管的最小壁厚要求　　　　　　　　　　　　　mm

接管外径	25	32	38	45	48	57	65	76	89
最小厚度	≥3.5			≥4.0		≥5.0		≥6.0	

3）补强结构

补强结构是指补强金属采用什么结构型式与被补强的壳体或接管连接成一体。主要有以下几种。

（1）补强圈补强结构

补强圈补强结构如图 11-28（a）~（c）所示。补强圈的材料一般与器壁相同，补强板与被补强的器壁之间要很好地焊接，使其与器壁能同时受力，否则起不到补强作用。为了检验焊缝的紧密程度，补强圈上开一 M10 的小螺纹孔，如图 11-29 所示。检验时，从小孔通入压缩空气，并在补强圈与器壁的连接焊缝处涂抹肥皂水，如果焊缝有缺陷时，就会在该处吹起肥皂泡。

采用该结构补强时，应符合下列规定：①低合金钢的标准抗拉强度下限值 $R_m < 540MPa$；②补强圈弧度小于或等于 $1.5\delta_n$；③壳体名义厚度 $\delta_n \leqslant 38mm$。若条件许可，推荐用厚壁接管代替补强圈进行补强，其 δ_{nt}/δ_n 宜控制在 $0.5 \sim 2$。

（2）加强元件补强结构

这种补强结构将接管或壳体开孔附近需要加强的部分，做成加强元件，然后再与接管和壳体焊在一起，如图 11-28（d）~（f）所示。

（3）整体补强结构

整体补强结构是增加壳体的厚度，或者用全焊透的结构型式将厚壁接管或者整体补强锻件与壳体相焊。如图 11-28（g）~（i）所示。当筒身上开设排孔，或封头上开孔较多时，可以采用整体增加壁厚的办法。

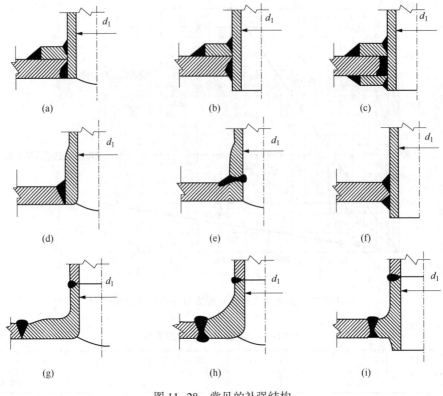

图 11-28　常见的补强结构

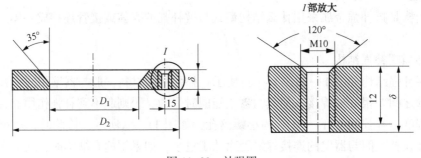

图 11-29　补强圈

11.3.3　等面积补强的设计方法

1）允许开孔的范围

当采用局部补强时，筒体及封头上开孔的最大直径不得超过以下数值：①筒体内径 $D_i <$ 1500mm 时，开孔最大直径 $d \le 0.5D_i$，且 ≤ 500mm；②筒体内径 $D_i > 1500$mm 时，开孔最大直径 $d \le D_i/3$，且 ≤ 1000mm；③凸形封头或球壳开孔的最大直径 $d \le 0.5D_i$；④锥形封头开孔的最大直径 $d \le D_k/3$，D_k 为开孔中心处的锥体内径。

2）壳体开孔补强

（1）开孔补强的计算截面选取

所需的最小补强面积应在下列规定的截面上求取：对于圆筒或锥壳开孔，该截面通过开孔中心点与筒体轴线；对于凸形封头或球壳开孔，该截面通过封头开孔中心点，沿开孔最大尺寸方向，且垂直于壳体表面。

对于圆形开孔，开孔直径 d_{op} 取接管内直径加 2 倍厚度附加量；对于椭圆形或长圆形孔，d_{op} 取所考虑截面上的尺寸(弦长)加 2 倍厚度附加量。

(2) 内压容器

壳体开孔所需补强面积按下式计算

$$A = d_{op}\delta + 2\delta\delta_{et}(1 - f_r) \tag{11-3}$$

式中，δ_{et} 为接管的有效厚度，mm；f_r 为强度削弱系数，等于设计条件下接管材料与壳体材料许用应力之比，当该比值大于 1.0 时，取 $f_r = 1.0$。

δ 为计算厚度，按以下方法确定：

① 对于圆筒或球壳开孔，为开孔处壳体的计算厚度，按式(9-5)或式(9-13)计算；

② 对于锥壳(或锥形封头)开孔，由式(9-33)计算，式中 D_c 取开孔中心处锥壳内直径，当开孔不通过焊缝时，取 $\phi = 1.0$；

③ 若开孔位于椭圆形封头中心 80% 直径范围内，δ 按式(11-4)计算，否则按式(9-24)计算。

$$\delta = \frac{p_c K_1 D_i}{2[\sigma]^t\phi - 0.5p_c} \tag{11-4}$$

式中，K_1 为椭圆形长短轴比值决定的系数，由表 10-1 查得；

④ 若开孔位于碟形封头球面部分内，δ 按式(11-5)计算，否则按式(9-28)计算。

$$\delta = \frac{p_c R_i}{2[\sigma]^t\phi - 0.5p_c} \tag{11-5}$$

式中，R_i 为蝶形封头球面部分内半径，mm。

(3) 外压容器

壳体开孔所需补强面积按下式计算

$$A = 0.5[d_{op}\delta + 2\delta\delta_{et}(1 - f_r)] \tag{11-6}$$

式中，δ 为按外压计算确定的开孔处壳体的计算厚度，mm；对安放式接管取 $f_r = 1.0$。

容器存在内压与外压两种设计工况时，开孔所需补强面积应同时满足内压和外压的要求。

3) 有效补强范围及补强面积

计算开孔补强时，有效补强范围及补强面积按图 11-30 中矩形 WXYZ 范围确定。

有效宽度 B 按下式计算

$$B = \max\begin{cases} 2d_{op} \\ d_{op} + 2\delta_n + \delta_{nt} \end{cases} \tag{11-7}$$

有效高度按式(11-7)和式(11-8)计算

外伸接管有效补强高度

$$h_1 = \min\begin{cases} \sqrt{d_{op}\delta_{nt}} \\ 接管实际外伸高度 \end{cases} \tag{11-8}$$

内伸接管有效补强高度

$$h_2 = \min\begin{cases} \sqrt{d_{op}\delta_{nt}} \\ 接管实际内伸高度 \end{cases} \tag{11-9}$$

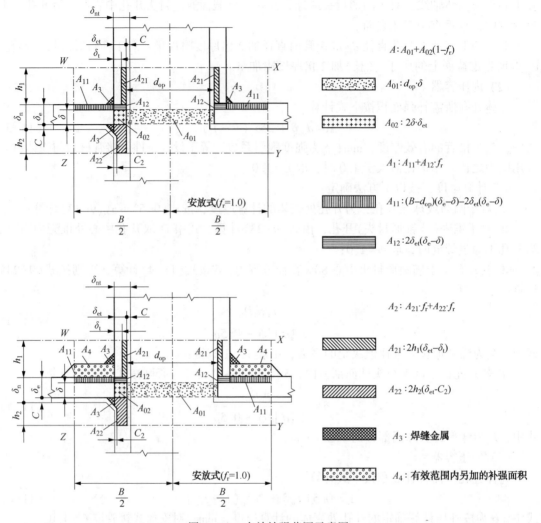

图 11-30 有效补强范围示意图

在有效补强范围内，可作为补强的截面积 A_e 按式(11-10)计算

$$A_e = A_1 + A_2 + A_3 \tag{11-10}$$

$$A_1 = (B - d_{op})(\delta_e - \delta) - 2\delta_{et}(\delta_e - \delta)(1 - f_r) \tag{11-11}$$

$$A_2 = 2h_1(\delta_{et} - \delta_t)f_r + 2h_2(\delta_{et} - C_2)f_r \tag{11-12}$$

式中，A_1 为壳体有效厚度减去计算厚度之外的多余面积，mm^2；A_2 为接管有效厚度减去计算厚度之外的多余面积，mm^2；A_3 为焊缝金属截面(图 11-30)，mm^2。

若 $A_e \geqslant A$，则开孔不需另加补强；若 $A_e < A$，则开孔需另加补强，其另加补强面积 A_4 按下式计算

$$A_4 \geqslant A - A_e \tag{11-12}$$

例 11-2 有一 $\phi108 \times 6$ 的接管，平齐焊于内径为 $\phi1400mm$ 的筒体上，接管材料为 10 号无缝钢管，筒体材料为 Q245R，容器计算压力 $p_c = 1.8MPa$，设计温度 $t = 250℃$，筒体壁厚 $\delta_n = 16mm$，壁厚附加量 $C = 2.0mm$，开孔未通过焊缝。接管外伸长度 200mm。确定此开孔是否需要补强，如果需要补强，则确定补强面积。

解 （1）材料许用应力

Q245R 的许用应力$[\sigma]^t=117\text{MPa}$；10 号无缝钢管许用应力$[\sigma]^t=98\text{MPa}$

（2）补强及补强方法判别

① 是否需要另行补强判别

$\delta_n=16\text{mm}>12\text{mm}$，接管公称直径 $DN=100\text{mm}>89\text{mm}$，不满足标准中不需另行补强的条件，故需另行补强。

② 补强计算方法判别

筒体内径 $D_i<1500\text{mm}$ 时，开孔最大直径 $d\leqslant0.5D_i$，且 $d\leqslant500\text{mm}$，故可采用等面积法进行计算。

（3）开孔所需补强面积

① 筒体计算厚度

$$\delta=\frac{p_cD_i}{2[\sigma]^t\phi-p_c}=\frac{1.8\times1400}{2\times117\times1-1.8}=10.85\text{mm}$$

② 开孔所需补强面积

$$f_r=[\sigma]^t_t/[\sigma]^t=\frac{98}{117}=0.838$$

$$
\begin{aligned}
A&=d_{op}\delta+2\delta\delta_{et}(1-f_r)\\
&=(108-2\times6+2\times2)\times10.85+2\times10.85\times(6-2)\times(1-0.838)\\
&=1099\text{mm}^2
\end{aligned}
$$

（4）有效补强范围

① 有效宽度

$$B=\max\begin{cases}2d_{op}=2\times100=200\text{mm}\\d_{op}+2\delta_n+\delta_{nt}=100+2\times16+2\times6=144\text{mm}\end{cases}$$

取 $B=200\text{mm}$

② 有效高度

外侧有效高度 $\quad h_1=\min\begin{cases}\sqrt{d_{op}\delta_{nt}}=\sqrt{100\times6}=24.49\text{mm}\\\text{接管实际外伸高度}=200\text{mm}\end{cases}$

取 $h_1=24.49\text{mm}$

内侧有效高度 $\quad h_2=\min\begin{cases}\sqrt{d_{op}\delta_{nt}}==\sqrt{100\times6}=24.49\text{mm}\\\text{接管实际内伸高度}=0\text{mm}\end{cases}$

取 $h_2=0$

（5）有效补强面积

① 筒体多余金属面积

筒体有效厚度 $\delta_e=\delta_n-C=16-2.0=14\text{mm}$

筒体多余金属面积

$$
\begin{aligned}
A_1&=(B-d_{op})(\delta_e-\delta)-2\delta_{et}(\delta_e-\delta)(1-f_r)\\
&=(200-100)\times(14-10.85)-2\times(6-2.0)\times(14-10.85)\times(1-0.838)=311\text{mm}^2
\end{aligned}
$$

② 接管多余金属面积

接管计算厚度

$$\delta_t = \frac{p_c d}{2[\sigma]_t^1 \phi + p_c} = \frac{1.8 \times 108}{2 \times 98 \times 1 + 1.8} = 0.98mm$$

接管多余金属面积

$$A_2 = 2h_1(\delta_{et} - \delta_t)f_r + 2h_2(\delta_{et} - C_2)f_r = 2 \times 24.49 \times (6-2-0.99) \times 0.838 = 124mm^2$$

③ 补强区内焊缝面积

$$A_3 = 2 \times 0.5 \times 6 \times 6 = 36mm^2$$

④ 有效补强面积

$$A_e = A_1 + A_2 + A_3 = 311 + 124 + 36 = 471mm^2$$

（6）所需补强面积

$$A_4 \geqslant A - A_e = 1099 - 471 = 628mm^2$$

11.4 压力容器附件

11.4.1 接口管

为了控制和监测化工操作过程，需开设测量温度、压力的仪表和安全装置等接口。这类接口采用的接管直径较小，短管可采用法兰或螺纹连接，如图 11-31 所示。

输送物料的工艺接管一般直径较大，常采用容器上焊接短管，利用法兰与外管路连接。短管长度根据容器外壁是否需要设置保温层和便于接管法兰的螺栓装拆等因素来决定，一般不少于 80mm。

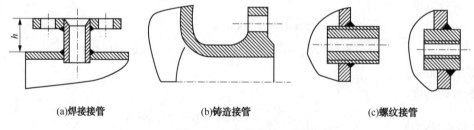

(a)焊接接管　　　　(b)铸造接管　　　　(c)螺纹接管

图 11-31　容器的接口管

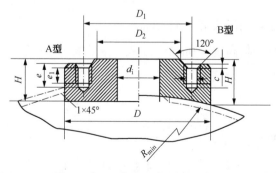

图 11-32　具有平面密封的凸缘

11.4.2 凸缘

当接管长度必须很短时，可用凸缘（又叫突出接口）来代替，如图 11-32 所示。凸缘本身具有加强开孔的作用，一般不需再另外补强。缺点是当螺柱折裂在螺栓孔中时，取出比较困难。

由于凸缘与管法兰配用，因此它的尺寸应根据所选用的管法兰确定。

11.4.3 手孔与人孔

压力容器安设手孔和人孔是为了检查容器的内部空间以及安装和拆卸容器的内部构件。

210

手孔的直径一般为 150～250mm，标准手孔的公称直径有 DN150 和 DN250 两种。手孔的结构一般是在容器上接一短管，端部焊有法兰，并用一盲板盖紧。图 11-33 为常压手孔结构。

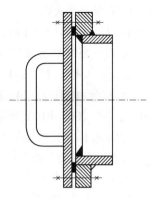

图 11-33 常压手孔

容器直径大于900mm时可开设人孔，人孔的形状有圆形和椭圆形两种。椭圆形人孔的短轴应与受压容器的筒身轴线平行。人孔的尺寸大小及位置以容器内件安装和工人进出方便为原则。圆形人孔的直径一般为 400mm，容器压力不高或有特殊需要时，直径可以大一些，圆形标准人孔的公称直径有 DN400、DN450、DN500 和 DN600 四种。椭圆形人孔(或称长圆形人孔)的最小尺寸为 400mm×300mm。图 11-34 为一种回转快开式人孔结构。

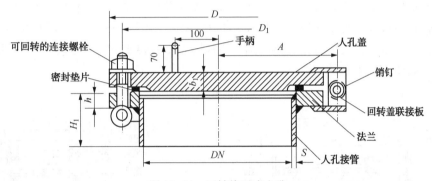

图 11-34 回转快开式人孔

根据容器的公称压力、工作温度以及所用材料的不同，手孔和人孔均已制定出多种类型的定型结构标准。设计时可以依据设计条件直接选用。

目前常用人孔和手孔的标准有 HG/T 21514～21535—2005。人孔和手孔的标记方法为

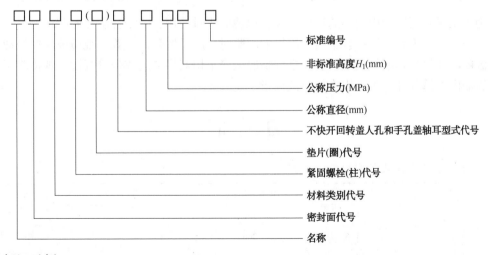

标记示例

① 按照 HG/T 21514 的规定，公称压力 PN0.6、公称直径 DN450、$H_1 = 220$、A 型盖轴耳、I 类材料、其中采用六角头螺栓、非金属平垫(不带内包边的 XB350 石棉橡胶板)的回转

盖板式平焊法兰人孔。

标记：人孔 Ⅰ b-8.8(NM-XB350)A 450-0.6 HG/T 21516—2005

② $H_1 = 250$(非标准尺寸)的上例人孔。

标记：人孔 Ⅰ b-8.8(NM-XB350)A 450-0.6 $H_1 = 250$ HG/T 21516—2005

③ 按照 HG/T 21514 的规定，公称压力 PN1.6、公称直径 DN250、工作温度小于或等于300℃、$H_1 = 200$、RF 型密封面、Ⅲ类材料、其中采用六角头螺栓、非金属平垫(不带内包边的 XB350 石棉橡胶板)的带颈平焊法兰手孔。

标记：手孔 RF Ⅲ b-8.8(NM-XB350)250-1.6 HG/T 21530—2005

④ $H_1 = 250$(非标准尺寸)的上例手孔。

标记：手孔 RF Ⅲ b-8.8(NM-XB350)250-1.6 $H_1 = 230$ HG/T 21530—2005

11.4.4 视镜

视镜的主要作用是用来观察容器内部反应过程的进行状况，也可作料面高度指示。为了有比较大的观察范围，视镜接口的长度应尽量短一些。图 11-35 为用凸缘构成的视镜，其结构简单，不易结料，有较宽的观察范围。当视镜需要斜装或设备直径较小时，则需采用带颈的视镜，如图 11-36 所示。

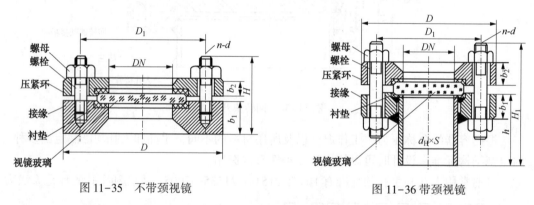

图 11-35　不带颈视镜　　　　　　　　图 11-36 带颈视镜

为了便于观察容器内物料的反应情况，视镜应成对使用，一个视镜作照明用，另一个作观察用。视镜若因介质结晶、水气冷凝影响观察时，应设置防冲装置，视镜玻璃在振动、冲击、温度剧变等过程中易发生破裂，这种情况最好采用双层玻璃或带罩视镜。视镜除了用来观察容器内部情况外，也可用作物料液面指示镜。

习　题

11-1　选择设备法兰密封面形式及垫片。

介质	公称压力/MPa	介质温度/℃	适宜密封面形式	垫片名称及材料
丙烷	1.0	150		
蒸气	1.6	200		
液氨	2.5	≤50		
氢气	4.0	200		

11-2 下列法兰连接应选用甲型、乙型和对焊法兰中的哪一种?

公称压力/MPa	公称直径/mm	设计温度 t/℃	型式	公称压力/MPa	公称直径/mm	设计温度 t/℃	型式
2.5	3000	350		1.6	600	350	
0.6	600	300		6.4	800	450	
4.0	1000	400		1.0	1800	320	
1.6	500	350		0.25	2000	200	

11-3 试确定下列甲型平焊法兰的公称压力 PN。

法兰材料	工作温度/℃	工作压力/MPa	公称压力/MPa	法兰材料	工作温度/℃	工作压力/MPa	公称压力/MPa
Q235B	300	0.12		Q235B	180	1.0	
Q345R	240	1.3		Q345R	50	1.5	
14Cr1MoR	200	0.5		14Cr1MoR	300	1.2	

11-4 试为一精馏塔配塔节与封头的连接法兰。已知塔体内径 800mm,操作温度 300℃,操作压力 0.25MPa,筒体、封头材质均匀。绘出法兰结构图并注明主要尺寸。

11-5 为一塔节之间选配法兰连接。已知塔节内径 $D_i = 1000mm$,操作温度 280℃,操作压力为 0.6MPa,材料为 Q245R。画出法兰的结构并标出尺寸。

11-6 为一分段制造的压力容器选配中间连接法兰型式并确定尺寸。塔体材料为 Q245R,设计压力 1.5MPa,操作温度 330℃,塔体内径 1200mm。

11-7 为一不锈钢制(S30408)的压力容器配制一对法兰,容器最高工作压力为 0.4MPa,工作温度为 150℃,内径为 1200mm。确定法兰型式、结构尺寸,并绘出零件图。

11-8 在内径为 1000mm,壁厚为 18mm 的筒体上,开孔接一根 $\phi89 \times 6$ 的管子,接管材质 10 号无缝钢管,筒体材料 Q245R,容器的设计压力 $p = 2.5MPa$,设计温度为 250℃,腐蚀裕量 1.8mm,开孔未与筒体焊缝相交,判断此开孔是否需要补强?如需要补强,补强面积是多少?

11-9 欲在 $D_i = 1400mm$ 的圆筒形壳体上开孔,接一根 $\phi76 \times 4$ 的管子。筒体壁厚为 12mm,接管材质为 20 号无缝钢管,筒体材料为 Q245R,该容器设计压力 1.2MPa,设计温度 310℃,试判断是否需要补强?

11-10 有一 $\phi89 \times 6$ 的接管,焊接于内径为 1400mm,壁厚为 16mm 的筒体上,接管材质为 16Mn 无缝钢管,筒体材料 Q345R,容器的设计压力 1.8MPa,设计温度为 250℃,腐蚀裕量 2mm,开孔未与筒体焊缝相交,接管周围 20mm 内无其他接管,试确定此开孔是否需要补强?

第3篇　典型化工设备设计

化工过程是通过一定的工艺装置实现的，而工艺装置又是由一定的设备按照工艺需要组合而成的。各种工艺装置的任务不同，所采用的工艺设备也有所不同。因而就使得化工设备的种类繁多，且结构各异。不同设备的设计方法也不尽相同，除了常规的壳体厚度计算和标准零部件的设计之外，还要针对各种设备的独特结构特点进行设计。

本篇主要介绍几种典型的化工设备的结构形式与设计方法，重点介绍管壳式热交换器和塔设备的结构设计以及标准使用。通过本篇学习，可以掌握管壳式热交换器和塔设备的结构形式和工程设计方法以及相关标准的选用方法。

第12章　管壳式热交换器

热交换器(通常称为换热器)是进行各种热量交换的设备，在炼油、化工及轻工等生产过程中得到广泛的应用。通常，在化工厂中，热交换器约占总投资的15%；在炼油厂中，热交换器约占全部设备投资的40%。根据不同的目的，热交换器可以可分为加热器、冷却器、冷凝器及再沸器。因使用条件的不同，热交换器可以有各种不同的型式和结构。无论是哪一种热交换器，高传热效率、低流动阻力、合理紧凑的结构、可靠的强度、低操作成本、安装维修方便仍然是衡量热交换器性能的基本标准。

按照传热方式的不同，换热设备可分为3类：①混合热交换器。利用冷热流体直接接触与混合作用进行热量交换；②蓄热热交换器。热量传递通过格子砖或填料等蓄热体来完成；③间壁式热交换器。冷热流体被固体壁面隔开并通过壁面进行传热。

管壳式热交换器又称为列管式热交换器，属于间壁式热交换器的一种。虽然在传热效率、结构紧凑性及金属材料消耗量方面比新型热交换器有所不及，但是管壳式热交换器以其高度的可靠性和广泛的适应性在工程应用中仍占据主导地位。

在工业生产中，可依据生产工艺要求选用热交换器标准系列，也可按照特定的工艺条件进行设计。管壳式热交换器的设计一般分为工艺计算和机械设计两部分，其中机械设计主要包括：①管壳式热交换器结构形式的选择与设计；②管壳式热交换器各构件形式及连接方式的选择与设计；③管壳式热交换器的强度计算。

本章主要阐述管壳式热交换器机械设计的有关问题及标准选用。

12.1　管壳式热交换器的形式

管壳式热交换器是目前应用最广的换热设备，它具有结构坚固、可靠性高、适用性强、选材广泛等优点，在石化领域的换热设备中占主导地位。在管壳式热交换器中，传递热量的间壁为圆管。由于管束和壳体结构的不同，管壳式热交换器可以进一步划分为固定管板式、浮头式、填料函式和 U 形管式等四种。

1）固定管板式热交换器

如图 12-1 所示的固定管板式热交换器，两管板由管子互相支撑，因而在各种列管式热交换器中，其管板最薄。这类热交换器结构比较简单，造价较低，缺点是管外清洗困难，管壳间有温差应力存在，当两种介质温差较大时，必须设置膨胀节。

这类热交换器适用于壳程介质清洁，不易结垢，管程需清洗以及温差不大或温差虽大但壳程压力不高的场合。

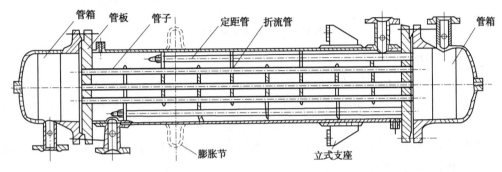

图 12-1　固定管板式热交换器

2）浮头式热交换器

如图 12-2 所示的浮头式热交换器，一端管板与壳体固定；另一端管板与在壳体内移动，称为浮头。浮头由活动管板、浮头盖和钩圈组成，是可拆连接。浮头式热交换器不会产生温差应力，管束可以抽出，便于清洗，但结构较复杂，金属消耗量大，浮头处如发生内漏时不便检查。管束与管壳间隙较大，影响传热。

这类热交换器适用于管、壳温差较大，介质易结垢，介质腐蚀性较弱的场合。

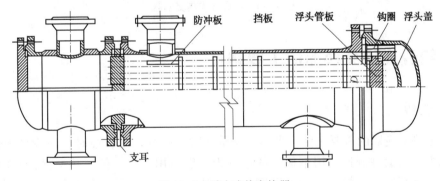

图 12-2　浮头式热交换器

3）填料函式热交换器

如图 12-3 所示的填料函式热交换器，结构与浮头式热交换器类似，浮头部分露在壳体外部，并采用填料函进行密封。填料函式热交换器一般为单壳程，但为强化壳程的传热性能有时也采用双壳程。填料函式热交换器造价比浮头式热交换器低，检修、清洗容易，而且填料函处泄漏能及时发现。但壳程内介质有外漏的可能，壳程中不宜处理易挥发、易燃、易爆、有毒的介质。

这类热交换器适用于压力较低、介质腐蚀性较严重、温差较大且要经常更换管束的场合。

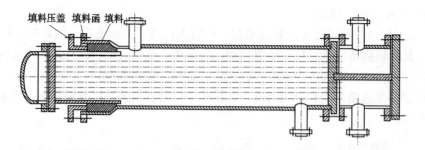

图 12-3　填料函式热交换器

4）U 形管式热交换器

如图 12-4 所示的 U 形管式热交换器，只有一个管板，管程至少为两程，管束可以抽出清洗，管子可以自由膨胀。其缺点是管内不便清洗，管板上布管少，结构不紧凑，管外介质易短路，影响传热效果，内层管子损坏后不易更换。

这类热交换器适用于管、壳壁温差较大的场合，尤其是管内介质清洁，不易结垢的高温、高压、腐蚀性较强的场合。

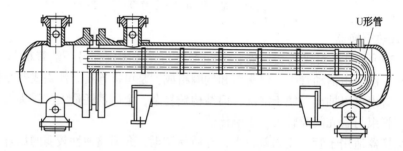

图 12-4　U 形管式热交换器

12.2　管壳式热交换器的主要构件

12.2.1　管板

管板是热交换器的重要元件，当换热介质无腐蚀或有轻微腐蚀时，一般采用碳素钢、低合金钢板或其锻件制造。用钢板制的平管板一般适用于中、低压热交换器，而锻造管板一般适用于高压热交换器。当处理腐蚀性介质时，管板应采用复合管板，以不锈钢抵抗腐蚀，以碳钢和低合金钢承受介质的压力。常见的复合板有爆炸复合板、堆焊复合板和轧制复合板。

管壳式热交换器的管板，一般采用平管板，在圆平板上开孔装设管束，管板又与壳体相连。管板所受载荷除管程与壳程压力之外，还承受管壁与壳壁的温差引起的变形不协调作用。固定式管板受力情况较复杂，影响管板应力大小有如下因素：

① 管板自身的直径、厚度、材料强度、使用温度等对管板应力有显著的影响。

② 管束对管板的支承作用。管板与许多换热管刚性地固定在一起，因此，管束起着支

承的作用，阻碍管板的变形。在进行受力分析时，常把管板看成是放在弹性基础上的平板，列管就起着弹性基础的作用。

③ 管孔对管板强度和刚度的影响。管孔的存在，削弱了管板的强度和刚度，同时管孔边缘产生峰值应力。当换热管与管板连接之后，管板孔内的换热管又能增加管板的强度和刚度，而且也抵消了一部分峰值应力。

④ 管板周边支承形式的影响。管板边界条件不同，管板应力状态也是不一样的，管板外边缘有不同的固定形式，如夹持、简支、半夹持等。通常以介于简支与夹持之间为多，这些不同的固定形式对管板应力产生不同程度的影响。

⑤ 温度对管板的影响。由于管壁与壳壁温度的差异，各自的变形量也不同，这不仅使换热管和壳体的应力有显著增加，而且使管板应力有很大的增加；同时，由于管板的上下表面接触不同温度的介质而使上下表面温度不同，也会在管板内产生温差应力。

⑥ 其他因素的影响。如当管板兼作法兰时，拧紧法兰螺栓，在管板上又会产生附加弯矩。折流板间距、最大压力作用位置等也都对管板应力有影响。

目前，一些管板厚度设计公式因对各影响因素考虑不同而有较大差异。根据不同的设计依据，管板厚度的设计方法可概括为如下几类：

① 将管板看成周边支承条件下受均布载荷的实心圆板，按弹性理论得到圆平板的计算公式，加入适当的修正系数来考虑管板开孔削弱和管束的实际支承作用。这种设计方法对管板作了很大简化，因而是一种半经验公式。但由于公式计算简便，同时又有长期使用经验，结果比较安全，因而不少国家标准(美国 TEMA、日本 JIS)中管板厚度设计公式仍以此作为基础。

② 将管束当作弹性支承，而管板则作为放置于这一弹性基础上的圆平板，然后根据载荷大小、管束的刚度及周边支承情况来确定管板的弯曲应力。由于它比较全面地考虑了管束的支承和温差的影响，因而计算比较精确，但计算公式较多，计算过程也较繁杂。但在计算机应用已逐渐普及的今天，这是一种有效的设计方法。

③ 取管板上相邻四根换热管之间的菱形面积，按弹性理论求此面积在均布压力作用下的最大弯曲应力。由于此法与管板实际受载情况相差甚大，所以仅用于粗略计算。

GB/T 151—2014《热交换器》采用的是上述第②种方法，详细计算参见标准。

12.2.2 管束

1）换热管的规格和选用

换热管构成管壳式热交换器的传热面，换热管的尺寸和形状对传热有很大的影响。采用小直径的换热管时，热交换器单位体积的换热面积大一些，设备较紧凑，单位传热面积的金属消耗量少，传热系数也稍高，但制造麻烦。而且小直径的换热管容易结垢，不易清洗。因此，大直径的换热管用于黏性大或污浊的流体，小直径的换热管用于较清洁的流体。

我国管壳式热交换器常用的无缝钢管规格(外径×壁厚)如表 12-1 所示。换热管长度规格为 1500、2000、2500、3000、4500、6000、7500、9000、12000 mm 等。热交换器的换热管长度与公称直径之比，一般为 4~25，常用的为 6~10；对于立式热交换器，其比值多为4~6。

表 12-1 换热管规格

碳钢、低合金钢/mm	$\phi19\times2$	$\phi25\times2.5$	$\phi32\times3$	$\phi38\times3$
不锈钢/mm	$\phi19\times2$	$\phi25\times2$	$\phi32\times2.5$	$\phi38\times2.5$

换热管一般采用光管，因其结构简单，制造容易，但它强化传热的性能不足。特别是当流体传热膜系数很低时，采用光管作换热管，热交换器传热膜系数将会很低。为了强化传热，出现了多种结构型式的换热管，如异形管（图 12-5）、翅片管（图 12-6 和图 12-7）、螺纹管（图 12-8）等。

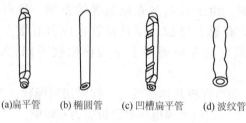

(a)扁平管　　(b)椭圆管　　(c)凹槽扁平管　　(d)波纹管

图 12-5　异形管

(a)焊接外翅片管　　(b)整体式外翅片管　　(c)镶嵌式外翅片管　　(d)整体式内外翅片管

图 12-6　纵向翅片管

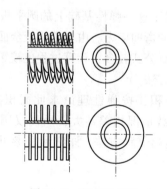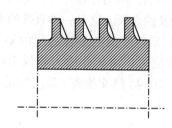

图 12-7　径向翅片管　　　　　图 12-8　螺纹管

换热管的材料选择应根据压力、温度、介质的腐蚀性能确定，可选用碳钢、合金钢、铜、钛、塑料、石墨等材料。

2）换热管的排列

换热管的排列应在整个热交换器的截面上均匀地分布，要考虑排列紧凑、流体的性质、结构设计以及制造等方面的因素。

（1）排列方式

① 正三角形和转角正三角形排列（图 12-9）适用于壳程介质污垢少，且不需要进行机械清洗的场合，而且在相同管板面积上可排列更多的管子。

② 正方形和转角正方形排列（图 12-10）能够使管间形成一条条直的通道，可用机械方

法进行清洗，一般可用于管束可抽出以清洗管间的场合。

另外，还可根据结构要求，采用组合排列方法。例如，在多程热交换器中，每一程中都采用三角形排列法，而在各程之间，为了便于安装隔板，则采用正方形排列法，如图12-11所示。在制氧设备中，常采用同心圆排列法，结构比较紧凑，排列管数更多。

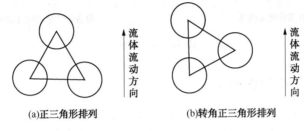

(a)正三角形排列   (b)转角正三角形排列

图 12-9 正三角形排列的换热管

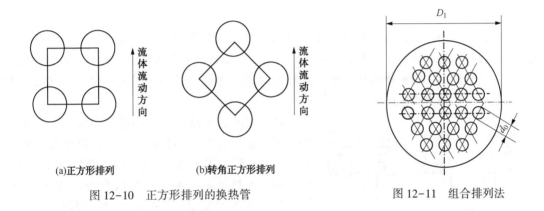

(a)正方形排列   (b)转角正方形排列

图 12-10 正方形排列的换热管   图 12-11 组合排列法

（2）管间距

管板上两换热管中心的距离称为管间距。管间距的确定，要考虑管板强度和清洗换热管外表面时所需空隙，与换热管在管板上的固定方法有关。当换热管采用焊接方法固定时，相邻两根管的焊缝太近，就会相互受到热影响，使焊接质量不易保证；而采用胀接法固定时，过小的管间距会造成管板在胀接时由于挤压的作用而发生变形，失去了换热管与管板之间的连接力。因而，换热管中心距宜不小于 1.25 倍的换热管外径，常用的换热管中心距见表 12-2。

表 12-2   换热管中心距   mm

换热管外径 d	10	12	14	16	19	20	22	25	30	32	35	38	45	50	55	57
换热管中心距 S	13~14	16	19	22	25	26	28	32	38	40	44	48	57	64	70	72

3）假管

为减少流体沿隔板槽两侧管间短路，使壳程介质有效地换热，提高传热效率，在管束内设置"假管"，如图12-12所示。"假管"实际上是一种两头堵死的盲管，它不起换热作用，而是像旁路挡板一样强制介质流向换热管。"假管"位于两管板的隔板槽之间但不穿过管板，一般每隔 4~6 排管布置一根，也可安装定距管代替"假管"。

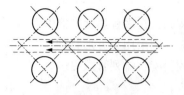
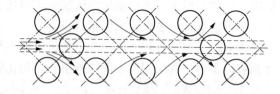

(a)无假管时介质的流动情况　　　　　　(b)有假管时介质的流动情况

图 12-12　假管

12.2.3　换热管与管板的连接

换热管与管板的连接必须牢固、不泄漏。既要满足其密封性能，又要有足够的抗拉脱强度。其连接形式主要有强度胀接、强度焊接和胀焊并用三种形式，连接形式根据管、壳程的设计压力、设计温度、介质的腐蚀性、管板的结构等选择。

1) 强度胀接

强度胀接(简称胀接)是利用胀管器挤压伸入管板孔中的换热管端部，使管端发生塑性变形，管板孔同时产生弹性变形，当取出胀管器后，管板孔弹性收缩，管板与换热管间就产生一定的挤紧压力，紧密地贴在一起，达到密封紧固连接的目的。图 12-13 表示胀管前和胀管后管径增大和受力情况。

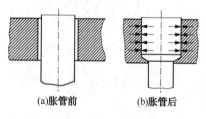

(a)胀管前　　　(b)胀管后

图 12-13　胀管前后示意图

随着温度的升高，接头间的残余应力会逐渐消失，使管端失去密封和紧固能力。所以胀接结构一般用在换热管为碳素钢，管板为碳素钢或低合金钢，设计压力不超过 4.0 MPa，设计温度在 300℃ 以下，操作中无剧烈的振动、无过大的温度变化及无明显的应力腐蚀的场合。

采用胀接时，管板硬度应比管端硬度高，以保证胀接质量，这时可避免在胀接时管板产生塑性变形，影响胀接的紧密性。若达不到这个要求时，可将管端进行退火处理，降低硬度后再进行胀接。有应力腐蚀时，不应采用管端局部退火的方式来降低换热管的硬度。另外，对于管板及换热管材料的线膨胀系数和操作温度与室温的温差必须符合表 12-3 的规定。

表 12-3　线膨胀系数与温差

$\Delta\alpha/\alpha$	$10\% \leqslant \Delta\alpha/\alpha \leqslant 30\%$	$30\% \leqslant \Delta\alpha/\alpha \leqslant 50\%$	$\Delta\alpha/\alpha > 50\%$
$\Delta t/℃$	$\leqslant 155$	$\leqslant 128$	$\leqslant 72$

表中：$\alpha = (\alpha_1 + \alpha_2)/2$，$\alpha_1$、$\alpha_2$ 分别为管板和换热管材料的热膨胀系数，1/℃；$\Delta\alpha = |\alpha_1 - \alpha_2|$，1/℃；$\Delta t$ 等于操作温度减去室温(20℃)。

管板上的孔，有孔壁开槽的与孔壁不开槽的(光孔)两种。孔壁开槽可以增加连接强度和紧密性，因为当胀管后换热管产生塑性变形，管壁被嵌入小槽中。机械胀接的结构形式和尺寸可按图 12-14(a)~(c)和表 12-4 确定；当采用复合管板时，宜在覆层上开槽，开槽要求可按图 12-14(d)和表 12-4 确定。胀接长度取 50mm 和管板名义厚度减 3mm 中的最小值。

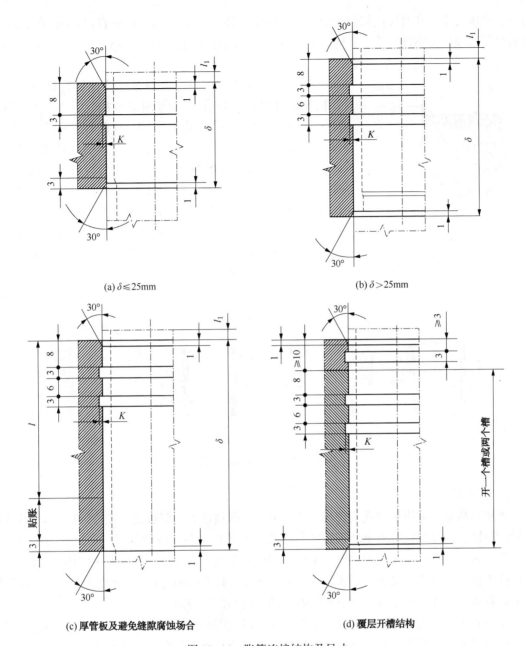

(a) $\delta \leqslant 25mm$

(b) $\delta > 25mm$

(c) 厚管板及避免缝隙腐蚀场合

(d) 覆层开槽结构

图 12-14　胀管连接结构及尺寸

表 12-4　胀管型式及尺寸　　　　　　　　　　　　mm

换热管外径 d	≤14	16~25	30~38	45~57
伸出长度 l_1	3^{+1}		4^{+1}	5^{+1}
槽深 K	可不开槽	0.5	0.6	0.8

2）强度焊接

强度焊接(简称焊接)连接比强度胀接连接有更大的优越性：在高温高压条件下，焊接连接能保持连接的紧密性；管板孔加工要求低，可省孔的加工工时；焊接工艺比胀接工艺简单；在压力不太高时可使用较薄的管板。焊接连接的缺点是：由于在焊接接头处产生的热应力可能造成应力腐蚀和破裂；同时换热管与管板间存在间隙（图12-15），这些间隙内的流体不流动，很容易造成"缝隙腐蚀"。

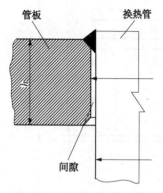

图 12-15　焊接间隙示意图

焊接接头的结构很重要，应根据换热管直径与厚度、管板厚度和材料、操作条件等因素来决定。常见的焊接接头如图 12-16 所示，其中结构（a）在管板孔上不开坡口，连接强度差，适用于压力不高和管壁较薄处；结构（b）在管板孔端开 60°坡口，故焊接结构较好，使用最多；结构（c）中换热管头部不突出管板，焊接质量不易保证，用于立式热交换器以避免停车后管板上积水；结构（d）在孔的四周又开了沟槽，因而有效地减少了焊接应力，适用于薄管壁和管板在焊接后不允许产生较大变形的情况。

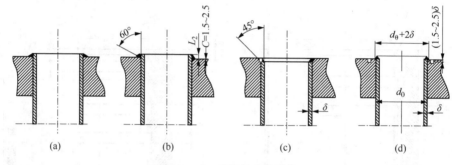

图 12-16　焊接接头的结构

3）胀焊并用

虽然在高温下采用焊接连接较胀接连接可靠，但换热管与管板之间往往因存在间隙而产生缝隙腐蚀，而且焊接应力也会引起应力腐蚀。尤其在高温高压情况下，在反复的热冲击、热变形、热腐蚀及介质压力作用下，工作环境极其苛刻，连接接头容易发生破坏，无论采用胀接或焊接均难以满足要求。目前较广泛采用的是胀焊并用的方法。这种连接方法能提高连接处的抗疲劳性能，消除应力腐蚀和缝隙腐蚀，提高使用寿命。

胀焊并用连接主要有：强度焊加贴胀、强度胀加密封焊。这其中密封焊不保证强度，是单纯防止泄漏而施行的焊接；强度焊既保证焊缝的严密性，又保证有足够的抗拉脱强度；贴胀仅为消除换热管与管板孔之间的间隙，并不承担拉脱力的胀接；强度胀是满足一般胀接强度的胀接。至于在什么条件下采用什么方法，目前尚无统一标准，但一般都趋向于使用先焊后胀的方法。先焊后胀的好处在于能够避免胀接使用的润滑油在焊接受热变为气体时使焊缝产生气孔，影响焊接质量。

12.2.4　管板与壳体的连接

管壳式热交换器管板与壳体的连接结构与其形式有关，分为可拆式和不可拆式两大类。固定管板式热交换器的管板和壳体间采用不可拆的焊接连接，而浮头式、U 形管式和填料函式热交换器的管板与壳体间需采用可拆连接。

1）不可拆连接

当管板兼作法兰时，一般采用图 12-17 中的几种结构。

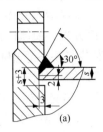
(a)

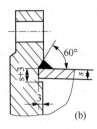
(b)

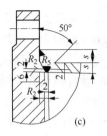
(c)

$S \geqslant 10\text{mm}$，使用压力 $p \leqslant 1.0\text{MPa}$
不宜用于易燃、易爆、易挥发
及有毒介质的场合

$S < 10\text{mm}$，使用压力 $p \leqslant 1.0\text{MPa}$
不宜用于易燃、易爆、易挥发
及其有毒介质的场合

$1.0\text{MPa} < p \leqslant 4.0\text{MPa}$
壳程介质有间隙腐蚀作用时采用

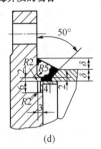
(d)

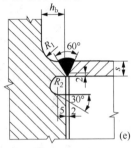
(e)

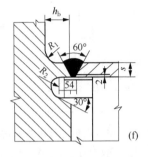
(f)

$1.0\text{MPa} < p < 4.0\text{MPa}$
壳程介质无间隙腐蚀作用时采用

$4.0\text{MPa} < p < 10\text{MPa}$
壳程介质有间隙腐蚀作用时采用

$4.0\text{MPa} < p < 10\text{MPa}$
壳程介质无间隙腐蚀作用时采用

$$h_b = S(1 + \frac{\sqrt{3}}{3}) - \frac{2\sqrt{3}}{3}$$

图 12-17　兼作法兰时管板与壳体的连接结构

管板不兼作法兰时与壳体的连接结构如图 12-18 所示。由于法兰力矩不作用在管板上，改善了管板受力情况。

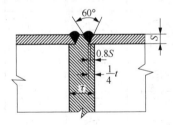

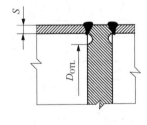

(a) $p \leqslant 4.0\text{MPa}$ 壳程介质无间隙腐蚀作用时采用

(b) 壳程介质有间隙腐蚀作用时采用，半径 R 的
圆心在管板表面上（D_{OTL} 为最大布管直径）

图 12-18　不兼作法兰时与壳体的连接结构

2）可拆连接

由于浮头式、U 形管式及填函式热交换器的管束要从壳体中抽出，以便进行清洗，故需将固定管板做成可拆连接。图 12-19 为浮头式热交换器固定管板的连接情况，管板夹于壳体法兰和顶盖法兰之间，卸下顶盖就可把管板同管束从壳体中抽出来。

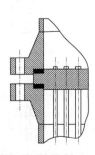

图 12-19　管板与壳体的可拆连接

223

12.2.5 管束分程

当热交换器所需的换热面较大，而管子又不能做得太长时，就得增大壳体直径，排列较多的换热管。此时为了增加管程流速，提高传热效果，须将管束分程，使流体依次流过各程换热管。为了把热交换器做成多管程，可在流道室(管箱)中安装与换热管中心线相平行的分程隔板。分程隔板有单层和双层两种。单程隔板与管板的密封结构如图12-20所示，密封面宽度应为隔板厚度加2 mm，材料应与封头材料相同。大直径热交换器隔板应设计成双层结构(图12-21)，双层隔板具有隔热空间，可防止热流短路，即不使已冷却(加热)的流体被刚进入的热(冷)流体经隔板而再被加热(冷却)。

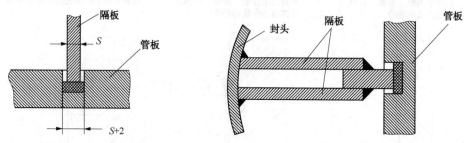

图 12-20　单程隔板与管板的密封结构　　　　图 12-21　双程隔板与管板的密封结构

管程数一般有 1、2、4、6、8、10、12 等 7 种，常见的分程布置形式可参照图 12-22。对于多管程结构，应尽可能使各管程换热管数大致相等，分程隔板槽形状应简单，密封面长度较短，相邻程间平均壁温差一般不超过 28℃。

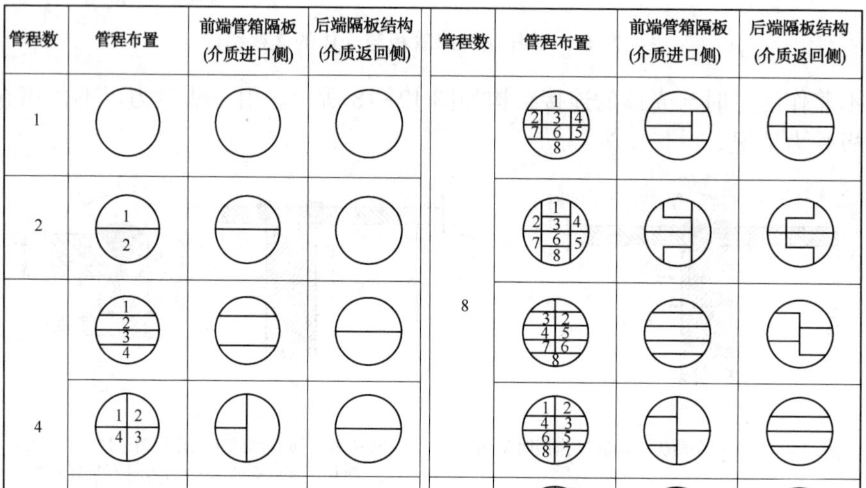

管程数	管程布置	前端管箱隔板 (介质进口侧)	后端隔板结构 (介质返回侧)	管程数	管程布置	前端管箱隔板 (介质进口侧)	后端隔板结构 (介质返回侧)
1				8			
2							
4							
				10			
6				12			

图 12-22　管束分程布置

224

12.2.6 管箱与壳程接管

1）管箱

热交换器管内流体进出口的空间称为管箱（或称流通室）。管箱结构应可以装拆，便于清洗或检修。常见的管箱结构如图12-23所示，其中结构(a)在清洗或检修时必须拆下外部管道；若改为结构(b)，由于有侧向的接管，则不必拆外管道就可将管箱卸下；结构(c)将管箱上盖做成可拆的，清洗或检修时只需拆卸盖子即可、不必拆管道，但需要增加一对法兰连接；结构(d)省去了管板与壳体的法兰连接使结构简化，但更换换热管不方便。

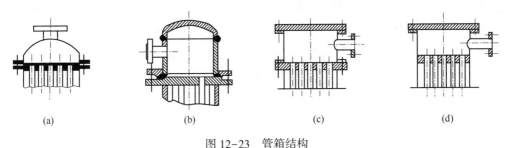

图12-23　管箱结构

2）壳程接管

壳程流体进出口的设计，直接影响热交换器的传热效率和换热管的寿命。当加热蒸汽或有高速流体流入壳程时，对换热管会造成很大的冲刷，所以常将壳程接管作成扩径管（图12-24），即将接管做成喇叭状，起缓冲作用；或者在热交换器进口处设置挡板，图12-25(a)结构是把防冲挡板两侧焊在定距管或拉杆上，图12-25(b)结构是把防冲挡板焊在壳体上。挡板的最小厚度：碳钢为4.5mm，不锈钢为3mm。

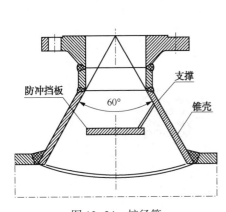

图12-24　扩径管

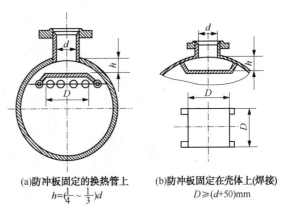

(a)防冲板固定的换热管上
$h=(\frac{1}{4} \sim \frac{1}{3})d$

(b)防冲板固定在壳体上(焊接)
$D \geqslant (d+50)$mm

图12-25　防冲挡板

当壳程进出口接管距管板较远时，应设置导流筒（图12-26）。它可使加热蒸汽或流体从靠近管板处进入管束间，更充分地利用换热面积，常用这种结构来提高热交换器的换热能力。

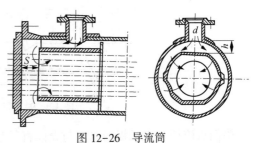

图12-26　导流筒

12.2.7 折流板及支承板

为了提高壳程内流体的流速和加强湍流程度，提高传热效率，在壳程内设置折流板。折流板还起支承换热管的作用。当工艺上无装折流板的要求，而换热管比较细长时，应该考虑设有一定数量的支承板，以便于换热管安装和防止管子变形过大。

折流板和支承板可分为横向和纵向两种。前者使流体横过管束流动，后者则使管间的流体平行流过管束，前者应用更为广泛。

横向折流板和支承板的常用型式有弓形(图 12-27)、圆盘-圆环形(图 12-28)和带扇形切口(图 12-29)三种，其中弓形折流板又分为单弓形、双弓形和三重弓形。单弓形用得较普遍，这种型式使流体只经折流板切去的圆缺部分而垂直流过管束，流动中死区较少。

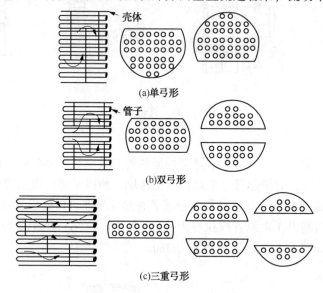

图 12-27 弓形折流板

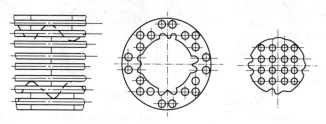

图 12-28 圆盘-圆环形折流板

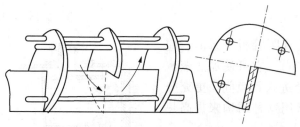

图 12-29 带扇形切口的折流板

横向折流板和支承板的厚度与壳体直径和折流板间距有关，且对热交换器的振动也有影响，一般情况下其最小厚度按表 12-5 选取。当壳程流体有脉动或折流板用作浮头式热交换器浮头端的支承板时，则厚度必须予以特别考虑。

表 12-5　折流板或支承板最小厚度　　　　　　　　　　　　　　　mm

公称直径 DN	折流板或支持板间的换热管无支撑跨距 L					
	≤300	>300~600	>600~900	>900~1200	>1200~1500	>1500
	折流板或支持板最小厚度					
<400	3	4	5	8	10	10
400~700	4	4	6	10	10	12
700~900	5	6	8	10	12	16
>900~1500	6	8	10	12	16	16
>1500~2000	—	10	12	16	20	20
>2000~2600	—	12	14	18	22	24
>2600~3200	—	14	18	22	24	26
>3200~4000	—	—	20	24	26	28

　　弓形折流板的间距一般不应小于壳体内径的五分之一，且不小于 50mm，特殊情况下也可取较小的间距。换热管直管最大无支撑跨距不得超过表 12-6 的规定，流体脉动场合，无支撑跨距应尽量减小，或改变流动方式防止管束振动。

表 12-6　换热管直管最大无支撑跨距

换热管外径/mm	换热管材料及金属温度上限	
	碳素钢和高合金钢 400℃ 低合金钢 450℃ 镍-铜合金 300℃ 镍 450℃ 镍铬铁合金 540℃	在标准允许的温度范围内： 铝和铝合金 铜和铜合金 钛和钛合金 锆和锆合金
	换热管直管最大无支撑跨距/mm	
10	900	750
12	1000	850
14	1100	950
16	1300	1100
19	1500	1300
25	1850	1600
30	2100	1800
32	2200	1900
35	2350	2050
38	2500	2200
45	2750	2400
50		
55	3150	2750
57		

注：（1）不同的换热管外径的最大无支撑跨距值，可用内插法求得。

　　（2）超出上述金属温度上限时，最大无支撑跨距应按该温度下的弹性模量与本表中的上限温度下弹性模量之比的四次方根成正比例地缩小。

　　（3）环向翅片管可用翅片根径作为换热管外径，在本表中查取最大无支撑跨距，然后再乘以假定去掉翅片的管子与有翅片的管子单位长度重量比的四次方根(即成正比的缩小)。

折流板外径与壳体之间的间隙越小，壳程流体由此泄漏的量就越少，这可以减少流体短路，提高传热效率。但间隙过小会给制造安装带来困难，故此间隙要求适宜，详见表12-7。

表 12-7　折流板和支承板的外径　　　　　　　　　　　　　　mm

壳体公称直径 DN	159	273	325	400	500	600	700	800	900	1000	1100	1200
换热器折流板支承板名义外径	D_i-2			397	496.5	596.5	696	796	896	995.5	1095.5	1195.5
冷凝器折流板支承板名义外径	D_i-3			396	495	595	695	795	894	993	1093	1193
折流板支承板外径负偏差	-0.53	-0.90	-0.68	-0.76	-0.76	-0.60	-1.00	-1.00	-1.10	-1.10	-1.20	-1.20

注：当 $DN \leqslant 325$，用钢管做壳体时，应根据钢管实测最小内径配制折流板或支承板

折流板和支承板的固定是通过拉杆和定距管来实现的，拉杆与定距管的连接如图12-30 (a) 所示。拉杆是一根两端都有螺纹的长杆，一端拧入管板，折流板就穿在拉杆上，各板之间则以套在拉杆上的定距管来保持板间距离，最后一块折流板可用螺母拧在拉杆上予以紧固。不锈钢折流板可焊接在拉杆上，如图12-30 (b) 所示。各种尺寸热交换器的拉杆的直径和数量可按表12-8 和表12-9 选用。在保证大于或等于表12-9 所给定的拉杆总截面积的前提下，拉杆的直径和数量可以变得，但其直径不宜小于 10mm，数量不少于 4 根。

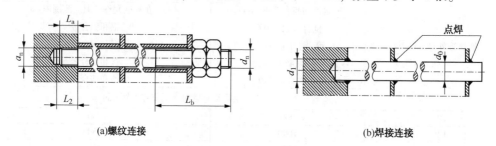

(a)螺纹连接　　　　　　　　　　　　(b)焊接连接

图 12-30　拉杆连接

表 12-8　拉杆的直径　　　　　　　　　　　　　　mm

换热管外径 d	$10 \leqslant d \leqslant 14$	$14 < d < 25$	$25 \leqslant d \leqslant 57$
拉杆直径 d_0	10	12	16

表 12-9　拉杆的数量

拉杆直径 d_0/mm	热交换器公称直径 DN/mm								
	<400	400~<700	700~<900	900~<1300	1300~<1500	1500~<1800	1800~<2000	2000~<2300	2300~<2600
10	4	6	10	12	16	18	24	32	40
12	4	4	8	10	12	14	18	24	28
16	4	4	6	6	8	10	12	14	16

拉杆直径 d_0/mm	热交换器公称直径 DN/mm						
	2600~ <2800	2800~ <3000	3000~ <3200	3200~ <3400	3400~ <3600	3600~ <3800	3800~ ≤4000
10	48	56	64	72	80	88	98
12	32	40	44	52	56	64	68
16	20	24	26	28	32	36	40

纵向折流板是使流体平行管束流动，在传热上不如垂直流过管束好，但可提高流速，所以也可较好地提高传热效率，其主要缺点是纵向折流板与壳体壁间的密封不易保证，容易造成短路。

12.2.8 其他构件

1) 旁路挡板

当壳体与管束之间存在较大间隙时，如浮头式、U 形管式和填料函式热交换器，可在管束上增设旁路挡板阻止流体短路，迫使壳程流体通过管束进行热交换，如图12-31所示。增设旁路挡板一般为 1~3 对，厚度一般与折流板或支持板相同，采用对称布置。挡板加工成规则的长条状，长度等于折流板或支承板的板间距，两端焊在折流板或支承板上。

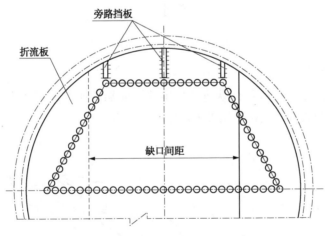

图 12-31 旁路挡板结构

2) 拦液板

在立式冷凝器中，为减薄管壁上的液膜而提高传热膜系数，推荐在冷凝器中装设拦液板以起截拦液膜作用。拦液板间距按实际情况确定或暂取折流板间距，结构如图 12-32 所示。

3) 排液口和排气口

热交换器设置排液口是为了把停车后残液或气体带进的冷凝液排出。排气口是为了把惰性气体或液体夹带的气体排出，充分利用传热面积。如图 12-33 所示为排液(气)口的接头结构。

卧式热交换器的排气口、排液口分别开在壳体和封头的顶部和底部，立式热交换器的排气口、排液口分别开在壳程的顶部和底部。如果没有排液口，在液体和聚集的气体之间的界面处常有腐蚀和应力破裂存在（因为固体通常沉积在换热管的这部分上），这是立式热交换器和冷凝器破坏的主要原因。

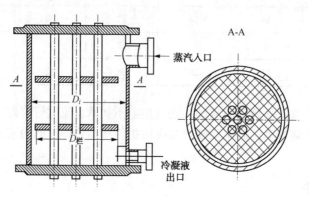

图 12-32　拦液板

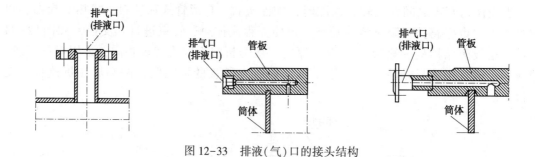

图 12-33　排液(气)口的接头结构

4）双壳程结构

双壳程结构如图 12-34 所示，纵向隔板尾部回流端的通道面积应大于折流板缺口的流通面积。纵向隔板与管板的连接可用可拆卸结构或焊接结构。

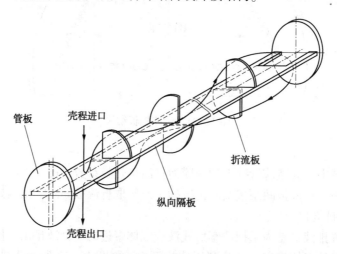

图 12-34　双壳程结构

12.3　温差应力及其补偿

12.3.1　管壁与壳壁温差引起的温差应力

图 12-35 为固定管板式热交换器的壳体与管子。在安装时[图 12-35(a)]，它们的长度均为 L；当操作时[图 12-35(b)]，壳体和管子温度都升高，若管壁温度高于壳壁温度，则管子自由伸长量和壳体自由伸长量分别为

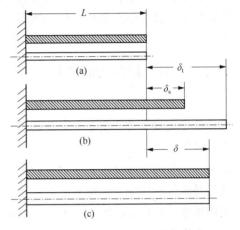

$$\delta_t = \alpha_t(t_t - t_o)L \qquad (12-1)$$

$$\delta_s = \alpha_s(t_s - t_o)L \qquad (12-2)$$

式中，α_t，α_s 分别为管子和壳体材料的温度膨胀系数，$1/\text{℃}$；t_o 为安装时的温度，℃；t_t，t_s 分别为操作状态下管壁温度和壳体温度，℃。

由于管子与壳体是刚性连接，所以管子和壳体的实际伸长量必须相等，见图 12-35(c)，因此就出现壳体被拉伸，产生拉应力；管子被压

图 12-35　壳体及管子的膨胀与压缩

缩，产生压应力。此拉、压应力就是温差应力，又称热应力。由于温差而使壳体被拉长的总拉伸力应等于所有管子被压缩的总压缩力。总拉伸力(或总压缩力)称为温差轴向力，用 F 表示。F 为正值表示壳体被拉伸，管子被压缩；F 为负值时，表示壳体被压缩，管子被拉伸。

管子所受压缩力等于壳体所受的拉伸力。如两者的变形量不超过弹性范围，则按虎克定律可知

管子被压缩的量为

$$\delta_t - \delta = \frac{FL}{E_t A_t} \qquad (12-3)$$

而壳体被拉伸的量为

$$\delta - \delta_s = \frac{FL}{E_s A_s} \qquad (12-4)$$

合并以上两式，消去 δ 可得

$$\delta_t - \frac{FL}{E_t A_t} = \delta_s - \frac{FL}{E_s A_s} \qquad (12-5)$$

将式(12-1)和式(12-2)代入式(12-5)并整理，得管子或壳体中的温差轴向力为

$$F = \frac{\alpha_t(t_t - t_o) - \alpha_s(t_s - t_o)}{\dfrac{1}{E_t A_t} + \dfrac{1}{E_s A_s}} \qquad (12-6)$$

管子及壳程的温差应力为

$$\sigma_t = \frac{F}{A_t} \qquad (12-7)$$

$$\sigma_s = \frac{F}{A_s} \tag{12-8}$$

式中，E_t，E_s 分别为管子和壳体材料的弹性模量，MPa；A_t 为换热管总截面面积，mm^2；A_s 为壳壁横截面面积，mm^2。

在工程实际中，温差应力有时会很高。尽管由于管板的挠曲变形与管子的纵向弯曲会使实际应力比计算结果要小，但仍然不容忽视它的存在，尤其是计算拉脱应力和膨胀节时更要重视。

12.3.2 管子拉脱力的计算

热交换器在操作中，承受流体压力和管壳壁的温差应力的联合作用，这两个力在管子与管板的连接接头处产生了一个拉脱力，使管子与管板有脱离的倾向。拉脱力的定义是管子每平方米胀接周边上所受到的力，单位为帕（Pa）。对于管子与管板是焊接连接的接头，实验表明，接头的强度高于管子本身金属的强度，拉脱力不足以引起接头的破坏；但对于管子与管板是胀接的接头，拉脱力则可能引起接头处密封性的破坏或管子松脱。为保证管端与管板牢固地连接和良好的密封性能，必须进行拉脱力的校核。

在操作压力作用下，每平方米胀接周边所受到的力为

$$q_p = \frac{pf}{\pi d_o l} \tag{12-9}$$

式中，p 为设计压力，取管程压力 p_t 和壳程压力 p_s 二者中的较大值，MPa；d_o 为管子外径，mm；l 为管子胀接长度，mm；f 为每四根管子之间的面积，mm^2。

管子成三角形排列 [图 12-36(a)] 时

$$f = 0.866a^2 - \frac{\pi}{4}d_o^2$$

管子成正方形排列 [图 12-36(b)] 时

$$f = a^2 - \frac{\pi}{4}d_o^2$$

式中，a 为管间距，mm

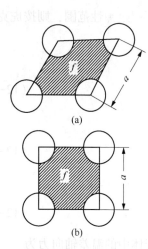

图 12-36 管子间面积

在温差应力作用下，管子每平方米胀接周边所产生的力为

$$q_t = \frac{\sigma_t \cdot a_t}{\pi d_o l} = \frac{\sigma_t (d_o^2 - d_i^2)}{4 d_o l} \tag{12-10}$$

式中，σ_t 为管子中的温差应力，MPa；a_t 为每根管子管壁横截面积，mm^2；d_o，d_i 分别为管子的外径，内径，mm。

由温差应力产生的管子周边力与由操作压力产生的管子周边力可能是作用在同一方向的，也可能是作用在相反方向的。若两者方向相同，管子的拉脱力为 $q_p + q_t$；反之，管子拉脱力大小为 $|q_t - q_p|$，方向与 q_p 和 q_t 两者中较大者一致。

换热管的拉脱力必须小于许用拉脱力 [q]，[q] 值见表 12-10。

表 12–10　许用拉脱力　　　　　　　　　　　　　　　　MPa

换热管与管板胀接结构型式			$[q]$
胀接	钢管	管端不卷边，管孔不开槽	2
		管端卷边或管孔开槽	4
	有色金属	管孔开槽	3
焊接(钢管，有色金属管)			$0.5[\sigma]_t^t$

注：$[\sigma]_t^t$——在设计温度时，换热管材料的许用应力，MPa。

例 12–1　一台固定管板式热交换器，已知条件见表 12–11。校核管子的拉脱应力。

表 12–11　例 12–1 附表

项目	管子	壳体
操作压力/MPa	0.7	0.68
材质	20 钢	Q245R
线膨胀系数/(1/℃)	12.9×10^{-6}	12.9×10^{-6}
弹性模量/MPa	0.183×10^6	0.183×10^6
许用应力/MPa	108	108
尺寸/mm	$\phi 25 \times 25 \times 3000$	$\phi 3000 \times 8$
管子根数	607	
壳间距/mm	32	
壳壁温差/℃	$\Delta t = 50$	
管子和管板的连接方式	开槽胀接	
胀接长度/mm	$l = 50$	
许用拉脱力/MPa	4.0	

解　① 在操作压力下，每平方米胀接周边所受到的力

$$f = 0.866a^2 - \frac{\pi}{4}d_o^2 = 0.866 \times 32^2 - \frac{\pi}{4} \times 25^2 = 396 \text{ mm}^2$$

$$q_p = \frac{pf}{\pi d_o l} = \frac{0.7 \times 396}{\pi \times 25 \times 50} = 0.07 \text{ MPa}$$

② 温差应力导致管子每平方米胀接周边所受到的力

$$A_s = \pi D \delta_n = \pi \times (1000 + 8) \times 8 = 25321 \text{ mm}^2$$

$$A_t = \frac{\pi}{4}(d_o^2 - d_i^2)n = \frac{\pi}{4} \times (25^2 - 20^2) \times 607 = 107211 \text{ mm}^2$$

$$\sigma_t = \frac{\alpha E(t_t - t_s)}{1 + \dfrac{A_t}{A_s}} = \frac{12.9 \times 10^{-6} \times 0.183 \times 10^6 \times 50}{1 + \dfrac{107211}{25321}} = 22.6 \text{ MPa}$$

$$q_t = \frac{\sigma_t(d_o^2 - d_i^2)}{4d_o l} = \frac{22.6 \times (25^2 - 20^2)}{4 \times 25 \times 50} = 1.02 \text{ MPa}$$

由已知条件知，q_p 和 q_t 的作用方向相同，则

$$q = q_p + q_t = 0.07 + 1.02 = 1.09 < [q] = 4.0 \text{ MPa}$$

因此，管子的拉脱应力在许可范围内。

12.3.3 温差应力的补偿

从温差应力产生的原因可知，消除温差应力的主要方法是解决壳体与管束膨胀的不一致性；或是消除壳体与管子间刚性约束，使壳体和管子都自由膨胀和收缩。为此，生产中采取如下措施进行温差应力补偿：

（1）减少壳体与管束间的温差

可考虑将表面传热系数 α 大的流体通入管间空间，因为传热管壁的温度接近 α 大的流体，这样可减少壳体与管束间的温差，以减少它的热膨胀差。另外，当壳壁温度低于管束温度时，可对壳壁采取保温，以提高壳壁的温度，降低壳壁与管束间的温差。

（2）装设挠性构件

膨胀节是装在固定管板式热交换器上的挠性元件，对管子与壳体的膨胀变形差进行补偿，以此来消除或减小不利的温差应力。在热交换器中采用的膨胀节有三种型式：平板焊接膨胀节、波形膨胀节和夹壳式膨胀节（图12-37）。平板焊接的膨胀节［图12-37（a）］结构简单，便于制造，但只适用于常压和低压的场合。夹壳式膨胀节［图12-37（c）］可用于压力较高的场合。波形膨胀节［图12-37（b）］最为常用，它由单层板或多层板构成，多层膨胀节具有较大的补偿量。当要求更大的热补偿量时，可以采用多波膨胀节。多波膨胀节可以为整体成形结构（波纹管），也可以由几个单波元件用环焊缝连接。波形膨胀节的材料和尺寸可按 GB 16749—1997《压力容器波形膨胀节》选用。

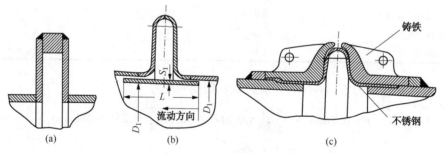

图 12-37 膨胀节型式

（3）使壳体和管束自由热膨胀

当采用挠性构件不能满足温差应力补偿的要求时，则应考虑采用能使壳体和管束自由热膨胀的结构。这种结构有填料函式热交换器或滑动管板式热交换器、浮头式热交换器、U 形管式热交换器以及套管式热交换器。它们的管束有一端能自由伸缩，这样壳体和管束的热胀冷缩便互不牵制，自由地进行，所以这几种结构能完全消除温差应力。在高温高压热交换器中，也有采用插入式的双套管温度补偿结构，这种结构也完全消除了温差应力。

浮头式热交换器应用更为广泛，浮头是热交换器的热补偿结构，它由浮头管板、浮头端盖和两个半圆形压圈（钩圈）组成。浮头和壳体不固定，管束可以自由胀缩并可抽出，由此避免了管束和壳体因温差产生的热应力。浮头处于壳程介质中，为保证管程和壳程两种介质隔离，因此要求浮头处的密封结构工作可靠。不同的浮头结构见图12-38。

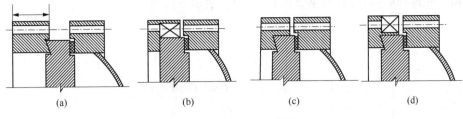

图 12-38　各种浮头结构

12.4　管壳式热交换器的设计与选型

管壳式热交换器的设计，首先根据化工生产工艺条件要求，通过化工工艺计算，确定热交换器的传热面积，同时选择管径、管长，确定管数和壳程数，然后进行机械设计。

12.4.1　管壳式热交换器的工艺计算

管壳式热交换器的设计与选择是在工艺计算的基础上进行的，工艺计算的步骤如下：

① 根据两种介质的流量、进出口温度、操作压力等算出热交换器所需传递的热量；

② 根据介质的性质(浓度、黏度、腐蚀性能)选择适合的材料；

③ 根据流量、压力、温度、介质性质、传递热量大小以及制造、维修方便等因素选择热交换器的结构型式；

④ 确定热交换器的流程和流向(并、逆、错流)，及管、壳程分别走什么介质；

⑤ 计算所需换热面积，初步确定管径、管子数、管程数、管长和壳体直径等尺寸，并根据这些尺寸校核流体阻力，最后按标准选用热交换器型号或按 GB 151 进行热交换器的设计。

12.4.2　管壳式热交换器机械设计

热交换器除了满足工艺要求外，还要满足强度要求。热交换器作为受压容器，它既具有与一般容器相同的结构，又有一般容器所没有的结构，如管板、管子和膨胀节等。因此，管壳式热交换器的强度计算包括两部分内容：① 壳体、法兰、开孔及支座等，与一般容器相同；② 热交换器特有的强度计算，包括管板、管子、膨胀节等。具体内容包括：

a. 壳体直径的确定和壳体厚度的计算；

b. 热交换器封头选择，压力容器法兰的选择；

c. 管板尺寸确定；

d. 折流板的选择与计算；

e. 管子拉脱力的计算；

f. 温差应力计算。

此外还应考虑接管、接管法兰的选择及开孔补强等。

12.4.3　管壳式热交换器型号

为了方便管壳式热交换器的设计和选择，我国制订了管壳式热交换器标准，凡换热面积、温度、介质压力在标准范围内者，以选用标准热交换器为宜。

管壳式热交换器型号由结构型式、公称直径、设计压力、换热面积、公称长度、换热管外径、管壳程数、管束等级等字母代号组合表示，其中结构型式又用三个拉丁字母依次表示

前端管箱、壳体和后端结构(包括管束)三部分。表示方法为

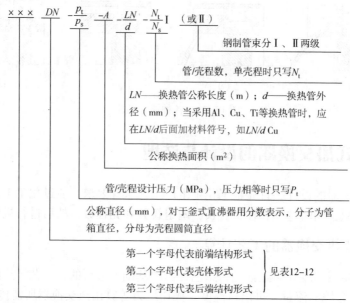

热交换器型号选用示例

(1) 固定管板式热交换器

可拆封头管箱,公称直径 700mm,管程设计压力 2.5MPa,壳程设计压力 1.6MPa,公称换热面积 $200m^2$,公称长度 9m,换热管外径 25mm,4 管程,单壳程的固定管板式热交换器,碳素钢换热管符合 NB/T 47019 的规定,其型号为

$$BEM700-\frac{2.5}{1.6}-200-\frac{9}{25}-4\ I$$

(2) 浮头式热交换器

可拆平盖管箱,公称直径 500 mm,管程和壳程设计压力均为 1.6MPa,公称换热面积 $54m^2$,公称长度 6m,换热管外径 25mm,4 管程,单壳程的钩圈式浮头热交换器,碳素钢换热管符合 NB/T 47019 的规定,其型号为

$$AES500-1.6-54-\frac{6}{25}-4\ I$$

(3) 填料函式热交换器

可拆平盖管箱,公称直径 600mm,管程和壳程设计压力均为 1.0MPa,公称换热面积 $90m^2$,公称长度 6m,换热管外径 25mm,2 管程,2 壳程(带纵向隔板的双程壳体)的外填料函式浮头热交换器,低合金钢换热管符合 NB/T 47019 的规定,其型号为

$$AFP600-1.0-90-\frac{6}{25}\frac{2}{2}\ I$$

(4) U 形管热交换器

可拆封头管箱,公称直径 500mm,管程设计压力 4.0MPa,壳程设计压力 1.6MPa,公称换热面积 $75m^2$,公称长度 6m,换热管外径 19mm,2 管程,单壳程的 U 形管式热交换器,不锈钢换热管符合 GB 13296 的规定,其型号为

$$BEU500-\frac{4.0}{1.6}-75-\frac{6}{19}-2\ I$$

表 12-12　管壳式热交换器主要部件及代号

前端结构型式		壳体型式		后端结构型式	
A	平盖管箱	E	单程壳体	L	固定管板 与A相似的结构
B	封头管箱	F	带纵向隔板的双程壳体	M	固定管板 与B相似的结构
C	可拆管束与管板 制成一体的管箱	G	分流壳体	N	固定管板 与N相似的结构
		H	双分流壳体	P	外填料函式浮头
N	与固定管板制成一体的管箱	J	无隔板分流壳体	S	钩圈式浮头
				T	可抽式浮头
		K	釜式重沸器壳体	U	U形管束
D	特殊高压管箱	X	穿流壳体	W	带套环填料函式浮头

习　　题

12-1　标出图中的热交换器各零部件名称。

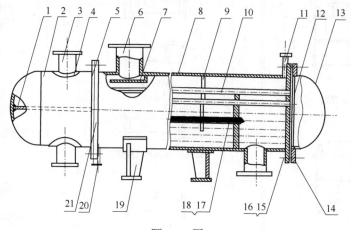

题 12-1 图

12-2　填画图中的管程分布。

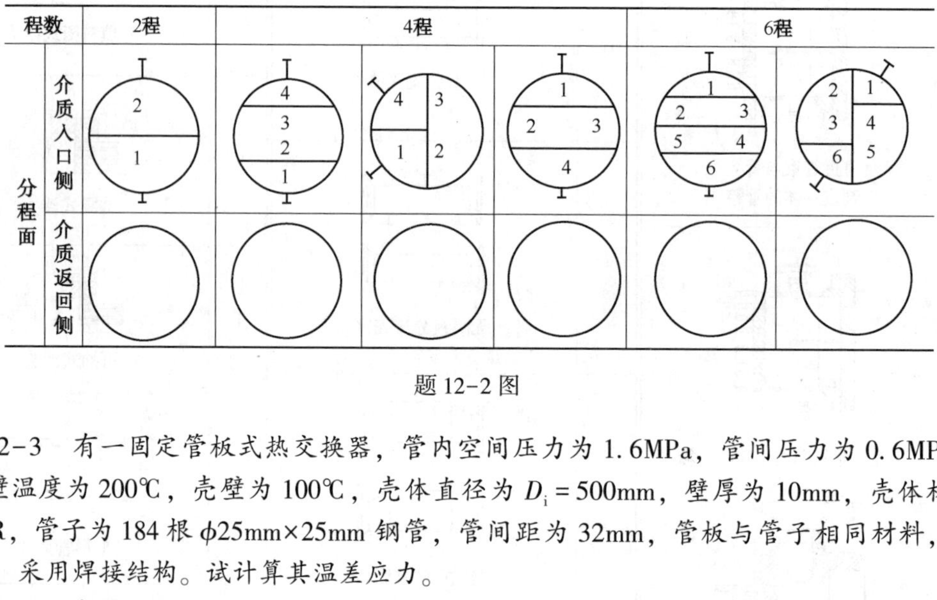

程数	2程	4程		6程	
介质入口侧					
分程面 介质返回侧					

题 12-2 图

12-3　有一固定管板式热交换器，管内空间压力为 1.6MPa，管间压力为 0.6MPa。已知管壁温度为 200℃，壳壁为 100℃，壳体直径为 $D_i = 500$mm，壁厚为 10mm，壳体材料为 Q345R，管子为 184 根 $\phi25$mm×25mm 钢管，管间距为 32mm，管板与管子相同材料，均为 20 钢，采用焊接结构。试计算其温差应力。

12-4　有一台固定管板式热交换器，已知条件见下表。试校核管子的拉脱应力。

项目	管子	壳体
操作压力/MPa	1.0	0.6
操作温度/℃	200	100
材质	20	Q345R
线膨胀系数/$[\text{mm}/(\text{mm} \cdot ℃)]$	12.25×10^{-6}	11.53×10^{-6}

项目	管子	壳体
弹性模量/MPa	0.191×10^6	0.197×10^6
许用应力/MPa	131	189
尺寸/mm	$\phi 25 \times 2.5 \times 2000$	$\phi 1000 \times 8$
管子根数	562	
排列方式	正三角形	
管间距/mm	32	
管子与管板的连接方式	开槽胀接	
胀接长度/mm	30	
许用拉脱力/MPa	$[q] = 4$	

第 13 章 塔设备的机械设计

高度与直径之比较大的直立容器均可称为塔式容器，通常称作塔设备，简称塔器或塔。塔设备是实现气、液相或液、液相充分接触的重要设备，广泛用于炼油、化工、食品、医药等行业。其投资在工程设备投资中占有很大比重，一般约占 15%～45%。

塔设备中的绝大多数用于气、液两相间的传质与传热，它与化工工艺密不可分，是工艺过程得以实现的载体，直接影响着产品的质量和效益。工业生产对塔设备的性能有着严格的要求：①良好的操作稳定性；②较高的生产效率和良好的产品质量；③结构简单、制造费用低；④综合考虑塔设备的寿命、质量和运行安全。

塔设备按其结构特点可以分成板式塔(图 13-1)、填料塔(图 13-2)和复合塔(图 13-3)三类。不论哪一种类型的塔设备，从设备设计的角度看，基本上由塔体、内件、支座和附件构成。塔体包括筒节、封头和连接法兰等；内件指塔板或填料及其支承装置；支座一般为裙式支座；附件包括人孔、进出料接管、仪表接管、液体和气体的分配装置、塔外的扶梯、平台和保温层等。其主要区别就是内件的不同：板式塔内设有一层层的塔盘；填料塔内充填有各种填料；复合塔则是在塔内同时装有塔盘和填料。其中，板式塔和填料塔更为常见。

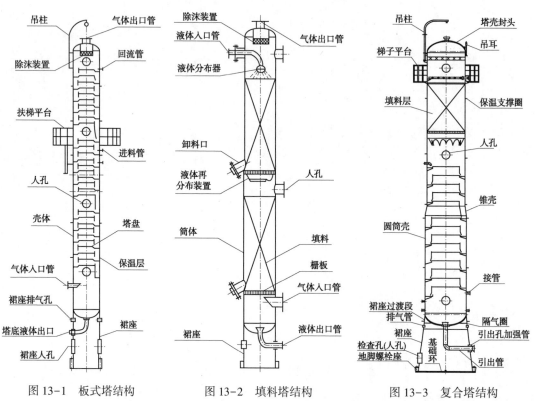

图 13-1 板式塔结构   图 13-2 填料塔结构   图 13-3 复合塔结构

塔设备的机械设计要求：①选材立足国内；②结构安全可靠，满足工艺要求；③制造、安装、使用、检修方便。

13.1 板式塔结构

板式塔在国民经济生产中占有相当大的比重，工业上应用也最多。板式塔的总体结构如图 13-1 所示，塔内设有一层层相隔一定距离的塔盘，每层塔盘上液体与气体互相接触后又分开，气体继续上升到上一层塔盘，液体继续流到下一层塔盘上。

一般说来，各层塔盘的结构是相同的，只有最高层、最低层和进料层的结构和塔盘间距有所不同。最高层塔盘和塔顶距离常高于塔盘间距，甚至高过一倍，以便能良好地除沫，必要时还要在塔顶设有除沫器；最低层塔盘到塔底的距离也比塔盘间距大，以保证塔底空间有足够液体储存，使塔底液体不致流空；进料塔盘与上一层塔盘的间距也比一般大，对于急剧气化的料液在进料塔盘上须装上挡板、衬板或除沫器，此时塔盘间距还得加高一些。此外，开有人孔的塔板间距也较大，一般为 700mm。

13.1.1 塔盘结构

塔盘在结构方面要有一定的刚度，以维持水平；塔盘与塔壁之间应有一定的密封性以避免气、液短路；塔盘应便于制造、安装、维修，并且成本要低。

塔盘结构有整块式和分块式两种。当塔径在 800~900 mm 以下时，通常采用整块式塔盘；当塔径更大时，一般采用分块式塔盘，塔盘可以在塔内进行装拆。

1）整块式塔盘

此种塔的塔体由若干塔节组成，塔节与塔节间用法兰连接。每个塔节中安装若干块层层叠置起来的塔盘。塔盘与塔盘之间用管子支承，并保持所需要的间距。图 13-4 为定距管式塔盘结构。

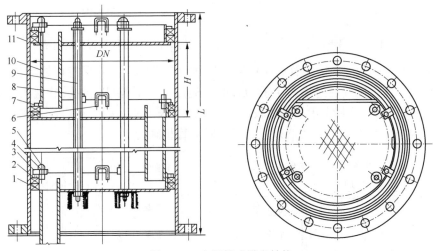

图 13-4　定距管式塔盘结构

1—石棉绳；2—压圈；3—压板；4—螺母；5—螺柱；6—吊耳；7—塔盘圈；8—定距管；9—拉杆；10—降液管；11—塔盘板

在这类结构中，由于塔盘和塔壁有间隙，故对每一层塔盘须用填料密封。密封填料一般采用 10~12 mm 的石棉绳，放置 2~3 层。

降液管的结构有弓形和圆形两类。图 13-5 中的圆形降液管伸出塔盘表面，并兼作溢流堰的结构；图 13-6 为圆形降液管，降液管只起降液作用，在塔盘上还得设置溢流堰。由于圆形降液管的横截面积较小，故除了液体负荷较小时采用外，一般常用弓形降液管，如图13-7所示。在整块式塔盘中，弓形降液管是用焊接方式固定在塔盘上的。降液管出口处的液封由下层塔盘的受液盘来保证。但在最下层塔盘的降液管的末端应另设液封槽，如图13-8所示。

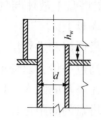

图 13-5　一般圆形降液管

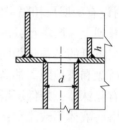

图 13-6　带有溢流堰的圆形降液管

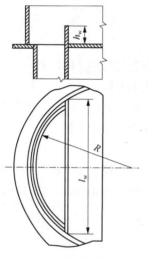

图 13-7　弓形降液管

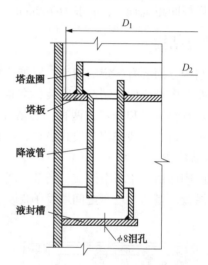

图 13-8　弓形降液管的液封槽

在定距管支承结构中，定距管和拉杆把塔盘紧固在塔体上，并保持相邻塔盘的板间距。定距管内有一拉杆，拉杆通过塔盘上的拉板孔，通过上、下螺母把各层塔盘固定成一个整体，如图13-9所示。这种支承结构比较简单，在塔节长度不大时，被广泛地采用。定距管数一般为3~4根。定距管的布置必须注意不与降液管相碰。

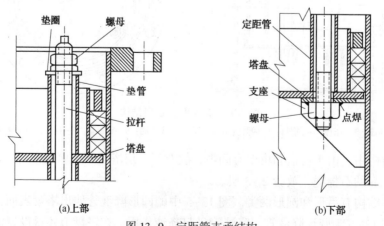

(a)上部　　　　　　　　　　　　　　　　(b)下部

图 13-9　定距管支承结构

2）分块式塔盘

当塔径在 800~900mm 以上时，如果仍然用整块式塔盘，则由于刚度的要求，势必增加塔盘板的厚度，而且在制造、安装与检修等方面都很不方便。为了便于安装，一般采用分块式塔盘。此时，塔身不分塔节，而是依据工艺要求焊成整体。而塔盘分成数块，通过人孔送进塔内，装到焊在塔内壁的塔盘固定件（一般为支持圈）上。图 13-10 为分块式塔盘示意图，塔盘上的塔板分成数块，靠近塔壁的两块是弓形板，其余是矩形板。为了检修方便，矩形板中间的一块作为通道板。为了使人能移开通道板，通道板质量不应超过 30 kg。最小通道板尺寸为 300 mm×400 mm，各层内部通道板最好开在同一垂直位置上，以利于采光和拆卸。如没有设通道板，也可用一块塔盘板代替。

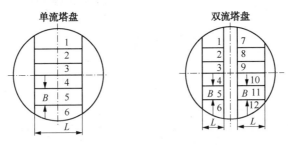

图 13-10　分块式塔盘示意图

分块的塔盘板（图 13-11）的结构设计应满足足够刚度和便于拆装，一般采用自身梁式塔盘板，有时也采用槽式塔盘板。塔盘板的长度 L 随塔径的大小而异，最长可达 2200mm。宽度 B 由塔体人孔尺寸、塔盘板的结构强度及升气孔的排列情况等因素决定，例如自身梁式一般有 340mm 和 415mm 两种。筋板高度 h_1，自身梁式为 60~80mm，槽式约为 30mm。塔盘板厚：碳钢为 3~4mm，不锈钢为 2~3mm。

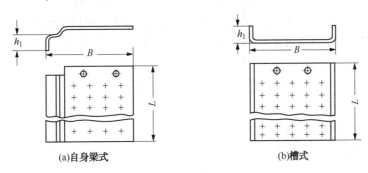

(a)自身梁式　　　　　　　　(b)槽式

图 13-11　分块的塔盘板

分块式塔盘板之间的连接，根据人孔位置及检修要求，分为上可拆连接（图 13-12）和上、下均可拆连接（图 13-13）两种。常用的紧固构件是螺栓和椭圆垫板。在图 13-13 中，从上或下松开螺母，将椭圆垫板转到虚线位置后，塔板Ⅰ即可自由取出。这种结构也常用于通道板和塔盘板的连接。

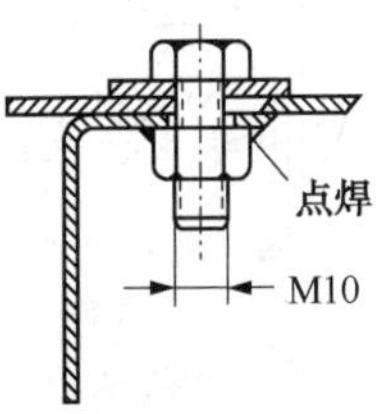

点焊

M10

塔盘板安放于焊在塔壁上的支持圈（或支持板）上。塔盘板与支持圈（或支持板）的连接一般用卡子，结构如图 13-14 所示。

图 13-12　上可拆连接结构

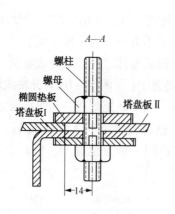

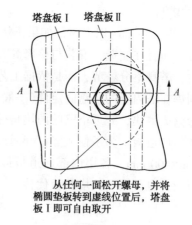

从任何一面松开螺母,并将椭圆垫板转到虚线位置后,塔盘板Ⅰ即可自由取开

(a)双面可拆连接

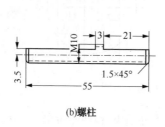

(b)螺柱

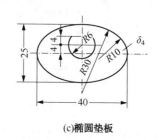

(c)椭圆垫板

图 13-13　上、下均可拆连接结构

卡子由下卡(包括卡板及螺栓)、椭圆垫板及螺母等零件组成。为避免螺栓生锈而拆卸困难,规定螺栓材料为铬钢或铬镍不锈钢。

用卡子连接塔盘时,所用紧固件加工量大,装拆麻烦,而且螺栓要求耐蚀。楔形紧固件是另一类紧固结构,其特点是结构简单,装拆快,不用特殊材料,成本低等。楔形紧固件结构如图 13-15 所示,图中所用的龙门板是非焊接结构,有时也将龙门板直接焊在塔盘板上。

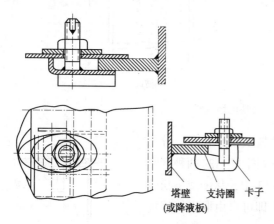

图 13-14　塔盘与支持圈的连接

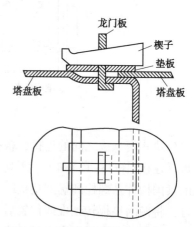

图 13-15　用楔形紧固件的塔盘板连接

13.1.2 塔盘的支承

对于直径不大的塔(例如塔径在 2000mm 以下),塔盘的支承一般用焊在塔壁上的支持圈。支持圈一般用扁钢弯制成或将钢板切为圆弧焊成,有时也用角钢制成。若塔盘板的跨度较小,本身刚度足够,则不需要用支承梁,图 13-16 就是采用支持圈支承的单流分块塔盘。

对于直径较大的塔(例如塔径在 2000~3000 mm 以上),只用支持圈支承就会导致塔盘刚度不足,这就需要用支承梁结构来缩短分块塔盘的跨度,即将长度较小的分块塔盘的一端支承在支持圈(或支持板)上,而另一端支在支承梁上。支承梁的结构型式很多,图 13-17 就是一种典型的双流分块式塔盘支承结构,图中的主梁就是塔盘的中间受液槽,可以是钢板冲压件或焊接件,支承梁(即受液槽)支承在支座上。每一分块塔盘板在其边缘处用卡子紧固件或楔形板紧固件固定在受液槽翻边和支持圈(或支持板)上。

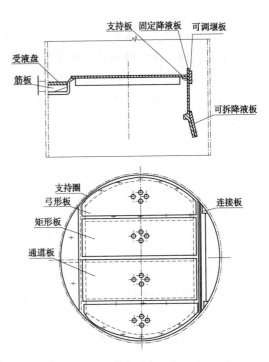

图 13-16 用支持圈支承的单流分块塔盘

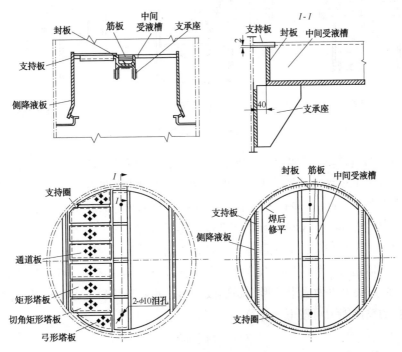

图 13-17 双流分块式塔盘支承结构

13.2 填料塔结构

填料塔内充填有各种形式的填料，液体自上而下流动，在填料表面形成许多薄膜，使自下而上的气体，在经过填料空间时与液体具有较大的接触面积，以促进传质作用。填料塔在传质形式上与板式塔不同，是一种连续式气液传质设备，但结构比板式塔简单。这种塔由塔体、喷淋装置、填料、再分布器、栅板以及气、液的进出口等部件组成，典型结构如图13-2所示。

13.2.1 喷淋装置

填料塔操作时，在任一横截面上保证气液的均匀分布十分重要。气速的均匀分布，主要取决于液体分布的均匀程度。因此，液体在塔顶的初始均匀分布，是保证填料塔达到预期分离效果的重要条件。液体喷淋装置设计的不合理将直接影响填料塔的处理能力和分离效率，其结构设计要求：使整个塔截面的填料表面很好润湿，结构简单，制造维修方便。

喷淋装置的类型很多，常用的有喷洒型、溢流型、冲击型等。

1）喷洒型

对于小直径的填料塔(例如300 mm以下)可以采用管式喷洒器，通过在填料上面的进液管喷洒，如图13-18所示。该结构的优点是简单，缺点是喷淋面积小而且不均匀。

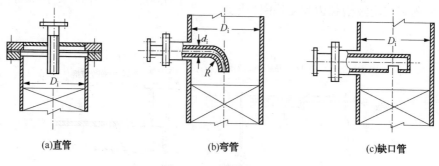

(a)直管   (b)弯管   (c)缺口管

图13-18 管式喷洒器

对直径稍大的填料塔(例如300~1200mm)可以采用环管多孔喷洒器。按照塔径及液体均布要求，可分为单环管喷洒器(图13-19)和多环管喷洒器(图13-20)。环状管的下面开有小孔，小孔直径为4~8mm。共有3~5排，小孔面积总和约与管横截面积相等，环管中心圆直径D_1一般为塔径的60%~80%。环管多孔喷洒器的优点是结构简单，制造和安装方便，缺点是喷洒面积小，不够均匀，而且液体要求清洁，否则小孔易堵塞。

莲蓬头喷洒器是另一种应用得较为普遍的喷洒器，其结构简单，喷洒较均匀，结构如图13-21所示。莲蓬头可以做成半球形、碟形或杯形。它悬于填料上方中央处，液体经小孔分股喷出。小孔的输液能力可按下式计算

$$Q = \varphi f w \, (\mathrm{m/s^2})$$

式中，φ为流速系数，0.82~0.85；f为小孔总面积，$\mathrm{m^2}$；w为小孔中液体流速，$\mathrm{m/s}$。

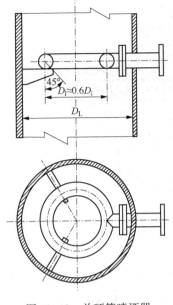

图 13-19　单环管喷洒器

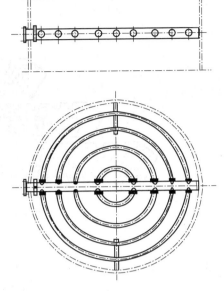

图 13-20　多环管喷洒器

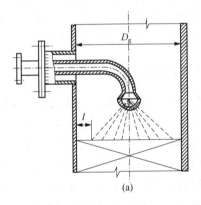

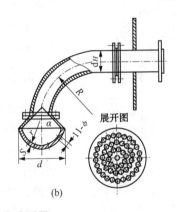

图 13-21　莲蓬头喷洒器

莲蓬头直径一般为塔径的 20%～30%，小孔直径为 3～15mm。莲蓬头安装位置离填料表面的距离一般为塔径的 0.5～1 倍。

2) 溢流型

盘式分布器(图 13-22)是常用的一种溢流式喷淋装置，液体经过进液管加到喷淋盘内，然后从喷淋盘内的降液管溢流，淋洒到填料上。喷淋盘一般紧固在焊于塔壁的支持圈上，类似于塔盘板的紧固。分布板上钻有直径约 3mm 的泪孔，以便停车时将液体排净。如果喷淋盘与塔壁之间的空隙不够大而气体又需要通过分布板时，则可在分布板上装大小不等的短管，大管为升气管，小管为降液管。

盘式分布器结构简单，流体阻力小，液体分布均匀。但当塔径大于 3m 时，板上的液面高差较大，不宜使用此种型

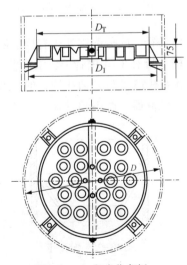

图 13-22　盘式分布板

式而应选用槽型分布器，如图 13-23 所示。

图 13-23　槽型分布器

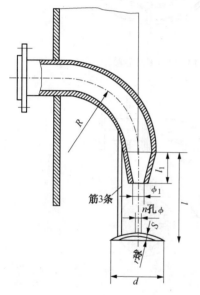

图 13-24　反射板式喷淋器

3）冲击型

反射板式喷洒器是利用液流冲击反射板（可以是平板、凸板或锥形板）的反射飞散作用而分布液体，如图 13-24 所示。反射板中央钻有小孔以喷淋填料的中央部分。

各种类型的喷淋装置各具特点，选用时必须根据具体情况（如塔径大小，对喷淋均匀性的要求等）来确定形式。

13.2.2　液体再分布器

液体沿填料层向下流动时，由于周边液体向下流动的阻力较小，有逐渐向塔壁方向流动的趋势，即有"壁流"倾向，使液体沿塔截面分布不均匀，降低传质效率，严重时使塔中心的填料不能被润湿而形成"干锥"。为了克服这种现象，必须设置液体再分布器，使流经一段填料层的液体进行再分布，在下一填料层高度内得到均匀喷淋。

液体再分布装置有分配锥（图 13-25），它的结构简单，适用于直径小于 1m 的塔，锥壳下端直径为 0.7~0.8 倍塔径。除分配锥外还有槽形液体再分布器（图 13-26），它是由焊在塔壁上的环形槽构成，槽上带有 3~4 根管子，沿塔壁流下的液体通过管子流到塔的中央。另外还有带通孔的分配锥（图 13-27），通孔的目的是增加气体通过时的截面积，避免中心气体的流速太大。再分配器的间距一般不超过 6 倍塔径，对于较大的塔（例如塔径大于 1m），可取 2~3 倍塔径。

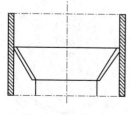

图 13-25　分配锥

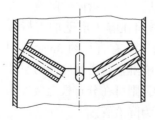

图 13-26　槽形再分配器

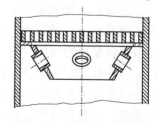

图 13-27　带通孔的分配锥

13.2.3 支承结构

填料的支承结构不但要有足够的强度和刚度,而且须有足够的自由截面,使在支承处不致首先发生液泛。

常用的填料支承结构是栅板(图 13-28)。对于直径小于 500 mm 的塔,可采用整块式栅板,即将若干扁钢条焊在外围的扁钢圈上。扁钢条的间距约为填料环外径的 0.6~0.8 倍。对于大直径的塔可采用分块式栅板,此时要注意每块栅板能从人孔中进出。

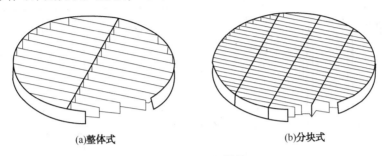

(a)整体式　　　　　　　　　　(b)分块式

图 13-28　栅板结构

对于孔隙率很高的填料(例如钢制鲍尔环),由于填料的空隙率有时大于栅板的开孔率,常导致板上累积一定的液层,造成流动阻力增大。此时可采用开孔波形板的支承结构(图 13-29),其特点是为液体和气体提供了不同的通道,既避免了液体在板上的积聚,又利于液体的均匀再分配。

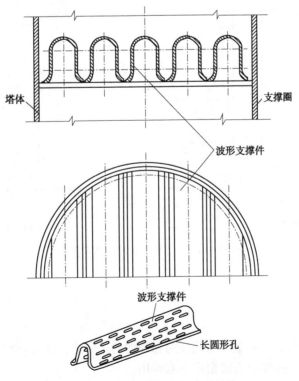

图 13-29　开孔波形板的支承结构

13.3 塔体与裙座的机械设计

塔设备有的放置在室内或框架内，但大多数是放置在室外且无框架支承，称之为自支承式塔设备。自支承式塔设备的塔体除承受工作介质压力之外，还承受质量载荷、风载荷、地震载荷及偏心载荷的作用，如图13-30所示。

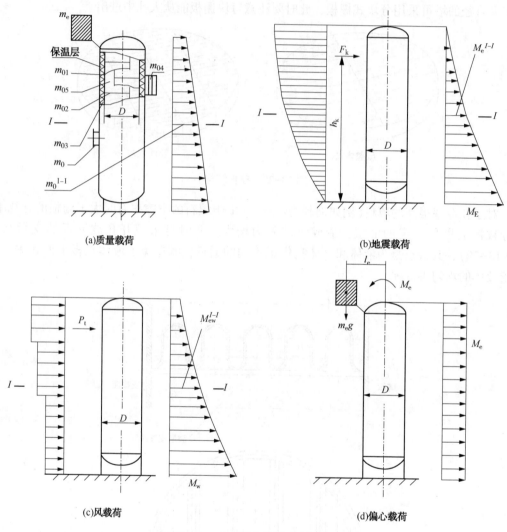

(a)质量载荷 　　　　　　　　　　　　(b)地震载荷

(c)风载荷 　　　　　　　　　　　　(d)偏心载荷

图 13-30　直立设备各种载荷示意图

13.3.1　载荷分析

1）操作压力

当塔在内压操作时，在塔壁上引起经向和环向的拉应力；在外压操作时，在塔壁上引起经向和环向的压应力。操作压力对裙座不起作用。

2）塔设备质量

塔设备的操作质量

$$m_0 = m_{01} + m_{02} + m_{03} + m_{04} + m_{05} + m_a + m_e \quad (\text{kg}) \qquad (13\text{-}1)$$

塔设备液压试验时的质量(最大质量)

$$m_{max} = m_{01} + m_{02} + m_{03} + m_{04} + m_w + m_a + m_e \quad (\text{kg}) \qquad (13\text{-}2)$$

塔设备吊装时的质量(最小质量)

$$m_{min} = m_{01} + 0.2m_{02} + m_{03} + m_{04} + m_a + m_e \quad (\text{kg}) \qquad (13\text{-}3)$$

式中,m_{01} 为塔设备壳体(包括裙座)质量,按塔体、裙座、封头的名义厚度计算,kg;m_{02} 为塔设备内构件质量,kg;m_{03} 为塔设备保温层质量,kg;m_{04} 为梯子、平台质量,kg;m_{05} 为操作时塔内物料质量,kg;m_a 为人孔、法兰、接管等附件质量,kg;m_e 为偏心质量,kg;m_w 为液压试验时,塔设备内充液质量,kg。

在计算 m_{02}、m_{04} 和 m_{05} 时,若无实际资料,可参考表 13-1 进行估算。式(13-3)中的 $0.2m_{02}$ 考虑焊在壳体上的部分内构件质量,如塔盘支持圈、降液管等。当空塔起吊时,若未装保温层、平台、扶梯,则 m_{min} 扣除 m_{03} 和 m_{04}。

表 13-1 塔设备有关部件的质量

名称	单位质量	名称	单位质量	名称	单位质量
笼式扶梯	40kg/m	圆泡罩塔盘	150kg/m²	筛板塔盘	65kg/m²
开式扶梯	15~24kg/m	条形泡罩塔盘	150kg/m²	浮阀塔盘	75kg/m²
钢制平台	150kg/m²	舌形塔盘	75kg/m²	塔盘填充液	70kg/m²

3) 自振周期

(1) 塔设备基本振型自振周期

可将直径、厚度和材料沿高度变化的塔设备看做一个多质点体系(图 13-31),直径、厚度不变的每段塔设备质量可处理为作用在该段高度 1/2 处的集中质量,则塔器的基本自振周期为

$$T_1 = 114.8 \sqrt{\sum_{i=1}^{n} m_i \left(\frac{h_i}{H}\right)^3 \left(\sum_{i=1}^{n} \frac{H_i^3}{E_i^t I_i} - \sum_{i=2}^{n} \frac{H_i^3}{E_{i-1}^t I_{i-1}}\right)} \times 10^{-3} \quad (\text{s}) \qquad (13\text{-}4)$$

式中,h_i 为第 i 段集中质量距地面的高度,mm;H_i 为塔顶至第 i 段底截面的高度,mm;H 为塔设备总高,mm;m_i 为第 i 段的操作质量,kg;D_i 为塔体内直径,mm;E_i^t、E_{i-1}^t 为第 i 段、第 i-1 段塔材料在设计温度下的弹性模量,MPa;I_i 为第 i 段的截面惯性矩,mm⁴。

截面惯性矩对圆筒段为

$$I_i = \frac{\pi}{8}(D_i + \delta_{ei})^3 \delta_{ei} \qquad (13\text{-}5)$$

圆锥段为

$$I_i = \frac{\pi D_{ie}^2 D_{if}^2 \delta_{ei}}{4(D_{ie} + D_{if})} \qquad (13\text{-}6)$$

式中,δ_{ei} 为各计算截面圆筒或锥壳的有效厚度,mm;D_{ie} 为锥壳大端内直径,mm;D_{if} 为锥壳小端内直径,mm。

等直径、等壁厚塔器的基本自振周期为

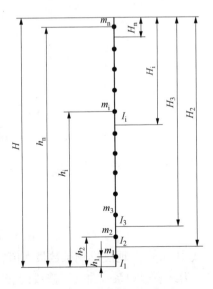

图 13-31 多质点体系示意图

$$T_1 = 90.33H\sqrt{\frac{m_0H}{E^t\delta_eD_i^3}} \times 10^{-3} \qquad (\text{s}) \qquad (13\text{-}7)$$

（2）高阶振型自振周期

直径、厚度相等的塔设备的第二振型与第三振型自振周期分别近似取 $T_2 = \dfrac{T_1}{6}$ 和 $T_3 = \dfrac{T_1}{18}$。

4）地震载荷

当发生地震时，塔设备作为悬臂梁，在地震载荷作用下产生弯曲变形。所以，安装在 7 度及 7 度以上地震烈度地区的塔设备必须考虑它的抗震能力，计算出它的地震载荷。

（1）水平地震力

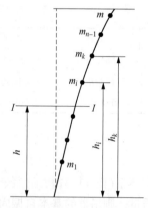

图 13-32 多质点体系基本振型示意图

直径、壁厚沿高度变化的单个圆筒形直立设备，可视为一个多质点体系，如图 13-32 所示。每一直径和壁厚相等的一段长度间的质量，可处理为作用在该段高 1/2 处的集中载荷。在高度 h_k 处的集中载荷 m_k 所引起的基本振型水平地震力为

$$F_{1k} = \alpha_1\eta_{1k}m_kg \qquad (\text{N}) \qquad (13\text{-}8)$$

式中，α_1 为对应于塔设备基本振型自振周期 T_1 的地震影响系数，见图 13-33；η_{1k} 为基本振型参与系数，按式 (13-9) 确定。

$$\eta_{1k} = \frac{h_k^{1.5}\sum\limits_{i=1}^{n}m_ih_i^{1.5}}{\sum\limits_{i=1}^{n}m_ih_i^3} \qquad (13\text{-}9)$$

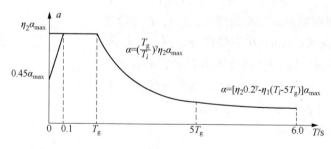

图 13-33 地震影响系数曲线

图 13-33 中，曲线部分按式 (13-10) 和式 (13-11) 计算

$$\alpha = \left(\frac{T_g}{T_i}\right)^{\gamma}\eta_2\alpha_{max} \qquad (13\text{-}10)$$

$$\alpha = \left[\eta_2 0.2^{\gamma} - \eta_1(T_i - 5T_g)\right]\alpha_{max} \qquad (13\text{-}11)$$

式中，α_{max} 为地震影响系数最大值，见表 13-2；T_g 为各类场地土的特征周期值，见表 13-3；γ 为地震影响系数曲线下降段的衰减指数，按式 (13-12) 确定；η_1 为地震影响系数直线下降段下降斜率的调整系数，按式 (13-13) 确定；η_2 为地震影响系数阻尼调整系数，按式

(13-14)确定。

$$\gamma = 0.9 + \frac{0.9 - \zeta_i}{0.3 + 6\zeta_i} \qquad (13-12)$$

$$\eta_1 = 0.02 + \frac{0.05 - \zeta_i}{4 + 32\zeta_i} \qquad (13-13)$$

$$\eta_2 = 1 + \frac{0.05 - \zeta_i}{0.08 + 1.6\zeta_i} \qquad (13-14)$$

式中，ζ_i 为第 i 阶振型阻尼比，应根据实测值确定。无实测数据时，一阶振型阻尼比可取 $\zeta_1 = 0.01 \sim 0.03$。高阶振型阻尼比，可参照第一振型阻尼比选取。

表 13-2　地震影响系数最大值 $\alpha_{\max}$

设防烈度	7		8		9
对应于多遇地震的 $\alpha_{\max}$	0.08	0.12	0.16	0.24	0.32

注：如有必要，可按国家规定权限批准的设计地震动参数进行地震载荷计算。

表 13-3　各类场地土的特征周期值 T_g

设计地震分组	场地土类别				
	I_0	I_1	II	III	IV
第一组	0.20	0.25	0.35	0.45	0.65
第二组	0.25	0.30	0.40	0.55	0.75
第三组	0.30	0.35	0.45	0.65	0.90

对 $H/D \leq 5$ 的塔设备，地震载荷采用底部剪力法计算，参见 NB/T 47041—2014《塔式容器》中附录 E。

（2）垂直地震力

地震烈度为 8 度或 9 度区的塔设备应考虑上下两个方向垂直地震力作用，如图 13-34 所示。

塔设备底截面处的垂直地震力按下式计算

$$F_v^{0-0} = \alpha_{v\max} m_{eq} g \quad (\text{N}) \qquad (13-15)$$

式中，$\alpha_{v\max}$ 为垂直地震影响系数最大值，$\alpha_{v\max} = 0.65\alpha_{\max}$；$m_{eq}$ 为计算垂直地震力时塔设备的当量质量，取 $m_{eq} = 0.75 m_0$，kg。

任意质量处所分配的垂直地震力(沿塔高按倒三角形分布重新分配)，按下式计算

$$F_{vi} = \frac{m_i h_i}{\sum\limits_{k=1}^{n} m_k h_k} F_v^{0-0} (i = 1, 2, \cdots, n) \qquad (13-16)$$

任意计算截面 I-I 处的垂直地震力，按下式计算

$$F_v^{I-I} = \sum\limits_{k=i}^{n} F_{vk} (i = 1, 2, \cdots, n) \qquad (13-17)$$

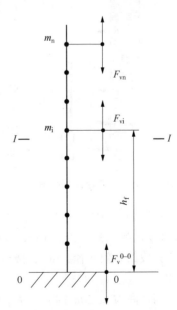

图 13-34　垂直地震力计算简图

对 H/D≤5 的塔设备，不计入垂直地震力。

（3）地震弯矩

塔设备任意计算截面 I-I 的基本振型地震弯矩（图 13-32）按下式计算

$$M_{E1}^{I-I} = \sum_{k=i}^{n} F_{1k} \quad (h_k - h) \tag{13-18}$$

式中，h 为计算截面距地面的高度，mm。

对于等直径、等厚度塔器的任意截面 I-I 的地震弯矩

$$M_{E1}^{I-I} = \frac{8\alpha_1 m_0 g}{175 H^{2.5}} (10H^{3.5} - 14H^{2.5}h + 4h^{3.5}) \quad (\text{N} \cdot \text{mm}) \tag{13-19}$$

底部截面的地震弯矩

$$M_{E1}^{0-0} = \frac{16}{35} \alpha_1 m_0 gH \quad (\text{N} \cdot \text{mm}) \tag{13-20}$$

当塔设备 H/D>15 且 H>20m 时，视设备为柔性结构，须考虑高振型的影响。由于第三阶以上各阶振型对塔设备的影响甚微，可不考虑。工程计算组合弯矩时，一般只计算前三个振型的地震弯矩即可，所取的地震弯矩可近似为上述计算值的 1.25 倍。

有关高阶振型对计算截面处地震弯矩的影响，可参见 NB/T 47041—2014《塔式容器》中附录 B。

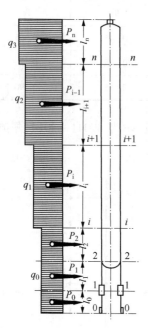

图 13-35 风弯矩计算简图

5）风载荷

塔体会因风压而发生弯曲变形。吹到塔设备迎风面上的风压值，随设备高度的增加而增加。为了计算简便，将风压值按设备高度分为几段，假设每段风压值各自均布于塔设备的迎风面上，如图 13-35 所示。

塔设备的计算截面应该选在其较薄弱的部位，如截面 0-0，1-1，2-2 等。其中 0-0 截面为塔设备的基底截面；1-1 截面为裙座上人孔或较大管线引出孔处的截面；2-2 截面为塔体与裙座连接焊缝处的截面，如图 13-35 所示。

（1）顺风向风载荷

两相邻计算截面区间为一计算段，任一计算段的风载荷，就是集中作用在该段中点上的风压合力。任一计算段风载荷的大小，与塔设备所在地区的基本风压 q_0（距地面 10m 高处的风压值）有关，同时也和塔设备的高度、直径、形状以及自振周期有关。

两相邻计算截面间的水平风力为

$$P_i = K_1 K_{2i} q_0 f_i l_i D_{ei} \times 10^{-6} \quad (\text{N}) \tag{13-21}$$

式中，K_1 为体形系数，$K_1 = 0.7$；q_0 为 10m 高度处的基本风压值，按表 13-4 查取；f_i 为第 i 段脉动影响系数，按表 13-5 查取；l_i 为同一直径的两相邻计算截面间距离，mm；D_{ei} 为塔器各计算段的有效直径，mm，按式（13-23）~式（13-25）确定；K_{2i} 为塔设备各计算段的风振系数。

当塔高 $H \le 20m$ 时　　$K_{2i} = 1.7$

当 $H>20m$ 时
$$K_{2i} = 1 + \frac{\xi \nu_i \phi_{zi}}{f_i} \qquad (13-22)$$

式中，ξ 为脉动增大系数，按表 13-6 查取；ν_i 为第 i 段脉动影响系数，按表 13-7 查取；ϕ_{zi} 为第 i 段振型系数，按表 13-8 查取。

表 13-4 10m 高度处我国各地基本风压值 q_0 N/m²

地区	q_0	地区	q_0	地区	q_0	地区	q_0	地区	q_0	地区	q_0
上海	450	福州	600	长春	500	洛阳	300	银川	500	昆明	200
南京	250	广州	500	抚顺	450	蚌埠	300	长沙	350	西宁	350
徐州	350	茂名	550	大连	500	南昌	400	株洲	350	拉萨	350
扬州	350	湛江	850	吉林	400	武汉	250	南宁	400	乌鲁木齐	600
南通	400	北京	350	四平	550	包头	450	成都	250	台北	1200
杭州	300	天津	350	哈尔滨	400	呼和浩特	500	重庆	300	台东	1500
宁波	500	保定	400	济南	400	太原	300	贵阳	250		
衢州	400	石家庄	300	青岛	500	大同	450	西安	350		
温州	550	沈阳	450	郑州	350	兰州	300	延安	250		

注：河道、峡谷、山坡、山岭、山沟汇交口，山沟的转弯处以及垭口应根据实测值选取。

表 13-5 风压高度变化系数 f_i

距地面高度 $H_高$	地面粗糙度类别			
	A	B	C	D
5	1.17	1.00	0.74	0.62
10	1.38	1.00	0.74	0.62
15	1.52	1.14	0.74	0.62
20	1.63	1.25	0.84	0.62
30	1.80	1.42	1.00	0.62
40	1.92	1.56	1.13	0.73
50	2.03	1.67	1.25	0.84
60	2.12	1.77	1.35	0.93
70	2.20	1.86	1.45	1.02
80	2.27	1.95	1.54	1.11
90	2.34	2.02	1.62	1.19
100	2.40	2.09	1.70	1.27
150	2.64	2.38	2.03	1.61

注：（1）A 类系指近海海面及海岛、海岸、湖岸及沙漠地区；

B 类系指田野、乡村、丛林、丘陵以及房屋比较稀疏的乡镇和城市郊区；

C 类系指有密集建筑群的城市市区；

D 类系指有密集建筑群且房屋较高的城市市区。

（2）中间值可采用线性内插法求取。

表 13-6 脉动增大系数 ξ

$q_1 T_1^2/(\text{N} \cdot \text{s}^2/\text{m}^2)$	10	20	40	60	80	10
ξ	1.47	1.57	1.69	1.77	1.83	1.88
$q_1 T_1^2/(\text{N} \cdot \text{s}^2/\text{m}^2)$	200	400	600	800	1000	2000
ξ	2.04	2.24	2.36	2.46	2.53	2.80
$q_1 T_1^2/(\text{N} \cdot \text{s}^2/\text{m}^2)$	4000	6000	8000	10000	20000	30000
ξ	3.09	3.28	3.42	3.54	3.91	4.14

注：(1) 计算 $q_1 T_1^2$ 时，对 B 类可直接代入基本风压，即 $q_1 = q_0$，而对 A 类以 $q_1 = 1.38q_0$、C 类以 $q_1 = 0.62q_0$、D 类以 $q_1 = 0.32q_0$ 代入。

(2) 中间值可采用线性内插法求取。

表 13-7 脉动影响系数 ν_i

地面粗糙度类别	高度 H_a/m									
	10	20	30	40	50	60	70	80	100	150
A	0.78	0.83	0.86	0.87	0.88	0.89	0.89	0.89	0.89	0.87
B	0.72	0.79	0.83	0.85	0.87	0.88	0.89	0.89	0.90	0.89
C	0.64	0.73	0.78	0.82	0.85	0.87	0.90	0.90	0.91	0.93
D	0.53	0.65	0.72	0.77	0.81	0.84	0.89	0.89	0.92	0.97

注：中间值可采用线性内插法求取。

表 13-8 振型系数 ϕ_{zi}

相对高度 h_a/H	振型序号	
	1	2
0.10	0.02	-0.09
0.20	0.06	-0.30
0.30	0.14	-0.53
0.40	0.23	-0.68
0.50	0.34	-0.71
0.60	0.46	-0.59
0.70	0.59	-0.32
0.80	0.79	0.07
0.90	0.86	0.52
1.00	1.00	1.00

注：中间值可采用线性内插法求取。

当笼式扶梯与塔顶管线布置成 180° 时

$$D_{ei} = D_{oi} + 2\delta_{si} + K_3 + K_4 + d_o + 2\delta_{ps} \quad (\text{mm}) \tag{13-23}$$

当笼式扶梯与塔顶管线布置成 180° 时，取下列二式中较大者

$$D_{ei} = D_{oi} + 2\delta_{si} + K_3 + K_4 \tag{13-24}$$

$$D_{ei} = D_{oi} + 2\delta_{si} + K_4 + d_o + 2\delta_{ps} \tag{13-25}$$

式中，D_{oi} 为塔器各计算段的外径，mm；δ_{si} 为塔器第 i 段的保温层厚度，mm；K_3 笼式扶梯

当量宽度，当无确切数据时，取 $K_3 = 400\text{mm}$；d_o 为塔顶管线的外径，mm；δ_{ps} 为管线保温层厚度，mm；K_4 为操作平台当量宽度，mm，按式（13-26）确定。

$$K_4 = \frac{2\sum A}{l_o} \qquad (13-26)$$

式中，l_o 为操作平台所在计算段的长度，mm；$\sum A$ 为操作平台构件的投影面积（不计空当），mm^2。

塔设备作为悬臂梁，在风载荷作用下产生弯曲变形。任意计算截面的 I-I 处的风弯矩按下式计算

$$M_w^{I-I} = P_i \frac{l_i}{2} + P_{i+1}\left(l_i + \frac{l_{i+1}}{2}\right) + P_{i+2}\left(l_i + l_{i+1} + \frac{l_{i+2}}{2}\right) + \cdots \qquad (\text{N}\cdot\text{mm}) \quad (13-27)$$

塔底容器底截面 0-0 处的风弯矩应按下式计算

$$M_w^{0-0} = P_1 \frac{l_1}{2} + P_2\left(l_1 + \frac{l_2}{2}\right) + P_3\left(l_1 + l_2 + \frac{l_3}{2}\right) + \cdots \qquad (\text{N}\cdot\text{mm}) \quad (13-28)$$

（2）横风向风载荷

当 $H/D > 15$ 且 $H > 30\text{m}$ 时，还应计算横风向风振，以下给出了自支承式塔设备横风向共振时的塔顶振幅和风弯矩的计算方法。

塔设备共振时的风速称为临界风速。临界风速应按下式计算

$$v_{ci} = \frac{D_o}{T_i St} \times 10^{-3} \qquad (\text{m/s}) \qquad (13-29)$$

式中，St 为斯特哈罗数，$St = 0.2$。

若风速 $v < v_{c1}$，不需考虑塔设备的共振；若 $v_{c1} \leqslant v < v_{c2}$，应考虑塔设备的第一振型的振动；若 $v \geqslant v_{c2}$，除考虑塔设备的第一振型外还应考虑第二振型的振动。

判别时，取 v 为塔设备顶部风速 v_H，即 $v = v_H$。按塔设备顶部风压值，由下式计算

$$v_H = 1.265\sqrt{f_t q_0} \qquad (\text{m/s}) \qquad (13-30)$$

式中，f_t 为塔设备顶部风压高度变化系数，见表 13-5。

共振时，对等截面塔，塔顶振幅应按下式计算

$$Y_{Ti} = \frac{C_L D_o \rho_a v_{ci}^2 H^4 \lambda_i}{49.4 G \zeta_i E^t I} \times 10^{-9} \qquad (13-31)$$

式中，Y_{Ti} 为第 i 振型的横风向塔顶振幅，m；G，系数，$G = (T_1/T_i)^2$；ρ_a 为空气密度，kg/m^3，常温时可取 1.25；λ_i 为计算系数，按表 13-9 确定；C_L 为升力系数；I 为塔截面惯性矩，mm^4，按式（13-33）确定。

当 $5\times10^4 < Re \leqslant 2\times10^5$ 时，$C_L = 0.5$；当 $Re > 4\times10^5$ 时，$C_L = 0.2$；当 $2\times10^5 < Re \leqslant 4\times10^5$ 时，按线性插值法确定。其中，Re 为雷诺数，$Re = 69vD_o$。

表 13-9　计算系数 λ_i

H_{ci}/H	0	0.1	0.2	0.3	0.4	0.5	0.6	0.7	0.8	0.9	1.0
第一振型 λ_1	1.56	1.55	1.54	1.49	1.42	1.31	1.15	0.94	0.68	0.37	0
第一振型 λ_2	0.83	0.82	0.76	0.60	0.37	0.09	-0.16	-0.33	-0.38	-0.27	0

表 13-9 中，H_{ci} 为第 i 振型共振区起始高度，可按下式计算

$$H_{ci} = H \left(\frac{v_{ci}}{v_H} \right)^{1/a} \quad (\text{mm}) \qquad (13\text{-}32)$$

式中，a 为地面粗糙度系数，当地面粗糙度类别为 A、B、C、D 时分别取 0.12、0.16、0.22 和 0.30。

对于变截面塔，塔截面惯性矩 I 应按下式计算

$$I = \frac{H^4}{\sum_{i=1}^{n} \frac{H_i^4}{I_i} - \sum_{i=2}^{n} \frac{H_i^4}{I_{i-1}}} \qquad (13\text{-}33)$$

式中，I_i 为第 i 段的截面惯性矩，mm^4。

塔设备任意计算截面 J–J 处第 i 振型的共振弯矩(图 13-36)由下式计算

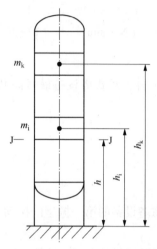

图 13-36　横风向弯矩计算图

$$M_{ca}^{J\text{-}J} = (2\pi/T_i)^2 Y_{Ti} \sum_{k=j}^{n} m_k (h_k - h) \phi_{ki} \quad (\text{N} \cdot \text{mm}) \qquad (13\text{-}34)$$

式中，ϕ_{ki} 为振型系数，见表 13-8。

作用在塔设备计算截面 I–I 处的组合风弯矩取式(13-35)和式(13-36)中较大者。

$$M_{ew}^{I\text{-}I} = M_w^{I\text{-}I} \qquad (13\text{-}35)$$

$$M_{ew}^{I\text{-}I} = \sqrt{(M_{ca}^{I\text{-}I})^2 + (M_{cw}^{I\text{-}I})^2} \qquad (13\text{-}36)$$

塔设备任意计算截面 I–I 处的顺风向弯矩 $M_{cw}^{I\text{-}I}$ 计算方法同"顺风向风载荷"，但其中的基本风压 q_0 应改取为塔器共振时离地 10m 处顺风向的风压值 q_{co}。若无此数据，可先利用式(13-29)计算出 v_{ci}，再利用式(13-37)进行换算。

$$q_{co} = \frac{1}{2} \rho_a v_{ci}^2 \quad (\text{N/m}^2) \qquad (13\text{-}37)$$

6) 偏心载荷

有些塔设备在顶部悬挂有分离器、热交换器、冷凝器等附属设备，这些附属设备对塔体产生偏心载荷。偏心载荷所引起的弯矩为

$$M_e = m_e g l_e \quad (\text{N} \cdot \text{mm}) \qquad (13\text{-}38)$$

式中，l_e 为偏心质点重心至塔设备中心线的距离，mm。

7) 最大弯矩

仅考虑顺风向最大弯矩时按式(13-39)、式(13-40)计算，若同时考虑横风向风振时的最大弯矩按式(13-41)、式(13-42)计算。

任意计算截面 I–I 处的最大弯矩应按下式计算

$$M_{max}^{I\text{-}I} = \max \begin{cases} M_w^{I\text{-}I} + M_e \\ M_E^{I\text{-}I} + 0.25 M_w^{I\text{-}I} + M_e \end{cases} \qquad (13\text{-}39)$$

底截面 0–0 处的最大弯矩应按下式计算

$$M_{max}^{0\text{-}0} = \max \begin{cases} M_w^{0\text{-}0} + M_e \\ M_E^{0\text{-}0} + 0.25 M_w^{0\text{-}0} + M_e \end{cases} \qquad (13\text{-}40)$$

任意计算截面 I-I 处的最大弯矩应按下式计算

$$M_{\max}^{I-I} = \max \begin{cases} M_{ew}^{I-I} + M_e \\ M_E^{I-I} + 0.25M_w^{I-I} + M_e \end{cases} \qquad (13-41)$$

底截面 0-0 处最大弯矩应按下式计算

$$M_{\max}^{0-0} = \max \begin{cases} M_{ew}^{0-0} + M_e \\ M_E^{0-0} + 0.25M_w^{0-0} + M_e \end{cases} \qquad (13-42)$$

13.3.2 塔体轴向应力校核

1）塔体稳定性校核

首先假设一个筒体有效厚度 δ_{ei}，或参照内、外压筒体计算取一有效厚度，按下述要求计算并使之满足稳定条件。

计算压力在塔体中引起的轴向应力

$$\sigma_1 = \frac{p_c D_i}{4\delta_{ei}} \quad （MPa） \qquad (13-43)$$

轴向应力 σ_1 在危险截面 2-2 上的分布情况，如图 13-37 所示。

操作或非操作时质量载荷及垂直地震力在塔体中引起的轴向应力

$$\sigma_2 = \frac{m_0^{I-I}g \pm F_v^{I-I}}{\pi D_i \delta_{ei}} \quad （MPa） \qquad (13-44)$$

式中，m_0^{I-I} 为任意计算截面 I-I 以上塔器的操作质量，kg；F_v^{I-I} 为塔设备任意计算截面 *I-I* 处的垂直地震力，N。

其中，F_v^{I-I} 仅在最大弯矩为地震弯矩参与组合时计入此项。

轴向应力 σ_2 在危险截面 2-2 上的分布情况，如图 13-38 所示。

弯矩在塔体中引起的轴向应力

$$\sigma_3 = \frac{4M_{\max}^{I-I}}{\pi D_i^2 \delta_{ei}} \quad （MPa） \qquad (13-45)$$

式中，$M_{\max}^{I-I}$ 为任意计算截面 I-I 处的最大弯矩，N·mm。

轴向应力 σ_3 在危险截面 2-2 上的分布情况，见图 13-39。

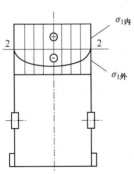
图 13-37 应力 σ_1 分布图

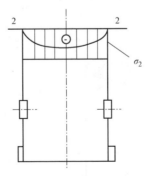
图 13-38 应力 σ_2 分布图

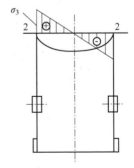
图 13-39 应力 σ_3 分布图

应根据塔设备在操作时或非操作时各种危险情况对 σ_1、σ_2、σ_3 进行组合，求出最大组合轴向压应力 $\sigma_{\max}$，并使之等于或小于轴向许用压应力 $[\sigma]_{cr}$ 值。

轴向许用压应力按下式求取

$$[\sigma]_{cr} = \min \begin{cases} KB \\ K[\sigma]^t \end{cases} \qquad (13\text{-}46)$$

式中，K 为载荷组合系数，取 $K=1.2$；B 为外压应力系数，MPa。B 值依照下列方法求得：根据筒体平均半径 R 和有效厚度 δ_e 值按 $A = \dfrac{0.094}{R/\delta_e}$ 计算 A 值；根据选用材料选用图 10-6~图 10-15，由系数 A 查得 B 值。当 A 落在设计温度下材料线的左方时，则按式 $B = \dfrac{2AE^t}{3}$ 计算 B 值。

内压操作的塔设备，最大组合轴向压应力出现在停车情况，即 $\sigma_{max} = \sigma_2 + \sigma_3$，$\sigma_{max}$ 在危险截面 2-2 上的分布情况(利用应力叠加法求出)，如图 13-40(a)所示。

外压操作的塔设备，最大组合轴向压应力出现在正常操作情况下，即 $\sigma_{max} = \sigma_1 + \sigma_2 + \sigma_3$。$\sigma_{max}$ 在危险截面 2-2 上的分布情况，如图 13-40(b)所示。

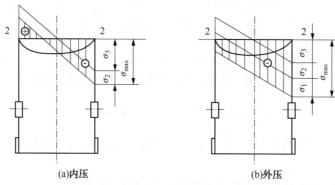

(a)内压   (b)外压

图 13-40 最大组合轴向压应力

2) 塔体拉应力校核

按假设的有效厚度 δ_{ei} 计算操作或非操作时各种情况的 σ_1、σ_2 和 σ_3，并进行组合，求出最大组合轴向拉应力 σ_{max}，并使之等于或小于许用应力与焊接接头系数和载荷组合系数的乘积 $K\phi[\sigma]^t$。如厚度不能满足上述条件，须重新假设厚度，重复上述计算，直至满足为止。

内压操作的塔设备，最大组合轴向拉应力出现在正常操作的情况下，即 $\sigma_{max} = \sigma_1 - \sigma_2 + \sigma_3$。此 σ_{max} 在危险截面 2-2 上的分布情况，如图 13-41(a)所示。

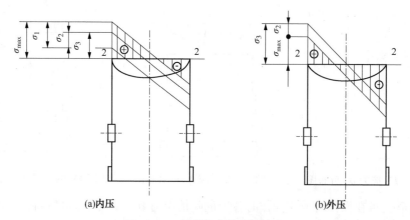

(a)内压   (b)外压

图 13-41 最大组合轴向拉应力

外压操作的塔设备，最大组合轴向拉应力出现在非操作的情况下，即 $\sigma_{\max} = \sigma_3 - \sigma_2$。此 $\sigma_{\max}$ 在危险截面 2-2 上的分布情况，如图 13-41(b)所示。

根据按设计压力计算的塔体厚度、按稳定条件验算确定的厚度以及按抗拉强度验算确定的厚度进行比较，取其中较大值，再加上厚度附加量，并考虑制造、运输、安装时刚度的要求，最终确定塔体厚度。

13.3.3 耐压试验时应力校核

同其他压力容器一样，塔设备也要在安装后进行耐压试验检查。耐压试验压力按有关规定确定。

对选定的各危险截面按式(13-47)～式(13-49)进行各项应力计算。

耐压试验压力引起的轴向应力

$$\sigma_1 = \frac{p_T D_i}{4\delta_{ei}} \qquad (\text{MPa}) \tag{13-47}$$

质量载荷引起的轴向应力

$$\sigma_2 = \frac{m_T^{I-I} g}{\pi D_i \delta_{ei}} \qquad (\text{MPa}) \tag{13-48}$$

式中，m_T^{I-I} 为耐压试验时，塔设备计算截面 $I-I$ 以上的质量(只计入塔壳、内构件、偏心质量、保温层、扶梯及平台质量)，kg。

弯矩引起的轴向应力

$$\sigma_3 = \frac{4(0.3M_{\max}^{I-I} + M_e)}{\pi D_i^2 \delta_{ei}} \qquad (\text{MPa}) \tag{13-49}$$

耐压试验时，圆筒金属材料的许用轴向压应力应按下式确定

$$[\sigma]_{cr} = \min \begin{cases} B \\ 0.9R_{eL}(\text{或} R_{p0.2}) \end{cases} \tag{13-50}$$

耐压试验时，圆筒金属材料的许用轴向拉应力应按下式确定。

① 圆筒轴向拉应力

液压试验

$$\sigma_1 - \sigma_2 + \sigma_3 \leqslant 0.9R_{eL}(\text{或} R_{p0.2})\phi \tag{13-51}$$

气压试验或者气液组合试验

$$\sigma_1 - \sigma_2 + \sigma_3 \leqslant 0.8R_{eL}(\text{或} R_{p0.2})\phi \tag{13-52}$$

② 圆筒轴向压应力

$$\sigma_2 + \sigma_3 \leqslant [\sigma]_{cr} \tag{13-53}$$

13.3.4 裙座设计

塔设备的支座，根据工艺要求和载荷特点，常采用圆筒形和圆锥形裙式支座(简称裙座)。图 13-42 所示为圆筒形裙座简图。它由如下几部分构成：

① 座体 它的上端与塔体底封头焊接在一起，下端焊在基础环上。座体承受塔体的全部载荷，并把载荷传到基础环上去。

② 基础环 基础环是块环形垫板，它把由座体传下来的载荷，再均匀地传到基础上去。

③ 螺栓座 由盖板和筋板组成，供安装地脚螺栓用，以便地脚螺栓把塔设备固定在基础上。

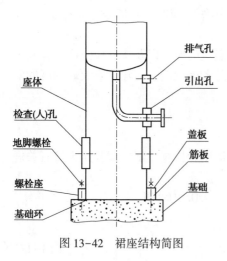

图 13-42 裙座结构简图

（排气孔、引出孔、盖板、筋板、基础、座体、检查(人孔)、地脚螺栓、螺栓座、基础环）

④ 管孔　在裙座上有检修用的人孔、引出孔、排气孔等。

现依次介绍座体、基础环、螺栓和螺栓座以及管孔的设计。

1）座体设计

首先参照塔体厚度确定座体的有效厚度 δ_{ei}，然后验算危险截面的应力。危险截面位置，一般取裙座基底截面(0-0 截面)或人孔处(1-1 截面)。

裙座壳底截面的组合应力按下式校核

操作时

$$\frac{1}{\cos\theta}\left(\frac{M_{max}^{0-0}}{Z_{sb}} + \frac{m_0 g + F_v^{0-0}}{A_{sb}}\right) \leq \min\begin{cases}KB\cos^2\theta \\ K[\sigma]_s^t\end{cases}$$

(13-54)

其中，F_v^{0-0} 仅在最大弯矩为地震弯矩参与组合时计入此项。

耐压试验时　$\frac{1}{\cos\theta}\left(\frac{0.3M_w^{0-0} + M_e}{Z_{sb}} + \frac{m_{max}g}{A_{sb}}\right) \leq \min\begin{cases}B\cos^2\theta \\ 0.9R_{eL}(\text{或 }R_{p0.2})\end{cases}$

(13-55)

式中，M_{max}^{0-0} 为底部截面 0-0 处的最大弯矩，$N \cdot mm$；M_w^{0-0} 为底部截面 0-0 处的风弯矩，$N \cdot mm$；Z_{sb} 为裙座圆筒或锥壳底部抗弯截面模量，mm^3，$Z_{sb} = \pi D_{is}^2 \delta_{es}/4$；$A_{sb}$ 为裙座圆筒或锥壳底部截面积，mm^2，$A_{sb} = \pi D_{is} \delta_{es}$；$\theta$ 为锥形裙座壳半锥顶角，$(°)$。

此时，基底截面 0-0 上的应力分布情况如图 13-43 及图 13-44 所示。

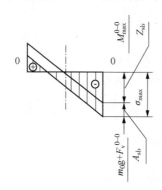

图 13-43　操作时的 σ_{max} 分布图

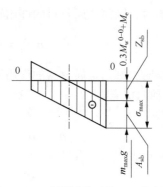

图 13-44　水压试验时的 σ_{max} 分布图

如裙座上人孔或较大管线引出孔处为危险截面 1-1 时应满足下列条件

操作时　$\frac{1}{\cos\theta}\left(\frac{M_{max}^{1-1}}{Z_{sm}} + \frac{m_0^{1-1}g \pm F_v^{1-1}}{A_{sm}}\right) \leq \min\begin{cases}KB\cos^2\theta \\ K[\sigma]_s^t\end{cases}$

(13-56)

其中，F_v^{1-1} 仅在最大弯矩为地震弯矩参与组合时计入此项

耐压试验时　$\frac{1}{\cos\theta}\left(\frac{0.3M_w^{1-1} + M_e}{Z_{sm}} + \frac{m_{max}^{1-1} \cdot g}{A_{sm}}\right) \leq \min\begin{cases}B\cos^2\theta \\ 0.9R_{eL}(\text{或 }R_{p0.2})\end{cases}$

(13-57)

式中，M_{max}^{1-1} 为人孔或较大管线引出孔处的最大弯矩，$N \cdot mm$；M_w^{1-1} 为人孔或较大管线引出孔处的风弯矩，$N \cdot mm$；m_0^{1-1} 为人孔或较大管线引出孔处以上塔器的操作质量，kg；m_{max}^{1-1} 为人

孔或较大管线引出孔处以上塔器液压试验时质量，kg；Z_{sm} 为人孔或较大管线引出孔处裙座壳的抗弯截面模量，mm^3，按式 (13-58) 和式 (13-59) 确定。

$$Z_{sm} = \frac{\pi}{4} D_{im}^2 \delta_{es} - \sum \left(b_m D_{im} \frac{\delta_{es}}{2} - Z_m \right) \tag{13-58}$$

$$Z_m = 2\delta_{es} l_m - \sqrt{\left(\frac{D_{im}}{2}\right)^2 - \left(\frac{b_m}{2}\right)^2} \tag{13-59}$$

式中，A_{sm} 为人孔或较大管线引出孔处裙座壳的截面积，mm^2，$A_{sm} = \pi D_{im}\delta_{es} - \sum \left[(b_m + 2\delta_m)\delta_{es} - A_m \right]$，$A_m = 2l_m\delta_m$；$b_m$ 为人孔或较大管线引出管线接管处水平方向的最大宽度，mm；δ_m 为人孔或较大管线引出管线接管处加强管的厚度，mm；δ_{es} 为裙座有效厚度，mm；D_{im} 为人孔或较大管线引出管线接管处座体截面的内直径，mm。公式中各符号参见图 13-45。

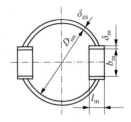

图 13-45 裙座壳检查孔或较大管线引出孔处截面图

Z_{sm} 和 A_{sm} 也可由表 13-10 直接查得。

表 13-10 裙座上开设检查孔处的截面模数及面积

塔径 D_i/mm	截面特性	裙座厚度 δ_e/mm										
		4	6	8	10	12	14	16	18	20	22	24
600	$A_{sm} \times 10^2 cm^2$	0.792	1.185	1.580	1.975	2.370	2.765	3.160	—	—	—	—
	$Z_{sm} \times 10^3 cm^3$	1.248	1.876	2.502	3.127	3.753	4.378	5.003	—	—	—	—
700	$A_{sm} \times 10^2 cm^2$	0.918	1.373	1.831	2.289	2.747	3.205	3.662	—	—	—	—
	$Z_{sm} \times 10^3 cm^3$	1.685	2.529	3.372	4.215	5.059	5.902	6.745	—	—	—	—
800	$A_{sm} \times 10^2 cm^2$	0.924	1.382	1.842	2.303	2.764	3.224	3.682	—	—	—	—
	$Z_{sm} \times 10^3 cm^3$	1.646	2.468	3.291	4.114	4.936	5.759	6.582	—	—	—	—
900	$A_{sm} \times 10^2 cm^2$	1.050	1.570	2.094	2.617	3.140	3.664	4.187	—	—	—	—
	$Z_{sm} \times 10^3 cm^3$	2.155	3.234	4.312	5.390	6.468	7.546	8.624	—	—	—	—
1000	$A_{sm} \times 10^2 cm^2$	1.092	1.633	2.178	2.722	3.266	3.811	4.355	4.900	—	—	—
	$Z_{sm} \times 10^3 cm^3$	2.256	3.386	4.515	5.643	6.772	7.901	9.029	10.158	—	—	—
1200	$A_{sm} \times 10^2 cm^2$	1.344	2.010	2.680	3.350	4.020	4.690	5.360	6.030	—	—	—
	$Z_{sm} \times 10^3 cm^3$	3.516	5.274	7.032	8.790	10.548	12.306	14.064	15.821	—	—	—

此时，人孔或较大管线引出孔处截面 (1-1 截面) 上应力分布情况，如图 13-46 及图 13-47 所示。

2）基础环设计

（1）基础环尺寸的确定

基础环内、外径 (如图 13-48 和图 13-49 所示) 一般可参考下式选取

$$D_{ib} = D_{is} - (160 \sim 400) \tag{13-60}$$

$$D_{ob} = D_{is} + (160 \sim 400) \tag{13-61}$$

式中，D_{ob} 为基础环外径，mm；D_{ib} 为基础环内径，mm。

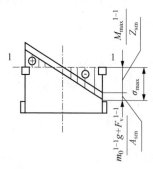

图 13-46　操作时的 σ 分布图

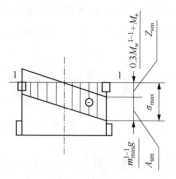

图 13-47　水压试验时的 σ 分布图

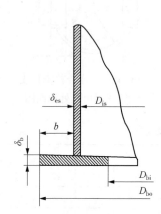

图 13-48　无筋板基础环

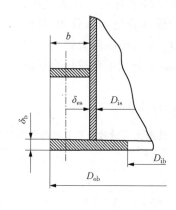

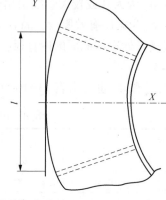

图 13-49　有筋板基础环

（2）基础环厚度的计算

操作时或水压试验时，设备重量和弯矩在混凝土基础上（基础环底面上）所产生的最大组合轴向压应力为

$$
\sigma_{bmax} = \max \begin{cases} \dfrac{M_{max}^{0-0}}{Z_b} + \dfrac{m_0 g + F_v^{0-0}}{A_b} \\[4mm] \dfrac{0.3 M_w^{0-0} + M_e}{Z_b} + \dfrac{m_{max} g}{A_b} \end{cases} \tag{13-62}
$$

式中，Z_b 为基础环的抗弯截面模量，mm^3，$Z_b = \dfrac{\pi(D_{ob}^4 - D_{ib}^4)}{32 D_{ob}}$；$A_b$ 为基础环的面积，mm^2，$A_b = 0.785(D_{ob}^2 - D_{ib}^2)$；

其中，F_v^{0-0} 仅在最大弯矩为地震弯矩参与组合时计入此项。

基础环的厚度计算须满足 $\sigma_{bmax} \leqslant R_a$，$R_a$ 为混凝土基础的许用应力，见表 13-11。

表 13-11　混凝土基础的许用应力 R_a

混凝土标号	75	100	150	200	250
R_a/MPa	3.5	5.0	7.5	10.0	13.0

σ_{bmax} 可以认为是作用在基础环底上的均匀载荷。

① 基础环上无筋板时（图 13-48），基础环作为悬臂梁，在均匀载荷 σ_{bmax}（基础底面上最

大压应力)的作用下(图13-50),其最大弯曲为$\sigma_{b\max}b^2/2$。

由此,基础环厚度的计算公式为

$$\delta_b = 1.73b\sqrt{[\sigma]_{b\max}/[\sigma]_b} \qquad (13-63)$$

式中,$[\sigma]_b$为基础环材料的许用应力,对低碳钢取$[\sigma]_b =$
140MPa。

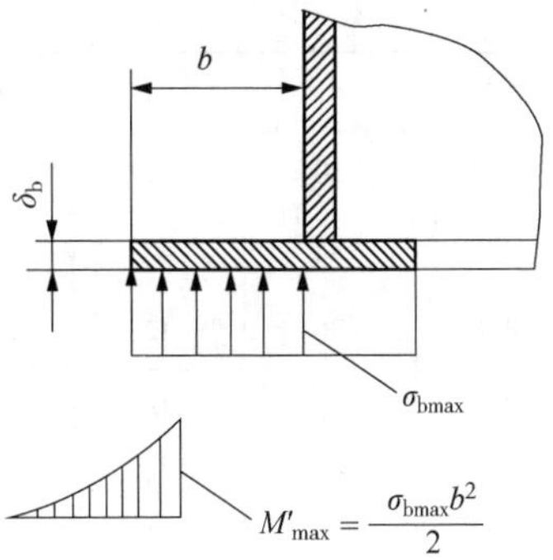

② 基础环上有筋板时(图13-49),基础环的厚度按下
式计算为

$$\delta_b = \sqrt{\frac{6M_s}{[\sigma]_b}} \qquad (13-64)$$

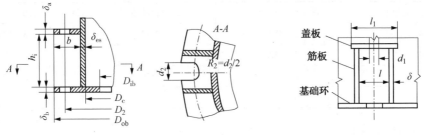
图 13-50　无筋板基础环应力分布

式中,M_s为计算力矩,$M_s = \max\{|M_x|, |M_y|\}$,$M_x = C_x\sigma_{b\max}b^2$,$M_y = C_y\sigma_{b\max}l^2$,其中系数
C_x、C_y按表13-12计算。

表 13-12　矩形板力矩 C_x、C_y 系数表

b/l	C_x	C_y	b/l	C_x	C_y	b/l	C_x	C_y	b/l	C_x	C_y
0	−0.5000	0	0.8	−0.1730	0.0751	1.6	−0.0485	0.1260	2.4	−0.0217	0.1320
0.1	−0.5000	0.0000	0.9	−0.1420	0.0872	1.7	−0.0430	0.1270	2.5	−0.0200	0.1330
0.2	−0.4900	0.0006	1.0	−0.1180	0.0972	1.8	−0.0384	0.1290	2.6	−0.0185	0.1330
0.3	−0.4480	0.0051	1.1	−0.0995	0.1050	1.9	−0.0345	0.1300	2.7	−0.0171	0.1330
0.4	−0.3850	0.0151	1.2	−0.0846	0.1120	2.0	−0.0312	0.1300	2.8	−0.0159	0.1330
0.5	−0.3190	0.0293	1.3	−0.0726	0.1160	2.1	−0.0283	0.1310	2.9	−0.0149	0.1330
0.6	−0.2600	0.0453	1.4	−0.0629	0.1200	2.2	−0.0258	0.1320	3.0	−0.0139	0.1330
0.7	−0.2120	0.0610	1.5	−0.0550	0.1230	2.3	0.0236	0.1320	—	—	—

注:l为两相邻筋板最大内侧间距(见图13-49)。

基础环厚度求出后,应加上壁厚附加量2mm,并圆整到钢板规格厚度。无论无筋板或
有筋板的基础环厚度均不得小于16mm。

3)螺栓座的设计

螺栓座结构和尺寸分别见图13-51和表13-13。

图 13-51　螺栓座结构

注:当外螺栓座之间距离很小,以致盖板接近连续的环时,则可将盖板制成整体。

4)地脚螺栓计算

为了使塔设备在刮风或地震时不致翻倒,必须安装足够数量和一定直径的地脚螺栓,把
设备固定在基础上。

表 13-13　螺栓座尺寸　　　　　　　　　　　　　　　　　　　　　mm

螺栓	d_1	d_2	δ_a	δ_{es}	h_i	l	l_1	b
M24	30	36	24					
M27	34	40	26	12	300	120	$l+50$	
M30	36	42	28					
M36	42	48	32	16				$(D_{ob}-D_c-2\delta_{es})/2$
M42	48	54	36	18	350	160	$l+60$	
M48	56	60	40	20				
M56	62	68	46	22	400	200	$l+70$	

地脚螺栓承受的最大拉应力为

$$\sigma_B = \max \begin{cases} \dfrac{M_w^{0-0} + M_e}{Z_b} - \dfrac{m_{min}g}{A_b} \\[3mm] \dfrac{M_E^{0-0} + 0.25M_w^{0-0} + M_e}{Z_b} - \dfrac{m_0g - F_v^{0-0}}{A_b} \end{cases} \tag{13-65}$$

其中，F_v^{0-0} 仅在最大弯矩为地震弯矩参与组合时计入此项。

如果 $\sigma_B \le 0$，则设备自身足够稳定，但是为了固定设备位置，应该设置一定数量的地脚螺栓。

如果 $\sigma_B > 0$，则设备必须安装地脚螺栓，并进行计算。计算时可先按 4 的倍数假定地脚螺栓数量 n，此时地脚螺栓的螺纹根部直径 d_1 按下式计算。

$$d_1 = \sqrt{\frac{4\sigma_B A_b}{\pi n [\sigma]_{bt}}} + C_2 \tag{13-66}$$

式中，$[\sigma]_{bt}$ 为基础环材料的许用应力，对低碳钢取 $[\sigma]_{bt} = 140\text{MPa}$，对 16Mn 钢取 $[\sigma]_{bt} = 170\text{MPa}$；$n$ 为地脚螺栓个数；C_2 为腐蚀裕量，一般取 3mm。

圆整后地脚螺栓公称直径不得小于 M24，螺栓根径与公称直径见表 13-14。

表 13-14　螺栓根径与公称直径对照表

螺栓公称直径	螺纹小径 d_1/mm	螺栓公称直径	螺纹小径 d_1/mm
M24	20.752	M42	37.129
M27	23.752	M48	42.588
M30	26.211	M56	50.046
M36	31.670		

5）裙座与塔体的连接

（1）裙座与塔体的焊缝连接

裙座与塔体连接焊缝的结构型式有两种：一是对接焊缝，如图 13-52(a)、(b)所示；二是搭接焊缝，如图 13-52(c)、(d)所示。

对接焊缝结构，要求裙座外直径与塔体下封头的外直径相等，裙座壳与塔体下封头的连接焊缝须采用全焊透连续焊。对接焊缝受压，可以承受较大的轴向载荷，用于大塔。但由于

266

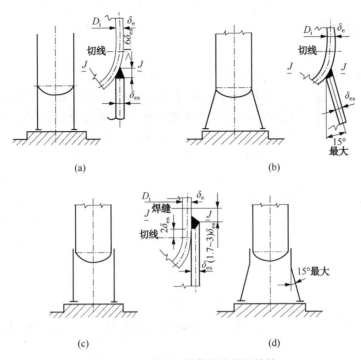

图 13-52　裙座与塔体连接焊缝结构

焊缝在塔体底封头的椭球面上，所以封头受力情况较差。

搭接焊缝结构，要求裙座内径稍大于塔体外径，以便裙座搭焊在底封头的直边段。搭接焊缝承载后承受剪力，因而受力情况不佳；但对封头来说受力情况较好。

（2）裙座与塔体对接焊缝的验算

对接焊缝 J-J 截面处的最大拉应力按下式校核

$$\frac{4M_{\max}^{J-J}}{\pi D_{it}^2 \delta_{es}} - \frac{m_o^{J-J}g - F_v^{J-J}}{\pi D_{it}\delta_{es}} \leqslant 0.6K[\sigma]_w^t \qquad (13-67)$$

式中，D_{it} 为裙座顶部截面的内径，mm。

其中，F_v^{J-J} 仅在最大弯矩为地震弯矩参与组合时计入此项。

（3）裙座与塔体搭接焊缝的验算

搭接焊缝 J-J 截面处的剪应力按式（13-68）和式（13-69）验算。

$$\frac{M_{\max}^{J-J}}{Z_w} + \frac{m_0^{J-J}g + F_v^{J-J}}{A_w} \leqslant 0.8K[\sigma]_w^t \qquad (13-68)$$

$$\frac{0.3M_w^{J-J} + M_e}{Z_w} + \frac{m_{\max}^{J-J}g}{A_w} \leqslant 0.72KR_{eL}(\text{或} R_{p0.2}) \qquad (13-69)$$

式中，m_0^{J-J} 为裙座与筒体搭接焊缝所承受的塔器操作质量，kg；$m_{\max}^{J-J}$ 为水压试验时塔器的总质量（不计裙座质量），kg；A_w 为焊缝抗剪截面面积，mm^2，$A_w = 0.7\pi D_{ot}\delta_{es}$；$Z_w$ 为焊缝抗剪截面系数，mm^3，$Z_w = 0.55D_{ot}^2\delta_{es}$；$D_{ot}$ 为座顶部截面的外直径，mm；$[\sigma]_w^t$ 为设计温度下焊接接头的许用应力，取两侧母材许用应力的小值，MPa；$M_{\max}^{J-J}$ 为裙座与筒体搭接焊缝处的最大弯矩，N·mm；M_w^{J-J} 为裙座与筒体搭接焊缝处的风弯矩，N·mm。

其中，F_v^{J-J} 仅在最大弯矩为地震弯矩参与组合时计入此项。

13.4　设计算例

已知 $\phi1400\text{mm}\times18900\text{mm}$ 泡罩塔(图 13-53)的设计条件如下:

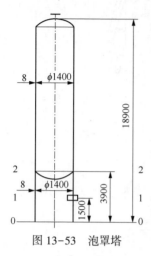

图 13-53　泡罩塔

设置地区的基本风压值 $q_0 = 300\text{N/m}^2$;抗震设防烈度为 8 度,设计基本地震加速度为 $0.2g$,地震分组为第二组;场地土类型为 Ⅲ 类;地面粗糙度为 B 类;塔壳与裙座对接;塔内装有 30 层泡罩塔盘(泡罩塔盘单位质量 150kg/m^3),每块存留介质高 120mm,介质密度 694kg/m^3;塔体外表面附有 100mm 厚保温层,保温材料密度 300kg/m^3;塔体每隔 5m 安装一层操作平台,共 3 层,平台宽 1.0m,单位质量 150kg/m^2,包角 360°;设计压力 $p = 0.1\text{MPa}$;设计温度 100℃;焊接接头系数 0.85;壳体厚度附加量 3mm,裙座厚度附加量 2mm,偏心质量 $m_e = 0$。对该塔进行强度和稳定计算。

1) 塔壳强度计算

塔壳圆筒、裙座壳和塔壳封头材料选用 Q245R $[\,R_{eL}(R_{p0.2}) = 245\text{MPa}$, $[\sigma]^t = 147\text{MPa}\,]$

圆筒:
$$\delta = \frac{p_c D_i}{2[\sigma]^t\phi - p_c} = \frac{0.1 \times 1400}{2 \times 147 \times 0.85 - 0.1} = 0.56\text{mm}$$

封头:
$$\delta_h = \frac{Kp_c D_i}{2[\sigma]^t\phi - 0.5p_c} = \frac{1 \times 0.1 \times 1400}{2 \times 147 \times 0.85 - 0.5 \times 0.1} = 0.56\text{mm}$$

取塔壳圆筒、裙座壳和塔壳封头的厚度均为 8mm。

2) 塔器质量计算

圆筒、裙座和封头质量 $m_{01} = \frac{\pi}{4}(1.416^2 - 1.4^2) \times 18.9 \times 7.85 \times 10^3 = 5250\text{kg}$

附属件质量 $m_a = 0.25m_{01} = 1313\text{kg}$

内构件质量 $m_{02} = \frac{\pi}{4} \times 1.4^2 \times 30 \times 150 = 6927\text{kg}$

保温层质量 $m_{03} = \frac{\pi}{4}(1.616^2 - 1.416^2) \times (18.9 - 3.9) \times 300 = 2143\text{kg}$

平台、扶梯质量(笼式扶梯单位质量 40kg/m)

$m_{04} = 40 \times 18.9 + \frac{\pi}{4}[(1.416 + 2.0)^2 - 1.416^2] \times 150 \times 3 \times \frac{360°}{360°} = 4172\text{kg}$

物料质量 $m_{05} = \frac{\pi}{4} \times 1.4^2 \times 0.12 \times 694 \times 30 = 3846\text{kg}$

水压试验时质量 $m_w = \frac{\pi}{4} \times 1.4^2 \times (18.9 - 3.9) \times 1000 = 23091\text{kg}$

偏心质量 $m_e = 0\text{kg}$

塔器操作质量 $m_0 = m_{01} + m_{02} + m_{03} + m_{04} + m_{05} + m_a + m_e$

$\quad\quad = 5250 + 6927 + 2143 + 4172 + 3846 + 1313 + 0 = 23651\text{kg}$

塔器最大质量 $m_{\max} = m_{01} + m_{02} + m_{03} + m_{04} + m_w + m_a + m_e$
$$= 5250 + 6927 + 2143 + 4172 + 23091 + 1313 + 0 = 42896 \text{kg}$$

塔器最小质量 $m_{\min} = m_{01} + 0.2m_{02} + m_{03} + m_{04} + m_a$
$$= 5250 + 0.2 \times 6927 + 2143 + 4172 + 1313 = 14263 \text{kg}$$

将全塔沿高分成 8 段，其中裙座分为 2 段，筒体均匀分为 6 段(图 13-54)，其各段质量列入表 13-15。

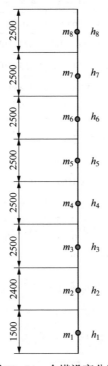

图 13-54　全塔沿高分段

表 13-15　全塔各段质量　　　　　　　　　　　　　　　　　　　　　kg

塔段号 i	1	2	3	4	5	6	7	8
$m_{01}+m_a$	520.9	833.4	868.1	868.1	868.1	868.1	868.1	868.1
m_{02}	0	0	1154.5	1154.5	1154.5	1154.5	1154.5	1154.5
m_{03}	0	0	357.2	357.2	357.2	357.2	357.2	357.2
m_{04}	60	96	1238.5	100	1238.5	100	1238.5	100
m_{05}	0	0	641	641	641	641	641	641
m_w	0	0	3848.5	3848.5	3848.5	3848.5	3848.5	3848.5
m_0	580.9	929.4	4829.3	3120.8	4259.3	3120.8	4259.3	3120.8
$m_{\max}$	580.9	929.4	7466.8	6328.3	7466.8	6328.3	7466.8	6328.3
$m_{\min}$	580.9	929.4	2694.7	1556.2	2694.7	1556.2	2694.7	1556.2

3) 塔器的基本自振周期计算

$$T_1 = 90.33H \sqrt{\frac{m_0 H}{E^t \delta_e D_i^3}} \times 10^{-3} = 90.33 \times 18900 \sqrt{\frac{23651 \times 18900}{1.97 \times 10^5 \times 5 \times 1400^3}} \times 10^{-3} = 0.7 \text{s}$$

4）地震载荷及地震弯矩计算

将塔沿高度方向分成 8 段，视每段高度之间的质量为作用在该高度 1/2 处的集中质量，各段集中质量对该截面所引起的地震力地震弯矩列于表 13-16。

表 13-16　各段集中质量所引起的地震力地震弯矩

塔段号 i	1	2	3	4	5	6	7	8	备注
m_i/kg	580.9	929.4	4259.3	3120.8	4259.3	3120.8	4259.3	3120.8	
h_i/mm	750	2700	5150	7650	10150	12650	15150	17650	
$h_i^{1.5}$	0.021×10^6	0.140×10^6	0.370×10^6	0.669×10^6	1.023×10^6	1.423×10^6	1.865×10^6	2.345×10^6	
$m_ih_i^{1.5}$	0.012×10^9	0.130×10^9	1.574×10^9	2.088×10^9	4.355×10^9	4.440×10^9	7.942×10^9	7.318×10^9	27.859×10^9
$m_ih_i^3$	0.245×10^{12}	0.183×10^{14}	5.818×10^{14}	13.972×10^{14}	44.539×10^{14}	63.174×10^{14}	148.107×10^{14}	171.593×10^{14}	44.739×10^{15}
A/B	\multicolumn{8}{c}{$A/B=6.227\times10^{-7}$ ($A=\sum_{i=1}^{8}m_ih_i^{1.5}=27.859\times10^9$, $B=\sum_{i=1}^{8}m_ih_i^3=44.739\times10^{15}$)}	
$\eta_{1k}=\dfrac{h_k^{1.5}A}{B}$	0.0131	0.0872	0.2304	0.4166	0.6370	0.8861	1.1613	1.4602	
γ	\multicolumn{9}{c}{$\gamma=0.9+\dfrac{0.05-\xi_1}{0.3+6\xi_1}=0.9+\dfrac{0.05-0.01}{0.3+6\times0.01}=1.011$}
η_2	\multicolumn{9}{c}{$\eta_2=1+\dfrac{0.05-\xi_1}{0.08+1.6\xi_1}=1+\dfrac{0.05-0.01}{0.08+1.6\times0.01}=1.417$}
α_1	\multicolumn{9}{c}{$\alpha_1=\left(\dfrac{T_g}{T_1}\right)^{\gamma}\eta_2\alpha_{max}=\left(\dfrac{0.55}{0.7}\right)^{1.011}\times1.417\times0.16=0.18$}
F_{1k}/N	13.44	143.11	1732.86	2295.76	4790.92	4883.04	8734.22	8046.74	
m_kh_k	0.436×10^6	2.509×10^6	21.935×10^6	23.874×10^6	43.232×10^6	39.478×10^6	64.528×10^6	55.082×10^6	251.074×10^6
α_{vmax}	\multicolumn{9}{c}{$\alpha_{vmax}=0.65\alpha_{max}=0.65\times0.16=0.104$}
m_{eq}/kg	\multicolumn{9}{c}{$m_{eq}=0.75m_0=0.75\times23651=17738.25$}
F_v^{0-0}/N	\multicolumn{9}{c}{$F_v^{0-0}=\alpha_{vmax}m_{eq}g=0.104\times17738.25\times9.81=18097.27$}
F_{vi}/N	31.43	180.85	1581.06	1720.82	3116.14	2845.55	4651.14	3970.28	
F_v^{i-i}/N	18097.3	18065.8	17885.0						

因为 $H/D_i=13.5<15$ 且 $H<20\mathrm{m}$，故不考虑高振型影响。

0-0 截面地震弯矩：$M_E^{0-0}=\sum_{k=1}^{8}F_{1k}h_k=4.116\times10^8\mathrm{N}\cdot\mathrm{mm}$

1-1 截面地震弯矩：$M_E^{1-1}=\sum_{k=2}^{8}F_{1k}(h_k-h)=\sum_{k=2}^{8}F_{1k}(h_k-1500)=3.657\times10^8\mathrm{N}\cdot\mathrm{mm}$

2-2 截面地震弯矩：$M_E^{2-2}=\sum_{k=3}^{8}F_{1k}(h_k-h)=\sum_{k=3}^{8}F_{1k}(h_k-3900)=2.923\times10^8\mathrm{N}\cdot\mathrm{mm}$

5）风载荷和风弯矩计算

将塔沿高分成 8 段，计算结果见表 13-17。

270

表 13-17　风载荷和风弯矩

塔段号 i	1	2	3	4	5	6	7	8
塔段长度/m	0~1.5	1.5~3.9	3.9~6.4	6.4~8.9	8.9~11.4	11.4~13.9	13.9~16.4	16.4~18.9
$q_0/(\text{N/m}^2)$	300							
K_1	0.7							
K_{2i}	1.7							
f_i(B类)	1.0	1.0	1.0	1.0	1.0392	1.1092	1.1708	1.2258
l_i/mm	1500	2400	2500	2500	2500	2500	2500	2500
K_3/mm	400							
K_4/mm	600							
D_{ei}/mm	1816	1816	2616	2016	2616	2016	2616	2016
$P_i = K_1 K_{2i} q_0 f_i l_i$ $D_{ei} \times 10^{-6}$/N	972.47	1555.95	2334.78	1799.28	2426.30	1995.76	2733.56	2205.56

因该塔 $H/D_i = 13.5 < 15$ 且 $H < 30\text{m}$，故不考虑横风向风弯矩。

0-0 截面风弯矩：

$$M_w^{0\text{-}0} = p_1 \frac{l_1}{2} + p_2 \left(l_1 + \frac{l_2}{2} \right) + \cdots + p_8 \left(l_1 + l_2 + l_3 + \cdots + \frac{l_8}{2} \right) = 1.609 \times 10^8 \text{N} \cdot \text{mm}$$

1-1 截面风弯矩：

$$M_w^{1\text{-}1} = p_2 \frac{l_2}{2} + p_3 \left(l_2 + \frac{l_3}{2} \right) + \cdots + p_8 \left(l_2 + l_3 + \cdots + \frac{l_8}{2} \right) = 1.376 \times 10^8 \text{N} \cdot \text{mm}$$

2-2 截面风弯矩：

$$M_w^{2\text{-}2} = p_3 \frac{l_3}{2} + p_4 \left(l_3 + \frac{l_4}{2} \right) + \cdots + p_8 \left(l_3 + l_4 + \cdots + \frac{l_8}{2} \right) = 1.034 \times 10^8 \text{N} \cdot \text{mm}$$

6）计算各截面的最大弯矩

$$M_{max}^{1\text{-}1} = \max \begin{cases} M_w^{1\text{-}1} + M_e \\ M_E^{1\text{-}1} + 0.25 M_w^{1\text{-}1} + M_e \end{cases} \qquad (M_e = 0)$$

塔底截面 0-0：

因

$$\begin{cases} M_w^{0\text{-}0} = 1.609 \times 10^8 \text{N} \cdot \text{mm} \\ M_E^{0\text{-}0} = 0.25 M_w^{0\text{-}0} = 4.518 \times 10^8 \text{N} \cdot \text{mm} \end{cases}$$

故　　　　　　$M_{max}^{0\text{-}0} = 4.518 \times 10^8 \text{N} \cdot \text{mm}$（地震弯矩控制）

1-1 截面：

因

$$\begin{cases} M_w^{1\text{-}1} = 1.376 \times 10^8 \text{N} \cdot \text{mm} \\ M_E^{1\text{-}1} = 0.25 M_w^{1\text{-}1} = 4.001 \times 10^8 \text{N} \cdot \text{mm} \end{cases}$$

故　　　　　　$M_{max}^{1\text{-}1} = 4.001 \times 10^8 \text{N} \cdot \text{mm}$（地震弯矩控制）

2-2 截面：

因

$$\begin{cases} M_w^{2\text{-}2} = 1.609 \times 10^8 \text{N} \cdot \text{mm} \\ M_E^{2\text{-}2} = 0.25 M_w^{2\text{-}2} = 3.182 \times 10^8 \text{N} \cdot \text{mm} \end{cases}$$

故 $M^{2-2}_{\max} = 3.182 \times 10^8 \mathrm{N \cdot mm}$（地震弯矩控制）

7）圆筒应力校核

验算塔壳2-2截面处操作时和压力试验时的强度和稳定性。计算结果列于表13-18。

表13-18　2-2截面处的强度和稳定性验算

计 算 截 面		2-2截面
计算截面以上塔的操作质量 m^{2-2}_0	kg	22141
塔壳有效厚度 δ_e	mm	5
计算截面的横截面积 $A = \pi D_i \delta_e$	mm²	21991.15
计算截面的断面系数 $Z = \dfrac{\pi}{4} D_i^2 \delta_e$	mm³	7.697×10^6
最大弯矩 $M^{2-2}_{\max}$	N·mm	3.182×10^8
操作压力引起的轴向应力 $\sigma_1 = \dfrac{p_c D_i}{4\delta_e}$	MPa	7.0
重力引起的轴向应力 $\sigma_2 = \dfrac{m^{2-2}_0 g \pm F^{2-2}_v}{A}$	MPa	10.69① (9.06)
弯矩引起的轴向应力 $\sigma_3 = \dfrac{M^{2-2}_{\max}}{Z}$	MPa	41.34
最大组合压应力 $\sigma_2 + \sigma_3 \leqslant [\sigma]_{cr} = \min \begin{cases} KB = 106.2 \\ K[\sigma]^t = 176.4 \end{cases} = 106.2（取 K=1.2）$	MPa	52.03<106.2
最大组合拉应力 $\sigma_1 - \sigma_2 + \sigma_3 \leqslant K[\sigma]^t \phi = 149.9（取 K=1.2）$	MPa	39.28<149.9
计算截面的风弯矩 M^{2-2}_w	MPa	1.034×10^8
液压试验时，计算截面以上塔的质量 m^{2-2}_T	kg	18295
压力引起的轴向应力 $\sigma_1 = \dfrac{p_T D_i}{4\delta_e}（p_T = 0.2\mathrm{MPa}）$	MPa	14.0
重力引起的轴向应力 $\sigma_2 = \dfrac{m^{2-2}_T g}{A}$	MPa	8.16
弯矩引起的轴向应力 $\sigma_3 = \dfrac{0.3 M^{2-2}_w}{Z}$	MPa	4.03
周向应力 $\sigma = \dfrac{(p_T + 液柱静压力)(D_i + \delta_e)}{2\delta_e} < 0.9 R_{eL}(R_{p0.2})\phi = 187.4$	MPa	49.58<187.4
液压时最大组合压应力 $\sigma_2 + \sigma_3 \leqslant [\sigma]_{cr} = \min \begin{cases} B = 88.5 \\ 0.9 R_{eL}(R_{p0.2}) = 220.5 \end{cases} = 88.5$	MPa	12.19<88.5
液压时最大组合拉应力 $\sigma_1 - \sigma_2 + \sigma_3 \leqslant 0.9 R_{eL}(R_{p0.2})\phi = 187.4$	MPa	9.87<187.4

注：①表示计算 σ_2 时，在压应力中取"+"号，在拉应力中取"-"号。

8）裙座壳轴向应力校核

0-0截面：

因裙座壳为圆筒形（即 $\cos\theta = 1$），则 $A = 0.094 \times \dfrac{\delta_e}{R_o} = \dfrac{0.094 \times 6}{708} = 8.0 \times 10^{-4}$，查图10-8，

$B = 106\text{MPa}_{\circ}$

故 $\min\begin{cases} KB = 1.2 \times 106 = 127.2\text{MPa} \\ K[\sigma]_s^t = 1.2 \times 147 = 176.4\text{MPa} \end{cases} = 127.2\text{MPa}$, $\min\begin{cases} B = 106\text{MPa} \\ 0.9R_{eL} = 0.9 \times 245 = 220.5\text{MPa} \end{cases} = 106\text{MPa}$

因为 $\begin{cases} Z_{sb} = \dfrac{\pi}{4}D_{is}^2\delta_{es} = \dfrac{\pi \times 1400^2 \times 6}{4} = 9236282.4\text{mm}^3 \\ \\ A_{sb} = \pi D_{is}\delta_{es} = \pi \times 1400 \times 6 = 26389.4\text{mm}^2 \end{cases}$

所以

$$\begin{cases} \dfrac{1}{\cos\theta}\left(\dfrac{M_{max}^{0-0}}{Z_{sb}} + \dfrac{m_0 g + F_v^{0-0}}{A_{sb}}\right) = \dfrac{4.518 \times 10^8}{9236282.4} + \dfrac{23651 \times 9.81 + 18097.3}{26389.4} = 58.40\text{MPa} < 127.2\text{MPa} \\ \\ \dfrac{1}{\cos\theta}\left(\dfrac{0.3M_w^{0-0} + M_e}{Z_{sb}} + \dfrac{m_{max}g}{A_{sb}}\right) = \dfrac{0.3 \times 1.609 \times 10^8 + 0}{9236282.4} + \dfrac{42896 \times 9.81}{26389.4} = 21.17\text{MPa} < 106\text{MPa} \end{cases}$$

1-1 截面(人孔所在截面，一个人孔)：

人孔 $l_m = 120\text{mm}$; $b_m = 450\text{mm}$; $\delta_m = 10\text{mm}$; $m_0^{1-1} = 23070\text{kg}$

$A_{sm} = \pi D_{im}\delta_{es} - \Sigma\left[(b_m + 2\delta_m)\delta_{es} - A_m\right]$

$= \pi \times 1400 \times 6 - \left[(450 + 2 \times 10) \times 6 - 2 \times 120 \times 10\right] = 25969.4\text{mm}^2$

$Z_m = 2\delta_m l_m\sqrt{\left(\dfrac{D_{im}}{2}\right)^2 - \left(\dfrac{b_m}{2}\right)^2} = 2 \times 10 \times 20\sqrt{\left(\dfrac{1400}{2}\right)^2 - \left(\dfrac{450}{2}\right)^2} = 1.591 \times 10^6\text{mm}^3$

$Z_{sm} = \dfrac{\pi}{4}D_{im}^2\delta_{es} - \Sigma\left(b_m D_{im}\dfrac{\delta_{es}}{2} - Z_m\right) = \dfrac{\pi}{4} \times 1400^2 \times 6 - \left(450 \times 1400 \times \dfrac{6}{2} - 1.591 \times 10^6\right)$

$= 8.937 \times 10^6\text{mm}^3$

$$\begin{cases} \dfrac{1}{\cos\theta}\left(\dfrac{M_{max}^{1-1}}{Z_{sm}} + \dfrac{m_0 g + F_v^{1-1}}{A_{sm}}\right) = \dfrac{4.001 \times 10^8}{8.937 \times 10^6} + \dfrac{23070 \times 9.81 + 18065.8}{25969.4} = 54.18\text{MPa} < 127.2\text{MPa} \\ \\ \dfrac{1}{\cos\theta}\left(\dfrac{0.3M_w^{1-1} + M_e}{Z_{sm}} + \dfrac{m_{max}^{1-1}g}{A_{sm}}\right) = \dfrac{0.3 \times 1.376 \times 10^8 + 0}{8.937 \times 10^6} + \dfrac{42315 \times 9.81}{25969.4} = 20.60\text{MPa} < 106\text{MPa} \end{cases}$$

9) 基础环厚度计算

基础环外径 $D_{ob} = D_{is} + (160 \sim 400) = 1400 + 300 = 1700\text{mm}$

基础环内径 $D_{ib} = D_{is} - (160 \sim 400) = 1400 - 300 = 1100\text{mm}$

基础环截面系数 Z_b 和截面积 A_b：

$$Z_b = \frac{\pi(D_{ob}^4 - D_{ib}^4)}{32D_{ob}} = \frac{\pi(1700^4 - 1100^4)}{32 \times 1700} = 3.978 \times 10^8\text{mm}^3$$

$$A_b = \frac{\pi}{4}(D_{ob}^2 - D_{ib}^2) = \frac{\pi}{4} \times (1700^2 - 1100^2) = 1319468.9\text{mm}^2$$

混凝土基础上的最大压应力(下式中取大值)：

$$\sigma_{bmax} = \begin{cases} \dfrac{M_{max}^{0-0}}{Z_b} + \dfrac{m_0 g + F_v^{0-0}}{A_b} = \dfrac{4.518 \times 10^8}{3.978 \times 10^8} + \dfrac{23651 \times 9.81 + 18097.3}{1319468.9} = 1.33\text{MPa} \\ \\ \dfrac{0.3M_w^{0-0} + M_e}{Z_b} + \dfrac{m_{max}g}{A_b} = \dfrac{0.3 \times 1.609 \times 10^8 + 0}{3.978 \times 10^8} + \dfrac{42896 \times 9.81}{1319468.9} = 0.44\text{MPa} \end{cases}$$

取 $\sigma_{bmax} = 1.33MPa$

基础环无筋板时的厚度($[\sigma]_b = 147MPa$)：

$$\delta_b = 1.73b\sqrt{\sigma_{bmax}/[\sigma]_b} = 1.73 \times (1700 - 1416)/2 \times \sqrt{1.33/147} = 23.37mm$$

故取 $\delta_b = 26mm$。

10）地脚螺栓计算

地脚螺栓承受的最大拉应力 σ_B 按下式计算：

$$\sigma_B = \begin{cases} \dfrac{M_w^{0-0}+M_e}{Z_b} - \dfrac{m_{min}g}{A_b} = \dfrac{1.609\times10^8+0}{3.978\times10^8} - \dfrac{14263\times9.81}{1319468.9} = 0.30MPa \\[4mm] \dfrac{M_E^{0-0}+0.25M_w^{0-0}+M_e}{Z_b} - \dfrac{m_0g-F_v^{0-0}}{A_b} = \dfrac{4.518\times10^8+0}{3.978\times10^8} - \dfrac{23651\times9.81-18097.3}{1319468.9} = 0.974MPa \end{cases}$$

故取 $\sigma_B = 0.974MPa$。

地脚螺栓的螺纹小径 d_1（$[\sigma]_{bt} = 147MPa$）为：

$$d_1 = \sqrt{\dfrac{4\sigma_B A_b}{\pi n[\sigma]_{bt}}} + c_2 = \sqrt{\dfrac{4 \times 0.974 \times 1319468.9}{\pi \times 16 \times 147}} + 3 = 29.38mm$$

故取地脚螺栓直径为 M36，数量 16 个均布。

11）裙座与塔壳连接焊缝验算（对接焊缝）

$M_{max}^{J-J} \approx M_{max}^{2-2} = 3.182\times10^8 N \cdot mm$；$m_0^{J-J} \approx m_0^{2-2} = 22141kg$；

$F_v^{J-J} \approx F_v^{2-2} = 17885.0N$；$D_{it} = D_i = 1400mm$；$\delta_{es} = 6mm$

$$\dfrac{4M_{max}^{J-J}}{\pi D_{it}^2\delta_{es}} - \dfrac{M_0^{J-J}g-F_v^{J-J}}{\pi D_{it}\delta_{es}} = \dfrac{4\times3.182\times10^8}{\pi\times1400^2\times6} - \dfrac{22141\times9.8-17885.0}{\pi\times1400\times6} = 26.90MPa < 0.6K[\sigma]_w^t$$

且 $0.6K[\sigma]_w^t = 0.6\times1.2\times147 = 105.84MPa$，故验算合格。

习 题

13-1 试将塔板的局部结构图中各个编号注上结构名称及其作用。

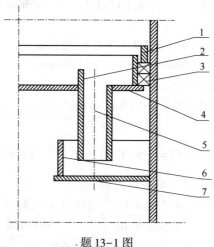

题 13-1 图

13-2 写出图中塔设备的所标编号的名称。

13-3 分别写出内压操作条件下塔设备的最大组合轴向压应力和最大组合轴向拉应力的应力组合式和出现的位置，并在题图中画出危险截面组合应力分布图。

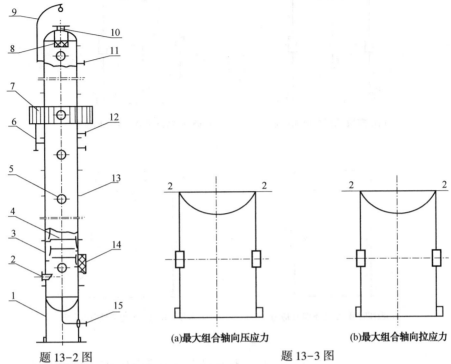

题 13-2 图

(a)最大组合轴向压应力　　　(b)最大组合轴向拉应力

题 13-3 图

13-4 分别写出外压操作条件下塔设备的最大组合轴向压应力和最大组合轴向拉应力的应力组合式和出现的位置，并在题图中画出危险截面组合应力分布图。

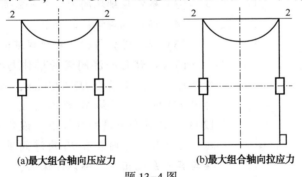

(a)最大组合轴向压应力　　　(b)最大组合轴向拉应力

题 13-4 图

13-5 分别写出裙座基底截面处，操作时和水压试验时最大组合轴向压应力的应力组合式，并在题图中画出危险截面组合应力分布图。

13-6 分别写出裙座人孔或较大管线引出孔处，操作时和水压试验时最大组合轴向压应力的应力组合式，并在题图中画出危险截面组合应力分布图。

13-7 某内径为 2400mm 的板式塔，设计压力 2.2MPa，设计温度 125℃，塔壳壁厚 24mm，壁厚附加量 3mm，塔体材料 Q345R，焊缝系数 0.85，裙座壁厚 24mm，壁厚附加量 2mm，塔体与裙座对接焊连接，设备水压试验时液柱高度为 69.5m。已知：$m_0 = 2.69 \times 10^5$ kg，$m_{max} = 5.27 \times 10^5$ kg，$m_{min} = 1.71 \times 10^5$ kg，塔体底部 2-2 截面处的 $M_w^{2-2} = 6.29 \times 10^9$ N·mm，$M_E^{2-2} = 3.79 \times 10^9$ N·mm，$m_0^{2-2} = 2.65 \times 10^5$ kg，$m_T^{2-2} = 2.05 \times 10^5$ kg，裙座底 0-0 截面处的 $M_w^{0-0} = 6.87 \times 10^9$ N·mm，$M_E^{0-0} = 4.12 \times 10^9$ N·mm。

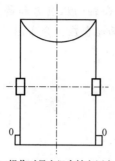 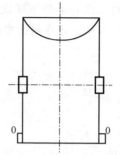

(a)操作时最大组合轴向压应力　　　　(b)水压试验时最大组合轴向压应力

题 13-5 图

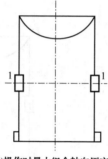 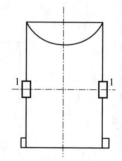

(a)操作时最大组合轴向压应力　　　　(b)水压试验时最大组合轴向压应力

题 13-6 图

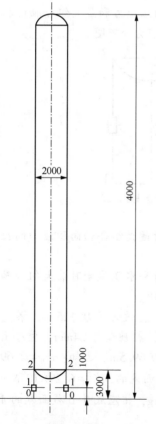

题 13-8 图

（1）校核塔壳底部截面处的强度和稳定性；

（2）校核裙座底截面处的稳定性；

（3）确定基础环的内、外径及厚度；

（4）确定地脚螺栓的个数；

（5）校核塔壳与裙座对接焊缝的强度。

13-8　试作一浮阀塔的塔体与裙座的机械设计。已知条件如下：塔径为 $DN2000$mm，塔高 $H=40$m。工作压力 0.8MPa，采用爆破膜作为安全装置。工作温度为 120℃。工作介质腐蚀性较小。设备安装在石家庄，地震烈度为 8 度。塔内装有 70 块浮阀塔盘。塔顶排气管线直接与其他系统相连，塔体外保温，保温层厚度为 100mm，保温材料密度 $\rho=300$kg/m³，从离地面 4m 处起，每隔 5m 设一钢制平台，共设 8 个，每个平台投影面积按 0.5m 计。还设有一笼式扶梯。裙座在离地面 1m 处开有 2 个人孔，其结构自行设计。总体工艺结构尺寸如图所示。

附录 1　钢板和钢管的许用应力（GB 150.2—2011）

附表 1-1　碳素钢和低合金钢钢板许用应力

钢号	钢板标准	使用状态	厚度/mm	室温强度指标		在下列温度（℃）下的许用应力/MPa																注
				R_m/MPa	R_{eL}/MPa	≤20	100	150	200	250	300	350	400	425	450	475	500	525	550	575	600	
Q245R	GB 713	热轧，控轧，正火	3~16	400	245	148	147	140	131	117	108	98	91	85	61	41						
			>16-36	400	235	148	140	133	124	111	102	93	86	84	61	41						
			>36-60	400	225	148	133	127	119	107	98	89	82	80	61	41						
			>60~100	390	205	137	123	117	109	98	90	82	75	73	61	41						
			>100~150	380	185	123	112	107	100	90	80	73	70	67	61	41						
Q345R	GB 713	热轧，控轧，正火	3~16	510	345	189	189	189	183	167	153	143	125	93	66	43						
			>16-36	500	325	185	185	183	170	157	143	133	125	93	66	43						
			>36-60	490	315	181	181	173	160	147	133	123	117	93	66	43						
			>60~100	490	305	181	181	167	150	137	123	117	110	93	66	43						
			>100~150	480	285	178	173	160	147	133	120	113	107	93	66	43						
			>150~200	470	265	174	163	153	143	130	117	110	103	93	66	43						
Q370R	GB 713	正火	10~16	530	370	196	196	196	196	190	180	170										
			>16-36	530	360	196	196	196	193	183	173	163										
			>36-60	520	340	193	193	193	180	170	160	150										

277

钢号	钢板标准	使用状态	厚度/mm	室温强度指标 Rm/MPa	室温强度指标 ReL/MPa	≤20	100	150	200	250	300	350	400	425	450	475	500	525	550	575	600	注
18MnMoNbR	GB 713	正火加回火	30~60	570	400	211	211	211	211	211	211	211	207	195	177	117						
			>60~100	570	390	211	211	211	211	211	211	211	203	192	177	117						
13MnNiMoR	GB 713	正火加回火	30~100	570	390	211	211	211	211	211	211	211	203									
			>100~150	570	380	211	211	211	211	211	211	211	200									
15CrMoR	GB 713	正火加回火	6~60	450	295	167	167	167	160	150	140	133	126	122	119	117	88	58	37			
			>60~100	450	275	167	167	157	147	140	131	124	117	114	111	109	88	58	37			
			>100~150	440	255	163	157	147	140	133	123	117	110	107	104	102	88	58	37			
14Cr1MoR	GB 713	正火加回火	6~100	520	310	193	187	180	170	163	153	147	140	135	130	123	80	54	33			
			>100~150	510	300	189	180	173	163	157	147	140	133	130	127	121	80	54	33			
12Cr2Mo1R	GB 713	正火加回火	6~150	520	310	193	187	180	173	170	167	163	160	157	147	119	89	61	46	37		
12Cr1MoVR	GB 713	正火加回火	6~60	440	245	163	150	140	133	127	117	111	105	103	100	98	95	82	59	41		
			>60~100	430	235	157	147	140	133	127	117	111	105	103	100	98	95	82	59	41		
12Cr2Mo1VR	—	正火加回火	30~120	590	415	219	219	219	219	219	219	219	219	219	193	163	134	104	72			①
16MnDR	GB 3531	正火、正火加回火	6~16	490	315	181	181	180	167	153	140	130										
			>16~36	470	295	174	174	167	157	143	130	120										
			>36~60	460	285	170	170	160	150	137	123	117										
			>60~100	450	275	167	167	157	147	133	120	113										
			>100~120	440	265	163	163	153	143	130	117	110										

续表

钢号	钢板标准	使用状态	厚度/mm	室温强度指标 Rm/MPa	ReL/MPa	在下列温度（℃）下的许用应力/MPa ≤20	100	150	200	250	300	350	400	425	450	475	500	525	550	575	600	注
15MnNiDR	GB 3531	正火，正火加回火	6~16	490	325	181	181	181	173													
			>16~36	480	315	178	178	178	167													
			>36~60	470	305	174	174	173	160													
15MnNiNbDR	—	正火，正火加回火	10~16	530	370	196	196	196	196													①
			>16~36	530	360	196	196	196	193													
			>36~60	520	350	193	193	193	187													
09MnNiDR	GB 3531	正火，正火加回火	6~16	440	300	163	163	163	160	153	147	137										
			>16~36	430	280	159	159	157	150	143	137	127										
			>36~60	430	270	159	159	150	143	137	130	120										
			>60~120	420	260	156	156	147	140	133	127	117										
08Ni3DR	—	正火，正火加回火，调质	6~60	490	320	181	181															①
			>60~100	480	300	178	178															
06Ni9DR	—	调质	6~30	680	560	252	252															①
			>30~40	680	550	252	252															
07MnMoVR	GB 19189	调质	10~60	610	490	226	226	226	226													
07MnNiVDR	GB 19189	调质	10~60	610	490	226	226	226	226													
07MnNiMoDR	GB 19189	调质	10~50	610	490	226	226	226	226													
12MnNiVR	GB 19189	调质	10~60	610	490	226	226	226	226													

注：①该钢板的技术要求见 GB 150.2—2011 附录 A。

附表 1-2 高合金钢钢板许用应力

钢号	钢板标准	厚度/mm	在下列温度（℃）下的许用应力/MPa																						注
			≤20	100	150	200	250	300	350	400	450	500	525	550	575	600	625	650	675	700	725	750	775	800	
S11306	GB 24511	1.5~25	137	126	123	120	119	117	112	109															
S11348	GB 24511	1.5~25	113	104	101	100	99	97	95	90															
S11972	GB 24511	1.5~8	154	154	149	142	136	131	125																
S21953	GB 24511	1.5~80	233	233	223	217	210	203																	
S22253	GB 24511	1.5~80	230	230	230	230	223	217																	
S22053	GB 24511	1.5~80	230	230	230	230	223	217																	
S30408	GB 24511	1.5~80	137	137	137	130	122	114	111	107	103	100	98	91	79	64	52	42	32	27					①
			137	114	103	96	90	85	82	79	76	74	73	71	67	62	52	42	32	27					
S30403	GB 24511	1.5~80	120	120	118	110	103	98	94	91	88														①
			120	98	87	81	76	73	69	67	65														
S30409	GB 24511	1.5~80	137	137	137	130	122	114	111	107	103	100	98	91	79	64	52	42	32	27					①
			137	114	103	96	90	85	82	79	76	74	73	71	67	62	52	42	32	27					
S31008	GB 24511	1.5~80	137	137	137	137	134	130	125	122	119	115	113	105	84	61	43	31	23	19	15	12	10	8	①
			137	121	111	105	99	96	93	90	88	85	84	83	81	61	43	31	23	19	15	12	10	8	
S31608	GB 24511	1.5~80	137	137	137	134	125	118	113	111	109	107	106	105	96	81	65	50	38	30					①
			137	117	107	99	93	87	84	82	81	79	78	78	76	73	65	50	38	30					

钢号	钢板标准	厚度/mm	在下列温度（℃）下的许用应力/MPa																					注
			≤20	100	150	200	250	300	350	400	450	500	525	550	575	600	625	650	675	700	725	750	775	800	
S31603	GB 24511	1.5~80	120	120	117	108	100	95	90	86	84														①
			120	98	87	80	74	70	67	64	62														
S31668	GB 24511	1.5~80	137	137	137	134	125	118	113	111	109	107													①
			137	117	107	99	93	87	84	82	81	79													
S31708	GB 24511	1.5~80	137	137	137	134	125	118	113	111	109	107	106	105	96	81	65	50	38	30					①
			137	117	107	99	93	87	84	82	81	79	78	78	76	73	65	50	38	30					
S31703	GB 24511	1.5~80	137	137	137	134	125	118	113	111	109														①
			137	117	107	99	93	87	84	82	81														
S32168	GB 24511	1.5~80	137	137	137	130	122	114	111	108	105	103	101	83	58	44	33	25	18	13					①
			137	114	103	96	90	85	82	80	78	76	75	74	58	44	33	25	18	13					
S39042	GB 24511	1.5~80	147	147	147	147	144	131	122																①
			147	137	127	117	107	97	90																

注：①该行许用应力仅适用于允许产生微量永久变形之元件，对于法兰或其他有微量永久变形就引起泄漏或故障的场合不能采用。

附表 1-3 碳素钢和低合金钢钢管许用应力

钢号	钢管标准	使用状态	壁厚/mm	室温强度指标 R_m/MPa	R_{eL}/MPa	在下列温度（℃）下的许用应力/MPa ≤20	100	150	200	250	300	350	400	425	450	475	500	525	550	575	600	注
10	GB/T 8163	热轧	≤10	335	205	124	121	115	108	98	89	82	75	70	61	41						
20	GB/T 8163	热轧	≤10	410	245	152	147	140	131	117	108	98	88	83	61	41						
Q345D	GB/T 8163	正火	≤10	470	345	174	174	174	174	167	153	143	125	93	66	43						
10	GB 9948	正火	≤16	335	205	124	121	115	108	98	89	82	75	70	61	41						
			>16~30	335	195	124	117	111	105	95	85	79	73	67	61	41						
20	GB 9948	正火	≤16	410	245	152	147	140	131	117	108	98	83	83	61	41						
			>16~30	410	235	152	140	133	124	111	102	93	83	78	61	41						
20	GB 6479	正火	≤16	410	245	152	147	140	131	117	108	98	83	83	61	41						
			>16~40	410	235	152	140	133	124	111	102	93	83	78	61	41						
16Mn	GB 6479	正火	≤16	490	350	181	181	180	167	153	140	130	123	93	66	43						
			>16~40	490	310	181	181	173	160	147	133	123	117	93	66	43						
12CrMo	GB 9948	正火加回火	≤16	410	205	137	121	115	108	101	95	88	82	80	79	77	74	50				
			>16~30	410	195	130	117	111	105	98	91	85	79	77	75	74	72	50				
15CrMo	GB 9948	正火加回火	≤16	440	235	157	140	131	124	117	108	101	95	93	91	90	88	58	37			
			>16~30	440	225	150	133	124	117	111	103	97	91	89	87	86	85	58	37			
			>30~50	440	215	143	127	117	111	105	97	92	87	85	84	83	81	58	37			
12Cr2Mo1	—	正火加回火	≤30	450	280	167	167	163	157	153	150	147	143	140	137	119	89	61	46	37		①
1Cr5Mo	GB 9948	退火	≤16	390	195	130	117	111	108	105	101	98	95	93	91	83	62	46	35	26	18	
			>16~30	390	185	123	111	105	101	98	95	91	88	86	85	82	52	46	35	26	18	
12Cr1MoVG	GB 5310	正火加回火	≤30	470	255	170	153	143	133	127	117	111	105	103	100	98	95	82	59	41		
09MnD	—	正火	≤8	420	270	156	156	150	143	130	120	110										①
09MnNiD	—	正火	≤8	440	280	163	163	157	150	143	137	127										①
08Cr2AlMo	—	正火加回火	≤8	400	250	148	148	140	130	123	117											①
09CrCuSb	—	正火	≤8	390	245	144	144	137	127													①

注：①该钢管的技术要求见GB 150.2—2011附录A。

附表1-4　高合金钢钢管许用应力

在下列温度（℃）下的许用应力/MPa

钢号	钢管标准	壁厚/mm	≤20	100	150	200	250	300	350	400	450	500	525	550	575	600	625	650	675	700	725	750	775	800	注
0Cr18Ni9 (S30408)	GB 13296	≤14	137	137	137	130	122	114	111	107	103	100	98	91	79	64	52	42	32	27					①
0Cr18Ni9 (S30408)	GB/T 14976	≤28	137	114	103	96	90	85	82	79	76	74	73	71	67	62	52	42	32	27					
00Cr19Ni10 (S30403)	GB 13296	≤14	117	117	117	110	103	98	94	91	88														①
00Cr19Ni10 (S30403)	GB/T 14976	≤28	117	97	87	81	76	73	69	67	65														
0Cr18Ni10Ti (S32168)	GB 13296	≤14	137	137	137	130	122	114	111	108	105	103	101	83	58	44	33	25	18	13					①
0Cr18Ni10Ti (S32168)	GB/T 14976	≤28	137	114	103	96	90	85	82	80	78	76	75	74	58	44	33	25	18	13					
0Cr17Ni12Mo2 (S31608)	GB 13296	≤14	137	137	137	134	125	118	113	111	109	107	106	105	96	81	65	50	38	30					①
0Cr17Ni12Mo2 (S31608)	GB/T 14976	≤28	137	117	107	99	93	87	84	82	81	79	78	78	76	73	65	50	38	30					
00Cr17Ni14Mo2 (S31603)	GB/T 13296	≤14	117	117	117	108	100	95	90	86	84														①
00Cr17Ni14Mo2 (S31603)	GB/T 14976	≤28	117	97	87	80	74	70	67	64	62														
0Cr18Ni12Mo2Ti (S31668)	GB 13296	≤14	137	137	137	134	125	118	113	111	109	107													①
0Cr18Ni12Mo2Ti (S31668)	GB/T 14976	≤28	137	117	107	99	93	87	84	82	81	79													

注：① 该行许用应力仅适用于允许产生微量永久变形之元件，对于法兰或其他少量永久变形就会引起泄漏或故障的场合不能采用。

附录2　图 10-5~图 10-15 的数据表（GB 150.3—2011）

附表 2-1　图 10-5 的曲线数据表

D_o/δ_e	L/D_o	A 值	D_o/δ_e	L/D_o	A 值	D_o/δ_e	L/D_o	A 值
4	2.2	9.59E-02	8	1	6.60	15	5	5.34
	2.6	8.84		1.6	3.72		6	5.16
	3	8.39		2	2.85		10	4.97
	4	7.83		2.4	2.42		40	4.90
	5	7.59		3	2.12		50	4.90
	7	7.39		4	1.92	20	0.24	9.82E-02
	10	7.29		5	1.84		0.4	4.77
	30	7.20		7	1.79		0.6	2.86
	50	7.20		10	1.76		0.8	2.03
5	1.4	9.29E-02		20	1.74		1	1.56
	1.6	8.02		50	1.74		1.2	1.27
	2	6.58	10	0.56	9.64E-02		2	7.13E-03
	2.4	5.86		0.7	7.20		3	4.46
	3	5.32		1	4.63		3.4	3.88
	4	4.94		1.2	3.71		4	3.42
	5	4.78		2	2.01		5	3.08
	7	4.65		2.4	1.65		7	2.87
	10	4.59		3	1.39		10	2.80
	30	4.54		4	1.24		40	2.75
	50	4.53		5	1.18		50	2.75
6	1.2	8.37E-02		7	1.14	25	0.2	8.77E-02
	1.6	5.84		10	1.12		0.3	4.84
	2	4.69		16	1.11		0.5	2.50
	2.4	4.11		50	1.11		0.8	1.43
	3	3.69	15	0.34	9.68E-02		1	1.11
	4	3.41		0.4	7.70		1.2	9.02E-03
	5	3.29		0.6	4.53		2	5.08
	7	3.20		1	2.44		3	3.23
	10	3.16		1.2	1.97		3.4	2.78
	30	3.12		2	1.09		4	2.35
	50	3.12		2.4	8.90E-03		4.4	2.19
8	0.74	9.68E-02		3	6.91		5	2.04
	0.8	8.75		4	5.73		6	1.91

D_o/δ_e	L/D_o	A 值	D_o/δ_e	L/D_o	A 值	D_o/δ_e	L/D_o	A 值
25	7	1.86	50	1	3.84	80	30	1.72
	10	1.80		2	1.71		50	1.72
	30	1.76		4	8.42E-04	100	0.05	7.41E-02
	50	1.76		5	6.52		0.07	3.98
30	0.16	9.04E-02		6	5.48		0.1	2.20
	5	6.35		7	5.02		0.14	1.33
	0.3	3.57		8	4.78		0.2	8.31E-03
	0.4	2.46		10	4.58		0.4	3.64
	0.6	1.50		12	4.49		0.5	2.83
	0.8	1.08		16	4.44		0.8	1.70
	1	8.38E-03		40	4.40		1	1.34
	1.2	6.83		50	4.40		2	6.41E-04
	2	3.88	60	0.074	9.54E-02		4	3.05
	3	2.46		0.1	5.56		6	1.95
	4	1.77		0.14	3.23		8	1.42
	4.4	1.61		0.2	1.93		10	1.24
	5	1.47		0.4	8.12E-03		14	1.14
	6	1.36		0.6	5.10		25	1.10
	7	1.30		0.8	3.71		50	1.10
	10	1.25		1	2.91	125	0.05	4.80E-02
	30	1.22		2	1.38		0.06	3.44
	50	1.22		3	8.86E-04		0.08	2.10
40	0.12	8.64E-02		4	6.45		0.1	1.48
	0.2	3.85		6	4.09		0.14	9.17E-03
	0.3	2.22		7	3.64		0.2	5.78
	0.4	1.55		8	3.41		0.4	2.57
	0.6	9.58E-03		10	3.22		0.6	1.65
	0.8	6.91		14	3.10		0.8	1.21
	1	5.39		40	3.06		1	9.55E-04
	1.2	4.41		50	3.06		2	4.59
	2	2.52	80	0.054	9.90E-02		4	2.20
	4	1.17		0.07	6.08		6	1.41
	5	9.12E-04		0.09	3.91		9	9.04E-05
	6	8.04		0.1	3.28		10	8.37
	7	7.56		0.14	1.96		12	7.70
	8	7.31		0.2	1.20		14	7.40
	10	7.08		0.24	9.50E-03		20	7.13
	16	6.92		0.4	5.16		40	7.04
	40	6.88		0.6	3.28		50	7.04
	50	6.88		0.8	2.39	150	0.05	3.38E-02
50	0.088	9.30E-02		1	1.88		0.06	2.44
	0.1	7.82		2	8.95E-04		0.08	1.51
	0.2	2.63		4	4.24		0.1	1.08
	0.3	1.54		6.6	2.41		0.12	8.33E-03
	0.4	1.08		8	2.05		0.16	5.69
	0.6	6.77E-03		10	1.86		0.2	4.31
	0.8	4.90		14	1.76		0.4	1.94

D_o/δ_e	L/D_o	A 值	D_o/δ_e	L/D_o	A 值	D_o/δ_e	L/D_o	A 值
150	0.6	1.25	250	10	2.93	500	0.08	1.92
	1	7.26E-05		12	2.38		0.1	1.45
	2	3.49		14	2.10		0.12	1.16
	4	1.68		16	1.96		0.16	8.30E-04
	6	1.08		20	1.84		0.2	6.45
	8	7.87E-05		40	1.76		0.4	3.05
	10	6.19		50	1.76		0.6	1.99
	12	5.53	300	0.05	9.23E-03		0.8	1.48
	16	5.10		0.06	6.90		1	1.18
	20	4.98		0.08	4.52		2	5.79E-05
	40	4.89		0.1	3.34		4	2.82
	50	4.89		0.12	2.64		6	1.85
200	0.05	1.96E-02		0.2	1.43		8	1.37
	0.06	1.43		0.4	6.66E-04		10	1.07
	0.08	9.09E-03		0.6	4.33		12	8.80E-06
	0.1	6.59		0.8	3.21	600	0.05	2.70E-03
	0.14	4.21		1	2.54		0.06	2.08
	0.2	2.72		2	1.24		0.08	1.42
	0.3	1.71		4	6.02E-05		0.1	1.08
	0.5	9.76E-04		6	3.93		0.12	8.68E-04
	0.8	5.92		8	2.87		0.16	6.24
	1	4.69		10	2.25		0.2	4.86
	2	2.27		14	1.56		0.4	2.31
	4	1.10		16	1.42		0.6	1.51
	6	7.11E-05		20	1.30		0.8	1.12
	8	5.20		40	1.23		1	8.94E-05
	10	4.03		50	1.22		2	4.39
	12	3.38	400	0.05	5.49E-03		4	2.16
	14	3.09		0.06	4.17		6	1.41
	16	2.95		0.08	2.78		8	1.04
	20	2.83		0.1	2.08		8.4	9.88E-06
	40	2.75		0.12	1.66	800	0.05	1.65E-03
	50	2.75		0.16	1.18		0.06	1.29
250	0.05	1.29E-02		0.2	9.14E-04		0.08	8.92E-04
	0.06	9.55E-03		0.4	4.29		0.1	6.82
	0.08	6.17		0.6	2.80		0.12	5.51
	0.1	4.52		0.8	2.07		0.16	3.98
	0.14	2.93		1	1.65		0.2	3.12
	0.2	1.91		2	8.08E-05		0.4	1.49
	0.4	8.81E-04		4	3.93		0.6	9.80E-05
	0.6	5.72		6	2.57		0.8	7.28
	0.8	4.22		8	1.89		1	5.80
	1	3.35		10	1.48		2	2.86
	2	1.63		14	1.02		4	1.40
	4	7.89E-05		16	8.82E-06		5	1.12
	6	5.13	500	0.05	3.70E-03		5.6	9.92E-06
	8	3.77		0.06	2.84	1000	0.05	1.13E-03

D_o/δ_e	L/D_o	A值	D_o/δ_e	L/D_o	A值	D_o/δ_e	L/D_o	A值
1000	0.06	8.91E-04	1000	0.16	2.82	1000	1	4.14
	0.07	7.33		0.2	2.21		2	2.04
	0.09	5.41		0.4	1.06		4	1.01
	0.12	3.88		0.7	5.96E-05		4.2	9.57E-06

附表 2-2　图 10-6 的曲线数据表

温度/℃	A值	B值/MPa	温度/℃	A值	B值/MPa	温度/℃	A值	B值/MPa
150	1.00E-05	1.33	260	2.00E-02	120		5.00	42.7
	6.20E-04	82.7		1.00E-01	120		6.00	45.3
	7.00	92.0	370	1.00E-05	1.14		7.00	47.0
	8.00	96.0		4.09E-04	46.7	425	1.00E-03	52.0
	9.00	100		5.00	50.7		1.50	56.0
	1.00E-03	103		6.00	54.7		2.00	60.0
	1.50	111		7.00	56.0		2.00E-02	86.0
	2.00	113		8.00	58.7		1.00E-01	86.0
	9.00	128		9.00	60.0		1.00E-05	0.956
	1.00E-01	128		1.00E-03	61.3		3.25E-04	31.0
260	1.00E-05	1.24		1.50	66.7		5.00	36.0
	5.08E-04	62.7		2.00	70.7	475	7.00	40.0
	6.00	68.0		2.00E-02	101		1.00E-03	42.7
	8.00	74.7		1.00E-01	102		1.50	48.0
	1.00E-03	77.3	425	1.00E-05	1.05		2.50	53.3
	1.50	85.3		3.54E-04	37.3		2.00E-02	78.0
	2.50	93.3		4.00	40.0		1.00E-01	78.0

附表 2-3　图 10-7 的曲线数据表

温度/℃	A值	B值/MPa	温度/℃	A值	B值/MPa	温度/℃	A值	B值/MPa
30	1.00E-05	1.33	300	1.00E-0.3	82.4	400	5.00	99.2
	1.00E-03	133		1.50	94.4		7.00	106
	1.50	151		2.00	101		8.00	108
	2.00	163		3.00	111		1.00E-02	110
	3.00	171		4.00	117		1.00E-05	0.977
	1.00E-02	183		5.00	122		3.90E-04	37.2
200	1.00E-05	1.24		8.00	129		5.00	41.3
	9.30E-04	115		1.00E-02	130		6.00	44.3
	1.00E-03	118	400	1.00E-05	1.05		7.00	47.1
	1.50	132		4.00E-04	42.1		8.00	49.4
	2.00	138		5.00	46.8		9.00	51.8
	2.50	142		6.00	51.2	475	1.00E-03	54.1
	3.00	146		7.00	54.4		1.50	62.9
	4.00	151		8.00	57.2		2.00	68.6
	1.00E-02	161		9.00	60.0		3.00	77.0
300	1.00E-05	1.17		1.00E-03	62.8		4.00	82.6
	5.00E-04	58.7		1.50	73.2		5.00	86.3
	6.00	65.6		2.00	80.0		6.00	88.7
	7.00	71.2		3.00	88.8		8.00	92.6
	8.00	75.7		4.00	95.2		1.00E-02	94.7

附表 2-4　图 10-8 的曲线数据表

温度/℃	A 值	B 值/MPa	温度/℃	A 值	B 值/MPa	温度/℃	A 值	B 值/MPa
150	1.00E-05	1.33	260	3.00	114	425	1.00E-03	65.3
	7.65E-04	101		8.00	132		1.50	73.3
	8.00	105		1.00E-02	135		2.00	77.3
	9.00	109		1.50	143		3.00	82.7
	1.00E-03	113		2.00	149		3.00E-02	113
	2.00	137		2.72	156		1.00E-01	113
	3.00	149		1.00E-01	156	475	1.00E-05	0.956
	4.00	156	370	1.00E-05	1.39		4.27E-04	41.3
	5.00	159		5.59E-04	62.7		1.00E-03	56.0
	2.50E-02	164		1.00E-03	74.7		1.50	62.7
	1.00E-01	164		3.00	93.3		2.00	68.0
260	1.00E-05	1.24		1.00E-02	112		3.00	73.3
	6.63E-04	82.2		2.50	128		8.00	85.3
	9.00	89.0		1.00E-01	128		3.00E-02	102
	1.00E-03	93.3	425	1.00E-05	1.05		1.00E-01	102
	2.50	111		5.00E-04	52.0			

附表 2-5　图 10-9 的曲线数据表

屈服强度/MPa	A 值	B 值/MPa	屈服强度/MPa	A 值	B 值/MPa	屈服强度/MPa	A 值	B 值/MPa
415MPa	4.00E-05	5.33	380MPa	1.00E-01	248	310MPa	1.24	165
	1.00E-03	133	345MPa	4.00E-05	5.33		1.00E-01	207
	1.66	220		1.00E-03	133	260~275MPa	4.00E-05	5.33
	1.00E-01	276		1.38	184		1.00E-03	133
380MPa	4.00E-05	5.33		1.00E-01	229		1.10	147
	1.00E-03	133	310MPa	4.00E-05	5.33		11.00E-01	184
	1.52	207		1.00E-03	133			

附表 2-6　图 10-10 的曲线数据表

A 值	B 值/MPa	A 值	B 值/MPa	A 值	B 值/MPa
4.00E-04	53.3	1.00E-03	133	3.00E-02	303
6.00	80.0	2.00	266	6.00	313
8.00	106	2.20	293	1.00E-01	327

温度/℃	A值	B值/MPa	温度/℃	A值	B值/MPa	温度/℃	A值	B值/MPa
30	1.00E-05	1.29	370	1.00E-05	1.07	480	1.50E-03	50.7
	4.63E-04	60.0		3.34E-04	36.0		3.00	56.0
	1.50E-03	97.3		4.00	40.0		1.00E-02	65.3
	2.00	105		5.00	42.7		2.00	68.0
	3.00	115		6.00	45.3		7.00	73.3
	1.00E-02	131		1.00E-03	53.3		1.00E-01	73.3
	1.00E-01	147		2.00	61.3	650	1.00E-05	0.933
205	1.00E-05	1.20		5.00	70.7		2.78E-04	25.3
	3.86E-04	46.4		6.00	72.0		1.00E-03	38.7
	2.00E-03	76.0		1.00E-02	74.7		2.00	44.0
	3.00	84.0		5.00	82.7		5.00	50.7
	4.00	89.3		1.00E-01	82.7		1.00E-02	54.7
	5.00	93.3	480	1.00E-05	1.07		2.00	58.7
	1.00E-02	98.7		3.09E-04	32.0		5..00	62.7
	5.00	107		4.00	36.0		1.00E-01	62.7
	1.00E-01	107		5.00	38.7			

温度/℃	A值	B值/MPa	温度/℃	A值	B值/MPa	温度/℃	A值	B值/MPa
30	1.00E-05	1.29	205	3.00	104	480	6.00	56.0
	5.88E-04	75.7		4.00	108		1.00E-03	66.7
	1.50E-03	103		5.00	111		3.00	84.0
	2.00	109		6.00	113		4.00	88.0
	2.50	113		1.00E-02	117		1.00E-02	96.0
	3.00	117		5.00	126		5.00	108
	4.00	120		1.00E-01	126		1.00E-01	108
	5.00	123	370	1.00E-05	1.07	650	1.00E-05	0.933
	7.00	128		5.07E-04	57.3		4.50E-04	42.0
	1.00E-02	129		1.00E-03	73.3		1.00E-03	56.0
	2.00	136		3.00	93.3		2.00	66.7
	7.00	144		4.00	96.0		3.00	73.3
	1.00E-01	144		1.00E-02	105		4.00	76.0
205	1.00E-05	1.20		5.00	117		5.00	78.7
	5.75E-04	68.6		6.00	120		1.00E-02	82.3
	1.00E-03	81.3		1.00E-01	120		7.00	87.1
	1.50	90.7	480	1.00E-05	1.07			
	2.00	96.0		5.19E-04	53.3			

附表 2-9　图 10-13 的曲线数据表

温度/℃	A 值	B 值/MPa	温度/℃	A 值	B 值/MPa	温度/℃	A 值	B 值/MPa
30	1.00E-05	1.29	205	1.00E-03	50.1	315	1.00E-01	77.7
	5.24E-04	67.4		1.00E-02	74.9	425	1.00E-05	1.06
	2.00E-03	94.7		2.83	89.6		2.70E-04	28.6
	6.00	115		1.00E-01	89.6		1.50E-03	40.0
	2.00E-02	132	315	1.00E-05	1.13		1.00E-02.	56.0
	1.00E-01	140		3.13E-04	35.3		1.00E-01	66.2
205	1.00E-05	1.20		1.00E-03	44.0.			
	3.52E-04	42.0		1.00E-02	66.7			

附表 2-10　图 10-14 的曲线数据表

温度/℃	A 值	B 值/MPa	温度/℃	A 值	B 值/MPa	温度/℃	A 值	B 值/MPa
30	1.00E-05	1.29	150	1.00E-02	103	315	5.00E-03	66.2
	5.87E-04	75.5		5.00	119		1.00E-02	72.6
	7.00E-03	124		1.00E-01	119		4.56	82.7
	1.00E-02	132	205	1.00E-05	1..2		1.00E-01	86.7
	2.00	143		4.02E-04	50.7	425	1.00E-05	1.06
	5.00	152		7.00E-03	84.0		3.06E-04	33.5
	1.00E-01	152		1.00E-02	88.0		5.00E-03	56.0
150	1.00E-05	1.20		4.00	98.7		1.00E-02	62.7
	4.46E-04	56.5		1.00E-01	98.7		5.00	70.8
	5.00E-03	93.3	315	1.00E-05	1.13		1.00E-01	70.8
	6.00	96.0		3.55E-04	40.0			

附表 2-11　图 10-15 的曲线数据表

温度/℃	A 值	B 值/MPa	温度/℃	A 值	B 值/MPa	温度/℃	A 值	B 值/MPa
室温	1.41E-04	18.4	205	1.51E-04	8.4	345	1.60E-04	18.4
	1.34E-03	175		1.17E-03	142		1.20E-03	138
	1.50	177		1.50	145		1.50	143
	2.00	189		2.00	152		2.00	149
	2.50	207		2.50	161		2.50	156
	3.00	219		3.00	168		3.00	164
	4.00	239		4.00	179		4.00	175
	6.00	260		6.00	193		6.00	187
	1.00E-02	280		1.00E-02	207		1.00E-02	201
	1.50	289		1.50	214		1.50	207
	2.10	300		2.30	221		3.40	210

附录3 压力容器法兰尺寸

附表 3-1 甲型平焊法兰尺寸（NB/T 47021—2012）

公称直径 DN/mm	法兰/mm							螺柱	
	D	D_1	D_2	D_3	D_4	δ	d	规格	数量
PN=0.25MPa									
700	815	780	750	740	737	36	18	M16	28
800	915	880	850	840	837	36	18	M16	32
900	1015	980	950	940	937	40	18	M16	32
1000	1130	1090	1055	1045	1042	40	23	M20	32
1100	1230	1190	1155	1141	1138	40	23	M20	32
1200	1330	1290	1255	1241	1238	44	23	M20	36
1300	1430	1390	1355	1341	1338	46	23	M20	40
1400	1530	1490	1455	1441	1438	46	23	M20	40
1500	1360	1590	1555	1541	1538	48	23	M20	44
1600	1730	1690	1655	1641	1638	50	23	M20	48
1700	1830	1790	1755	1741	1738	52	23	M20	52
1800	1930	1890	1855	1841	1838	56	23	M20	52
1900	2030	1990	1955	1941	1938	56	23	M20	56
2000	2130	2090	20555	2041	2038	60	23	M20	60
PN=0.60MPa									
450	565	530	500	490	487	30	18	M16	20
500	615	580	550	540	537	30	18	M16	20
550	665	630	600	590	537	32	18	M16	24
600	715	680	650	640	637	32	18	M16	24
650	765	730	700	690	687	36	18	M16	28
700	830	790	755	745	742	36	23	M20	24
800	930	890	855	845	842	40	23	M20	24
900	1030	990	955	945	942	44	23	M20	32
1000	1130	1090	1055	1045	1042	48	23	M20	36
1100	1230	1190	1155	1141	1138	55	23	M20	44
1200	1330	1290	1255	1241	1238	60	23	M20	52
PN=1.0MPa									
300	415	380	350	340	337	26	18	M16	16
350	465	430	400	390	387	26	18	M16	16
400	515	480	450	440	437	30	18	M16	20
450	565	530	500	490	487	32	18	M16	24
500	630	590	555	545	542	34	23	M20	20
550	680	640	605	595	592	38	23	M20	24
600	730	690	655	645	642	40	23	M20	24
650	780	740	705	695	692	44	23	M20	28
700	830	790	755	745	742	46	23	M20	32
800	930	890	855	845	842	54	23	M20	40
900	1030	990	955	945	942	60	23	M20	48
PN=1.6MPa									
300	430	390	355	345	342	30	23	M20	16
350	480	440	405	395	392	32	23	M20	16
400	530	490	455	445	442	36	23	M20	20
450	580	540	505	495	492	40	23	M20	24
500	630	590	555	545	542	44	23	M20	28
550	680	640	605	595	592	50	23	M20	36
600	730	690	655	645	642	54	23	M20	40
650	780	740	705	695	692	58	23	M20	44

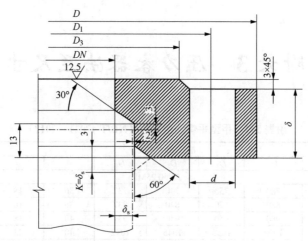

附图 3-1　平密封面甲型平焊法兰

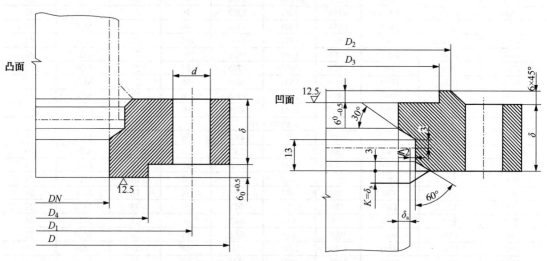

附图 3-2　凹凸密封面甲型平焊法兰

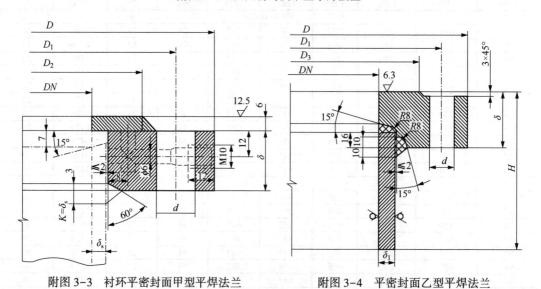

附图 3-3　衬环平密封面甲型平焊法兰　　　　附图 3-4　平密封面乙型平焊法兰

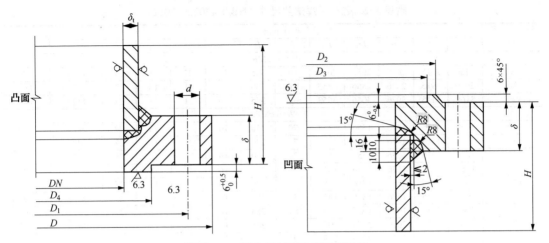

附图 3-5　凹凸密封面乙型平焊法兰

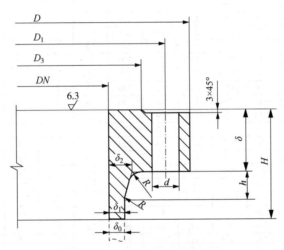

附图 3-6　平密封面带颈对焊法兰

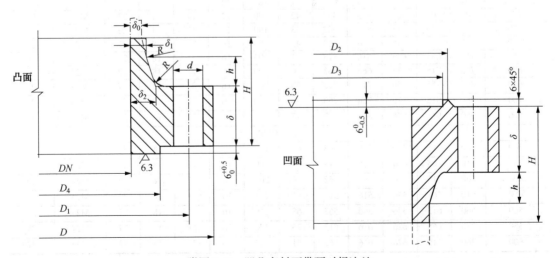

附图 3-7　凹凸密封面带颈对焊法兰

附表 3-2 乙型平焊法兰尺寸（NB/T 47022—2012）

公称直径 DN/mm	法兰尺寸/mm											螺柱	
	D	D_1	D_2	D_3	D_4	δ	H	δ_t	a	a_1	d	规格	数量
PN=0.25MPa													
2600	2760	2715	2676	2656	2653	96	345	16	21	18	27	M24	72
2800	2960	2915	2876	2856	2853	102	350	16	21	18	27	M24	80
3000	3160	3115	3076	3056	3053	104	355	16	21	18	27	M24	84
PN=0.6MPa													
1300	1460	1415	1376	1356	1353	70	270	16	21	18	27	M24	36
1400	1560	1515	1476	1456	1453	72	270	16	21	18	27	M24	40
1500	1660	1615	1576	1556	1553	74	270	16	21	18	27	M24	40
1600	1760	1715	1676	1656	1653	76	275	16	21	18	27	M24	44
1700	1860	1815	1776	1756	1753	78	280	16	21	18	27	M24	48
1800	1960	1915	1876	1856	1853	80	280	16	21	18	27	M24	52
1900	2060	2015	1976	1956	1953	84	285	16	21	18	27	M24	56
2000	2160	2115	2076	2056	2053	87	285	16	21	18	27	M24	60
2200	2360	2315	2276	2256	2253	90	340	16	21	18	27	M24	64
2400	2560	2515	2476	2456	2453	92	340	16	21	18	27	M24	68
PN=1.0MPa													
1000	1140	1100	1065	1055	1052	62	260	12	17	14	23	M20	40
1100	1260	1215	1176	1156	1153	64	265	16	21	18	27	M24	32
1200	1360	1315	1276	1256	1253	66	265	16	21	18	27	M24	36
1300	1460	1415	1376	1356	1353	70	270	16	21	18	27	M24	40
1400	1560	1515	1476	1456	1453	74	270	16	21	18	27	M24	44
1500	1660	1615	1576	1556	1553	78	275	16	21	18	27	M24	48
1600	1760	1715	1676	1656	1653	82	280	16	21	18	27	M24	52
1700	1860	1815	1776	1756	1753	88	280	16	21	18	27	M24	56
1800	1960	1915	1876	1856	1853	94	290	16	21	18	27	M24	60
PN=1.6MPa													
700	860	815	776	766	763	46	200	16	21	18	27	M24	24
800	960	915	876	866	863	48	200	16	21	18	27	M24	24
900	1060	1015	976	966	963	5	205	16	21	18	27	M24	28
1000	1160	1115	1076	1066	1063	66	260	16	21	18	27	M24	32
1100	1260	1215	1176	1156	1153	76	270	16	21	18	27	M24	36
1200	1360	1315	1276	1256	1253	85	280	16	21	18	27	M24	40
1300	1460	1415	1376	1356	1353	94	290	16	21	18	27	M24	44
1400	1560	1515	1476	1456	1453	103	295	16	21	18	27	M24	52
PN=2.5MPa													
300	440	400	365	355	352	35	180	12	17	14	23	M20	16
350	490	450	415	405	402	37	185	12	17	14	23	M20	16
400	540	500	465	455	452	42	190	12	17	14	23	M20	20
450	590	550	515	505	502	43	190	12	17	14	23	M20	20
500	660	615	576	566	563	43	190	16	21	18	27	M24	20
550	710	665	626	616	613	45	195	16	21	18	27	M24	20
600	760	715	676	666	663	50	200	16	21	18	27	M24	24
650	810	765	726	716	713	60	205	16	21	18	27	M24	24
700	860	815	776	766	763	66	210	16	21	18	27	M24	28
800	960	915	876	866	863	77	220	16	21	18	27	M24	32
PN=4.0MPa													
300	460	415	376	366	363	42	190	16	21	18	27	M24	16
350	510	465	426	416	413	44	190	16	21	18	27	M24	16
400	560	515	476	466	463	50	200	16	21	18	27	M24	20
450	610	565	526	516	513	61	205	16	21	18	27	M24	20
500	660	615	576	566	563	68	210	16	21	18	27	M24	24
550	710	665	626	616	613	75	220	16	21	18	27	M24	28
600	760	715	676	666	663	81	225	16	21	18	27	M24	32

注：法兰短节与容器筒体连接部位的焊接坡口型式和尺寸由设计或制造单位决定。

294

附表3-3　长颈对焊法兰尺寸（NB/T 47023—2012）

公称直径 DN/mm	法兰/mm														螺柱		对接筒体 最小厚度 δ_0/mm
	D	D_1	D_2	D_3	D_4	δ	H	h	a	a_1	δ_1	δ_2	R	d	规格	数量	
PN=0.6MPa																	
1300	1460	1415	1376	1356	1353	60	125	35	21	18	16	26	12	27	M24	40	12
1400	1560	1515	1476	1456	1453	62	135	40	21	18	16	26	12	27	M24	44	12
1500	1660	1615	1576	1556	1553	64	140	40	21	18	16	26	12	27	M24	48	12
1600	1760	1715	1676	1656	1653	66	145	40	21	18	16	26	12	27	M24	52	12
1700	1860	1815	1776	1756	1753	70	150	40	21	18	16	26	12	27	M24	52	12
1800	1960	1915	1876	1856	1853	70	150	40	21	18	16	26	12	27	M24	52	14
1900	2060	2015	1976	1956	1953	74	150	40	21	18	16	26	12	27	M24	56	14
2000	2160	2115	2076	2056	2053	76	150	40	21	18	16	26	12	27	M24	60	14
2100	2275	2225	2176	2156	2153	88	155	50	21	18	18	28	15	27	M24	60	16
2200	2375	2325	2276	2256	2253	96	165	50	21	18	18	28	15	27	M24	64	16
2300	2480	2430	2376	2356	2353	100	170	50	21	18	20	30	15	27	M24	68	18
2400	2590	2535	2476	2456	2453	104	175	50	21	18	20	30	15	30	M27	56	18
2500	2695	2640	2576	2556	2553	106	175	50	21	18	22	32	15	30	M27	60	20
2600	2795	2740	2676	2656	2653	110	180	50	21	18	22	32	15	30	M27	64	20
PN=1.0MPa																	
300	440	400	365	355	352	30	85	25	17	14	12	22	12	23	M20	16	4
350	490	450	415	405	402	32	90	25	17	14	12	22	12	23	M20	16	4
400	540	500	465	455	452	34	95	25	17	14	12	22	12	23	M20	20	4
450	590	550	515	505	502	34	95	25	17	14	12	22	12	23	M20	20	6
500	640	600	565	555	552	38	100	25	17	14	12	22	12	23	M20	24	6
550	690	650	615	605	602	40	100	25	17	14	12	22	12	23	M20	24	6
600	740	700	665	655	652	44	105	25	17	14	12	22	12	23	M20	28	6
650	790	750	715	705	702	46	105	25	17	14	12	22	12	23	M20	28	8
700	840	800	765	755	752	50	105	25	17	14	12	22	12	23	M20	32	8
800	940	900	865	855	852	50	105	25	17	14	12	22	12	23	M20	32	8
900	1040	1000	965	955	952	54	110	25	17	14	12	22	12	23	M20	36	10
1000	1140	1100	1065	1055	1052	56	110	25	17	16	12	22	12	23	M20	40	10
1100	1260	1215	1176	1156	1153	56	120	35	21	18	16	26	12	27	M24	32	12
1200	1360	1315	1276	1256	1253	56	125	35	21	18	16	26	12	27	M24	36	12
1300	1460	1415	1376	1356	1353	60	130	35	21	18	16	26	12	27	M24	40	12

公称直径 DN/mm	法兰/mm														螺柱		对接筒体
	D	D_1	D_2	D_3	D_4	δ	H	h	a	a_1	δ_1	δ_2	R	d	规格	数量	最小厚度 δ_0/mm
							PN=1.0MPa										
1400	1560	1515	1476	1456	1453	62	140	40	21	18	16	26	12	27	M24	44	12
1500	1660	1615	1576	1556	1553	64	140	40	21	18	16	26	12	27	M24	48	12
1600	1760	1715	1676	1656	1653	70	145	40	21	18	16	26	12	27	M24	52	12
1700	1870	1815	1776	1756	1753	76	150	40	21	18	18	26	12	30	M27	56	12
1800	1970	1915	1876	1856	1853	80	150	40	21	18	18	26	12	30	M27	56	14
1900	2095	2040	1998	1978	1973	86	155	40	21	18	20	32	15	30	M27	56	16
2000	2195	2140	2098	2078	2075	94	165	40	21	18	20	32	15	30	M27	60	16
2100	2295	2240	2198	2178	2175	102	190	50	21	18	20	32	15	30	M27	60	16
2200	2395	2340	2298	2278	2275	112	200	50	21	18	20	32	15	30	M27	64	16
2300	2515	2455	2398	2378	2375	120	210	50	21	18	22	34	15	33	M30	60	18
2400	2615	2555	2498	2478	2475	128	215	50	21	18	22	34	15	33	M30	64	18
2500	2720	2660	2598	2578	2575	130	215	50	21	18	24	36	15	33	M30	68	20
2600	2820	2760	2698	2678	2675	136	220	50	21	18	24	36	15	33	M30	72	20
							PN=1.6MPa										
300	440	400	365	355	352	30	85	25	17	14	12	22	12	23	M20	16	6
350	490	450	415	405	402	32	90	25	17	14	12	22	12	23	M20	16	6
400	540	500	465	455	452	34	95	25	17	14	12	22	12	23	M20	20	6
450	590	550	515	505	502	34	95	25	17	14	12	22	12	23	M20	20	8
500	640	600	565	555	552	38	100	25	17	14	12	22	12	23	M20	24	8
550	690	650	615	605	602	40	100	25	17	14	12	22	12	23	M20	24	8
600	740	700	665	655	652	44	105	25	17	14	12	22	12	23	M20	28	10
650	790	750	715	705	702	46	105	25	17	14	12	22	12	23	M20	28	10
700	860	815	776	766	763	46	115	35	21	18	16	26	12	27	M24	24	10
800	960	915	876	866	863	48	115	35	21	18	16	26	12	27	M24	24	12
900	1060	1015	976	966	963	52	115	35	21	18	16	26	12	27	M24	28	12
1000	1160	1115	1076	1066	1063	56	120	35	21	18	16	26	12	27	M24	32	12
1100	1260	1215	1176	1156	1153	62	125	40	21	18	16	26	12	27	M24	36	14
1200	1360	1315	1276	1256	1253	64	130	40	21	18	16	26	12	27	M24	40	14
1300	1460	1415	1376	1356	1353	74	140	40	21	18	16	26	12	27	M24	44	14
1400	1560	1515	1476	1456	1453	84	150	40	21	18	16	26	12	27	M24	52	14
1500	1695	1640	1598	1578	1575	84	155	42	21	18	20	32	15	30	M27	48	16

公称直径	法兰/mm														螺柱		对接筒体
DN/mm	D	D_1	D_2	D_3	D_4	δ	H	h	a	a_1	δ_1	δ_2	R	d	规格	数量	最小厚度 δ_0/mm
PN=1.6MPa																	
1600	1795	1740	1698	1678	1675	86	165	48	21	18	20	32	15	30	M27	52	16
1700	1895	1840	1798	1778	1775	86	165	48	21	18	22	32	15	30	M27	56	18
1800	1995	1940	1898	1878	1875	94	170	48	21	18	22	32	15	30	M27	64	18
1900	2115	2055	2010	1990	1987	94	185	56	26	23	24	36	15	33	M30	56	20
2000	2215	2155	2110	2090	2087	102	190	56	26	23	24	36	15	33	M30	64	20
2100	2340	2270	2210	2190	2187	116	215	68	26	23	26	38	15	39	M36	56	22
2200	2440	2370	2310	2290	2287	130	230	68	26	23	26	38	15	39	M36	60	22
2300	2540	2470	2410	2390	2387	142	245	68	26	23	26	38	15	39	M36	64	22
2400	2650	2575	2510	2490	2487	150	250	68	26	23	28	40	15	39	M36	68	24
2500	2775	2690	2610	2590	2587	168	275	74	26	23	28	40	15	45	M42	60	24
2600	2875	2790	2710	2690	2687	180	290	74	26	23	28	40	15	45	M42	64	24
PN=2.5MPa																	
300	440	400	365	355	352	32	85	25	17	14	12	22	12	23	M20	16	6
350	490	450	415	405	402	32	90	25	17	14	12	22	12	23	M20	16	6
400	540	500	465	455	452	36	95	25	17	14	12	22	12	23	M20	20	8
450	590	550	515	505	502	36	95	25	17	14	12	22	12	23	M20	20	8
500	660	615	576	566	563	40	105	35	21	18	16	26	12	27	M24	20	10
550	710	665	626	616	613	40	105	35	21	18	16	26	12	27	M24	20	10
600	760	715	676	666	663	42	110	35	21	18	16	26	12	27	M24	24	10
650	810	765	726	716	713	46	115	35	21	18	16	26	12	27	M24	24	10
700	860	815	776	766	763	50	120	35	21	18	16	26	12	27	M24	28	10
800	960	915	876	866	863	58	125	35	21	18	16	26	12	27	M24	32	12
900	1095	1040	998	988	985	60	145	42	21	18	20	32	15	30	M27	32	12
1000	1195	1140	1098	1088	1085	68	155	42	21	18	20	32	15	30	M27	36	14
1100	1295	1240	1198	1178	1175	72	165	42	21	18	22	32	15	30	M27	40	14
1200	1395	1340	1298	1278	1275	84	185	48	21	18	22	32	15	30	M27	48	14
1300	1495	1440	1398	1378	1375	88	185	48	21	18	22	32	15	30	M27	56	16
1400	1595	1540	1498	1478	1475	100	195	48	21	18	22	32	15	30	M27	60	16
1500	1715	1655	1610	1590	1587	102	200	56	26	23	24	36	15	33	M30	60	18
1600	1815	1755	1710	1690	1687	112	210	56	26	23	24	36	15	33	M30	64	20
1700	1950	1880	1829	1809	1806	112	230	64	26	23	28	42	18	39	M36	52	20

公称直径	法兰/mm														螺柱		对接筒体
DN/mm	D	D_1	D_2	D_3	D_4	δ	H	h	a	a_1	δ_1	δ_2	R	d	规格	数量	最小厚度 δ_0/mm
PN=2.5MPa																	
1800	2050	1980	1929	1909	1906	122	235	64	26	23	28	42	18	39	M36	56	22
1900	2150	2080	2029	2009	2006	132	235	64	26	23	28	42	18	39	M36	64	24
2000	2250	2180	2129	2109	2106	144	245	64	26	23	28	42	18	39	M36	68	24
2100	2390	2305	2229	2209	2206	158	270	72	26	23	32	48	18	45	M42	64	26
2200	2490	2405	2329	2309	2306	172	295	80	26	23	32	48	18	45	M42	78	26
2300	2590	2505	2429	2409	2406	182	315	86	26	23	32	48	18	45	M42	72	26
2400	2720	2620	2529	2509	2506	190	320	86	26	23	34	50	18	52	M48	60	28
2500	2820	2720	2629	2609	2606	200	335	90	26	23	34	50	18	52	M48	64	28
2600	2920	2820	2729	2709	2706	210	355	96	26	23	34	50	18	52	M48	68	28
PN=4.0MPa																	
300	460	415	376	366	363	40	105	35	21	18	16	26	12	27	M24	16	8
350	510	465	426	416	413	42	110	35	21	18	16	26	12	27	M24	16	8
400	560	515	476	466	463	42	110	35	21	18	16	26	12	27	M24	20	12
450	610	565	526	516	513	46	110	35	21	18	16	26	12	27	M24	20	12
500	660	615	576	566	563	46	110	35	21	18	16	26	12	27	M24	24	12
550	710	665	626	616	613	52	115	35	21	18	16	26	12	27	M24	28	12
600	760	715	676	666	663	58	120	35	21	18	16	26	12	27	M24	32	12
650	845	790	748	738	735	60	135	42	21	18	20	32	15	30	M27	28	14
700	895	840	798	788	785	64	140	42	21	18	20	32	15	30	M27	32	14
800	995	940	898	888	885	70	150	42	21	18	22	32	15	30	M27	40	16
900	1115	1055	1010	1000	997	86	170	42	26	23	24	36	15	33	M30	40	16
1000	1215	1155	1110	1100	1097	100	175	42	26	23	24	36	15	33	M30	48	18
1100	1350	1280	1229	1209	1206	104	195	48	26	23	28	42	18	39	M36	40	20
1200	1450	1380	1329	1309	1306	120	205	48	26	23	28	42	18	39	M36	44	22
1300	1550	1480	1429	1409	1406	126	220	56	26	23	28	42	18	39	M36	52	22
1400	1650	1580	1529	1509	1506	130	235	64	26	23	28	42	18	39	M36	60	22
1500	1750	1680	1629	1609	1606	144	250	64	26	23	28	42	18	39	M36	64	22
1600	1850	1780	1729	1709	1706	158	265	64	26	23	28	42	18	39	M36	68	22
1700	1990	1905	1829	1809	1806	176	290	74	26	23	32	48	18	45	M42	60	26
1800	2110	2015	1929	1909	1906	196	310	74	26	23	32	48	18	52	M48	56	26
1900	2215	2120	2029	2009	2006	210	325	74	26	23	34	50	18	52	M48	64	28
2000	2315	2220	2129	2109	2106	222	340	74	26	23	34	50	18	52	M48	68	28

公称直径	法兰/mm														螺柱		对接筒体
DN/mm	D	D_1	D_2	D_3	D_4	δ	H	h	a	a_1	δ_1	δ_2	R	d	规格	数量	最小厚度 δ_0/mm
PN=6.4MPa																	
300	460	415	376	366	363	46	110	35	21	18	16	26	12	27	M24	16	8
350	510	465	426	416	413	48	115	35	21	18	16	26	12	27	M24	20	8
400	560	515	476	466	463	56	120	35	21	18	16	26	12	27	M24	24	12
450	645	590	548	538	535	60	130	36	21	18	20	32	15	30	M27	24	12
500	695	640	598	588	585	68	140	36	21	18	20	32	15	30	M27	28	12
550	745	690	648	638	635	78	150	36	21	18	20	32	15	30	M27	32	12
600	815	755	710	700	697	82	160	42	26	23	22	36	15	33	M30	32	14
650	865	805	760	750	747	92	165	42	26	23	22	36	15	33	M30	36	16
700	950	880	829	819	816	92	185	48	26	23	26	42	18	39	M36	32	18
800	1050	980	929	919	916	112	200	48	26	23	26	42	18	39	M36	36	18
900	1195	1110	1029	1019	1016	132	230	58	26	23	30	48	18	45	M42	36	22
1000	1295	1210	1129	1119	1116	146	245	58	26	23	32	50	18	45	M42	40	24
1100	1420	1325	1229	1219	1216	160	265	66	26	23	34	52	18	52	M48	40	26
1200	1520	1425	1329	1319	1316	176	275	66	26	23	34	52	18	52	M48	44	28

参 考 文 献

[1] 刘鸿文. 材料力学. 第五版. 北京：高等教育出版社，2011.

[2] 郭开元，陈天富，冯贤贵. 材料力学. 第三版. 重庆：重庆大学出版社，2013.

[3] 秦飞. 材料力学. 北京：科学出版社，2012.

[4] 何晴，刘静静. 工程力学. 北京：机械工业出版社，2014.

[5] 屈本宁，张曙红. 工程力学. 第二版. 北京：科学出版社，2008.

[6] 朱张校，姚可夫. 工程材料学. 北京：清华大学出版社，2012.

[7] 江树勇. 工程材料. 北京：高等教育出版社，2010.

[8] 李维越，李军. 中外钢铁牌号速查手册，第三版. 北京：机械工业出版社，2010.

[9] 王巍，薛富津，潘小洁. 石油化工设备防腐蚀技术. 北京：化学工业出版社：2011.

[10] 任凌波，任晓蕾. 压力容器腐蚀与控制. 北京：化学工业出版社，2003.

[11] 李晓刚，郭兴蓬. 材料腐蚀与防护. 湖南：中南大学出版社，2009.

[12] 余国琮. 化工容器及设备. 北京：化学工业出版社，1980.

[13] 贺匡国. 化工容器及设备设计简明手册. 第二版. 北京：化学工业出版社，2002.

[14] 王国璋. 压力容器设计实用手册. 北京：中国石化出版社，2013.

[15] 董大勤，袁凤隐. 压力容器设计手册. 第二版. 北京：化学工业出版社，2014.

[16] 周志安，尹华杰，魏新利. 化工设备设计基础. 北京：化学工业出版社，2004.

[17] 喻键良，王立业，刁玉玮. 化工设备机械基础. 第七版. 大连：大连理工大学出版社，2013.

[18] 董大勤，高炳军，董俊华. 化工设备机械基础. 第四版. 北京：化学工业出版社，2012.

[19] 谭蔚. 化工设备设计基础. 第二版. 天津：天津大学出版社，2007.

[20] 潘永亮. 化工设备机械基础. 第三版. 北京：科学出版社，2014.

[21] 赵军，张有忱，段成红. 化工设备机械基础. 第二版. 北京：化学工业出版社，2008.

[22] 詹世平，陈淑花. 化工设备机械基础. 北京：化学工业出版社，2012.

[23] 郑津洋. 过程设备设计. 第三版. 北京：化学工业出版社，2010.

[24] 郭建章，马迪. 化工设备机械基础. 北京：化学工业出版社，2013.

[25] 汤善甫，朱思明. 化工设备机械基础. 第二版. 上海：华东理工大学出版社，2004.

[26] 王学生，惠虎. 化工设备设计. 上海：华东理工大学出版社，2011.

[27] 国家质量监督检验检疫总局. TSG R0004—2009，固定式压力容器安全技术监察规程. 2009.

[28] 国家质量监督检验检疫总局. GB 150—2011，压力容器. 2011

[29] 国家质量监督检验检疫总局. GB/T 151—2014，热交换器. 2014.

[30] 国家能源局. NB/T 47041—2014，塔式容器. 2014.

[31] 杨国义，王者相，陈志伟. NB/T 47041—2014《塔式容器》标准释义与算例. 北京：新华出版社，2014.

[32] 薛明德，黄克智，李世玉，等. GB 150—2011 中圆筒开孔补强设计的分析法. 化工设备与管道，49（3）：1-11.